그림으로 본

식품분석 및 위생실험

Food Analysis & Hygiene Experimentals

김덕웅 신성균 유춘철 임혜영 공저

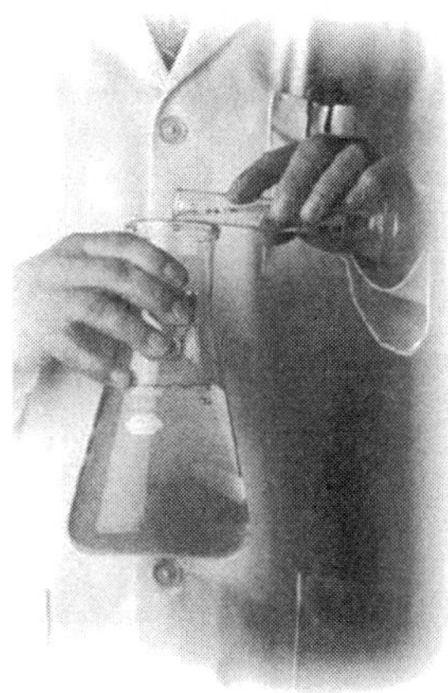

碩学堂

그림으로 본 식품분석 및 위생실험

2007년	3월	7일	1판 1쇄	발 행
2013년	2월	20일	1판 3쇄	인 쇄
2013년	2월	28일	1판 3쇄	발 행
2020년	3월	02일	1판 4쇄	인 쇄
2020년	3월	09일	1판 4쇄	발 행

지은이 / 김덕웅 신성균 유춘철 임혜영

펴낸이 / 윤용호

펴낸곳 / 도서출판 석학당

121-856

서울시 마포구 신수동 448-6

등 록 / 2001.10.23 제10-2238호

전 화 / 02) 719-6116

팩 스 / 02) 719-6120

E-mail/ shd6116@chol.com

ISBN/ 978-89-89979-45-6 93590

정가 16,000원

[머 리 말]

~ 과학자로 가는 길 ~

미래의 과학자가 될 여러분!

여러분들이 지금부터 하나하나 기구나 기기, 시약(화학물질)조제, 조작방법 등을 다루고 실험하기 시작하는 것이 科學者(scientist)로 가는 길이다. 아니 길목에 서 있다.

식품은 많은 화학성분으로 구성되어 있다. 그 식품마다 그 존재와 량이 다르고 아직도 미지의 성분이 밝혀지고 있으며 그 특성에 대해 계속 세계적인 과학자가 연구에 연구를 거듭하고 있다.

우리가 營養이 되는 물질이 말로만 얼마 있고 보지도 않고 확인하지도 못한 것을 실제로 직접 이 시간의 실험을 통하여 알고 確認하는 것은 무엇보다도 중요하다.

지금까지 수 많은 식품분야의 과학자에 의하여 「食品成分表」가 만들어지고 그 함량의 크기가 알려짐으로써 전문가가 되기 위해 배우는 이 실험이야 말로 그 뜻이 지대하다고 아니 할 수 없다. 따라서 이 시간이 끝나는 그 날에는 여러분들은 무슨 식품에 어느 성분이 얼마나 들어있는지를 일부나마 自信感을 가지고 타인에게 이야기 할 수가 있을 것이 기대된다.

그리고 이미 수많은 식품분석 및 위생실험서가 발간되었으나, **이 책의 특색은 국가가 공인하는 시험법인 "식품공전(食品公典)"에 수록된 내용을 기준으로 주로 발췌하여 엮어본 것이 다른 실험서와 차이점의 하나이고, 또 하나는 교수가 실험할 때마다 일일이 조교에게 Memo하여 준비하도록 하는 수고를 덜기 위하여 엮어본 것이 또 하나의 차이점이라 하겠다.**

이 식품분석 및 위생실험은 실험에 문외한인 초보자를 위하여 기초면에서 기틀을 다지고 그 토대위에서 식품의 성분분석은 물론 위생실험을 하도록 엮어 보았다. 이 실험서는 본 대학의 실정에 맞는 교과과정을 생각하여, 가장 기본적이면서 실용적인 극히 제한된 시간 내의 일부만을 엮었다.

아직도 원래 그리려던 그림을 축소하다보니 다 그려지지 못하고 미숙하게나마 아쉬움이 남는다. 특히 기초부터 일반화학실험 또는 무기화학실험을 거쳐, 유기화학실험을 지나 식품분석 및 위생실험을 실시하는 것이 일반적인 순서이나 여기서는 교과과정이 단기간 내에 끝내야하므로 가장 필요하다고 생각하는 항목을 엮었고 그 이외는 간략하게 최소로 요약했다.

보시다가 부족한 내용과 틀린 부분이 있으면 언제라도 기탄 없는 지적과 좋은 지도와 편달이 있으시길 바랍니다.

2020년 3월

저자 일동

[차 례]

제1편 실험의 기초

Chapter 1. 분석실험의 개요

Chapter 2. 실험 기자재의 종류와 조작 및 사용법

Chapter 3. 실험의 유효수치와 오차 및 실험의 단위

Chapter 4. 시약과 용액농도의 조제

제 3 편 일반 식품위생성분 및 신선도검사

Food Analysis

&

Hygiene Experimentals

제 1 편
실험의 기초

Food Analysis
& Hygiene
Experimentals

Chapter 1 분석실험의 개요

1. 실험의 필요성

우리가 섭취하는 모든 식품은 화학성분으로 구성되어 있다. 물질성분도 다양하고 그 존재하는 함량도 많은 것으로부터 없는 것에 이르기까지 천차만별이다. 그 중 식품영양학 분야에서는 우리에게 유익하고 영양이 되는 성분이 있는가 하면 없는 것도 있고, 그와 반대로 유독성분이 존재하는 경우도 있어 이것들이 얼마인지 알아내는 것은 매우 중요하고 필요하다.

이들 성분을 알아내는 방법과 이론이 분석화학(analytical chemistry) 분야이며 실험을 통하여 목적하는 성분을 알아내는 것이다.

2. 분석방법의 종류와 개요

지구상의 그 많은 동·식물, 광물은 화학성분으로 구성되어 있다. 가장 기본이 되는 것은 「**원자주기율표**」에서 보듯이 기본적으로 원자(원소)단위로 이루어져 있는 것은 화학시간을 통하여 이미 배웠다.

따라서 식품의 시료 속에 어떠한 화학성분이 포함되어 있는가? 또는 그것이 얼마만큼 함유되어 있는가를 알아내는 조작을 **화학분석(化學分析 : chemical analysis)**이라고 한다.

그리고 화학물질의 분류에 따라 무기화학, 유기화학 등으로 나누고, 실험에서는 무기화학실험, 유기화학실험 등으로 나누나 일반적으로 화학분석에서는 물질 중에 함유되어 있는 성분의 종류와 그것의 함량을 물리적, 화학적 방법으로 알아내는 분석방법에는 통상 정성분석과 정량분석으로 나눈다.

정성분석(定性分析 : qualitative analysis)은 물질 중에 어느 성분이 있는지 없는지 그 有無만을 찾아내는 분석법을 말하고, 존재(有)할 경우 **검출(檢出 : detection)**이라는 용어로 표현한다. 가령 일예로 쌀 속에 단백질이 있는지 없는지를 가려내려고 실험한 결과 쌀에 단백질이 검출되었다면 이는 정성분석에 해당된다. 만약 검출이 안 되었어도 정성분석에 해당된다. 그 유무만을 알기 위한 실험이다.

그리고 어떤 성분이 있다면 그 존재의 량이 얼마나 있는가를 알아내는 시험이 **정량분석(定量分析 : quantitative analysis)**이라고 한다.

미생물 실험의 경우는 어떤 미생물 균이 있는지 없는지를 알아내는 실험이 정성분석이고 만약 목적하는 어떤 미생물 균이 얼마나 그 수가 있는지를 알아내는 시험은 정량분석에 해당된다.

정량분석법에는 중량을 측정하여 성분의 존재량을 알아내는 **중량분석법**과 용적을 측정하여 성분의 존재량을 알아내는 **용량분석법**이 있고 그 밖에 **물리화학분석법(기기분석법)** 등 여러 가지 방법이 있다. 그리고 식품분석(식품실험)을 분류해보면 다음과 같다.

- 식품분석 (식품화학실험)
  - 정성분석
    - 1. 단백질(아미노산), 지방(지방산), 탄수화물(당질, 섬유소), 특수성분, 무기질성분(Ca, Fe 등), 비타민성분(Vit. A, B_1, C 등) (식품중 어떤 성분물질의 존재 유무 확인)
    - 2. 미생물정성법(식품중에 어떤 미생물의 존재 유무 확인)
  - 정량분석
    - 중량분석
      - 1. 침전중량칭량법
      - 2. 열분해법
      - 3. 전해분석법 등
    - 용량분석
      - 1. 산 · 알칼리중화적정법
      - 2. 산화 · 환원적정법
      - 3. 침전적정
      - 4. 킬레이트(착염)적정법
    - 물리화학분석 (기기분석)
      - 1. 광분석법
      - 2. 전기화학적 분석법
      - 3. 가스분석법
      - 4. 방사능분석법
    - 생물학적 분석법
      - 1. 미생물 정량법

3. 실험(실)상의 기본사항과 안전관리사항

3-1. 실험(실)상의 기본사항

1) 계획수립(計劃樹立)

실험목적에 입각한 적절한 계획을 세워 실험환경에 맞도록 한다. 개인실험이나 단체실험에 따라서 실험계획서를 수립하는 것이 바람직하다. 그래서 실험자의 인원계획, 시간사용계획, 시료와 시약 및 기구 사용계획, 통계처리 등을 세우는 것이 좋다.

2) 준비(準備)

계획수립이 끝나면 그에 따른 필요한 시료와 시약, 기구 등을 충분히 확보하고 준비한다, 그리고 전기와 수도사정, 증류수 준비 등이 실험에 지장이 없도록 한다.

3) 조작 시의 관찰(觀察)

실험과정은 순서에 따라서 하되 조작에 지장이나 지연이 되지 않도록 부수적인 활동을 원활히 하고, 시간적인 남용이 없도록 해야 한다. 또한 실험을 하면서 계속적인 변화와 그에 따른 관찰을 계속 주시하면서 실험목적에 이르도록 하여야 한다.

4) 기록(記錄)

조작을 하면서 처음부터 마지막까지 천칭시의 시료명, 건수, 그리고 순위나 번호, 약정기호, 실험연월일시간, 기온과 실내온도, 습도, 시약명, 농도희석액 표시, 섭취액량, 소비액량, 고찰 등을 노트에 즉시 기록한다.

5) 보고서(報告書, report) 작성

실험결과에 대한 것을 정리하고 그 후 실험보고서(Report) 작성법(18쪽)에 의해 기록한다.

3-2. 실험실 등의 안전관리사항과 대책

실험실 안전점검을 하기 전에 왜 실험실을 주기적으로 안전점검 해야 하는가? 이는 안전점검을 통해 위험한 실험방법이나 내용, 유해를 찾아냄으로써 실험실에서 일하는 학생이나 연구자의 건강과 안전을 확보하기 위함이다. 우리나라도 교육인적자원부에서 대학실험실 안전관리 체계를 수립하기 위해 확정, 입법예고할 예정이다.

따라서 발표된 대학 실험실 안전점검의 필수항목과 내용을 발췌 요약 열거하면 다음과 같다.

1) 일상적인 정리정돈 상태

실험실의 정리정돈 상태와 안전사이에는 밀접한 관계가 있다. 그러므로 일상적인 정리정돈을 제대로 해야 한다. 몇 가지 예를 들면 다음과 같다.

① 복도, 응급안전장비, 시설, 비상구로 가는 통로는 깨끗이 유지되어야 한다. 복도나 계단장소가 보관장소로 이용되어서는 안 된다.
② 외투, 가방 등 개인 사물은 실험대나 바닥 등에 놓여 있어서는 안 되며 적당한 장소에 보관하여야 한다.
③ 실험대와 개수대는 깨진 유리, 엎질러진 화학물질, 종이조각 등으로 어질러져 있으면 안 된다.
④ 유해화학물질은 실험대 끝으로부터 최소한 5cm 안쪽으로 들여 놓아야 한다.
⑤ 사용하지 않는 서랍이나 캐비넷은 늘 닫혀있어야 하고 장비나 도구들도 제자리에 정돈되어 있어야 한다.

2) 개인보호구

개인보호구는 모든 학생과 실험자가 사용할 수 있어야하고, 잠재된 유해에 적합한 종류이어야 한다. 화학물질에 적합한 보호구를 선정하기 위해 MSDS(Material Safety Data Sheets)를 참고하여야 한다. 몇 가지 항목을 열거하면 다음과 같다.

① 보안경은 폭발 위험이 있는 작업을 할 경우 보안경 위에 얼굴가리개를 착용한다.
② 유해한 화학물질을 다룰 때에는 보호장갑, 화학물질에 잘 견디는 코트나 앞치마, 발을 완전히 감싸는 신발을 착용한다.
③ 짧은 옷, 치마, 긴머리, 헐렁한 옷 등은 바람직하지 않고 장신구는 기계 등 틈새에 끼일 수 있으므로 착용하지 않는 것이 바람직하다.

3) 화학물질 관리 및 폐액처리

화학물질은 수령 즉시 날짜를 기입하고, 덜어 담는 용기도 정확히 라벨이 되어있어야 한다. 화학물질 폐기물은 폐기물처리법을 기준으로, 정부나 예하기관의 폐기물 처리 정책에 따라 관리한다.

4) 표시와 라벨

유해물질 표시와 응급상황시 연락처를 실험실 출입문에 붙이고, 최신본으로 유지한다. 레이저, 고압장비, 화재경보, 응급 전화번호, 응급 안전샤워, 소화기, 응급 세안장비 등은 눈에 띄게 표시하여야 한다. 특정 위험이 있는 지역이나 장비에는 경고사인을 붙여 놓아야 한다.

5) 흄후드(hume hood) 관리 및 사용상태

실험실에서 유해한 화학물질, 증기, 먼지, 가스, 휘발성 물질 등을 다룰 때 언제나 후드를 사용하여야 하고 후드 안 기류흐름에 주의를 하여야 한다. 현재 실험 중에 필요한 화학물질을 제외하고는 후드 안에 화학물질을 보관해서는 안 된다.

후드 안에는 반드시 이중칸막이(secondary containment)를 두고 사용하도록 하며. 후드 내부와 유리문은 늘 깨끗이 관리하여야 하고 성능도 주기적으로 점검해야 한다.

6) 가스실린더 관리

가스실린더는 똑바로 세워서 잘 묶어 보관해야 한다. 사용하지 않고 있는 실린더에는 뚜껑을 반드시 씌워 놓는다. 실린더가 통로를 막아서는 안 된다.

7) 비상안전장비

세안설비, 응급샤워, 소화기 등은 정기적으로 점검해야하며, 점검일, 점검자를 명시한 꼬리표를 반드시 붙여 놓아야 한다. 세안설비와 응급샤워는 10초안에 도달할 수 있어야 한다. 화재경보와 전화는 24시간 내내 실험자가 사용할 수 있어야 한다. 방염담요(fire blanket)와 응급조치 약품은 모든 실험자가 사용할 수 있어야 한다.

8) 시설 및 설비 관리

수도가 샌다거나, 원인모를 악취가 난다거나, 바닥이 더럽다거나, 천정의 타일이 부서졌다거나, 실내온도가 조절이 안 된다거나, 전구가 나갔다거나 하는 등의 설비상의 문제점들을 해결한다. 바닥에 깔아 놓은 매트가 위로 말려가 있으면 걸려서 넘어질 수도 있으니 확인하여 조사한다. 점검 보고서에 시설 및 설비에 관련된 내용도 빠짐없이 기입하여 즉시 조치될 수 있도록 한다.

9) 안전교육

수도, 전기, 온도계 등에 대한 이상 유무와 이상 시의 점검사항 및 대책을 해결하는 안전교육을 실시하여야 한다. 주기적으로 모든 시설 및 설비를 점검, 기록도 하지만 안전교육도 빠짐없이 교육을 실시하여야 한다.

3-3. 실험에서 지켜야 할 기본적인 필요사항(실천)

① 화학실험에서 반드시 **실험복**(흰 가운)을 단정히 착용하고, 강한 화공약품 때문에 가급적 헌 신발, 헌옷 등으로 착용한다.

② 실험시 필요이상의 행동을 자제하고, 실험조작은 성실히, 주의깊게 정확하게 실시하며, 실험 도중에 **장소를 이탈하지 말아야** 한다. 따라서 각조의 조원은 실험을 위해 서로 협력하여야 한다.

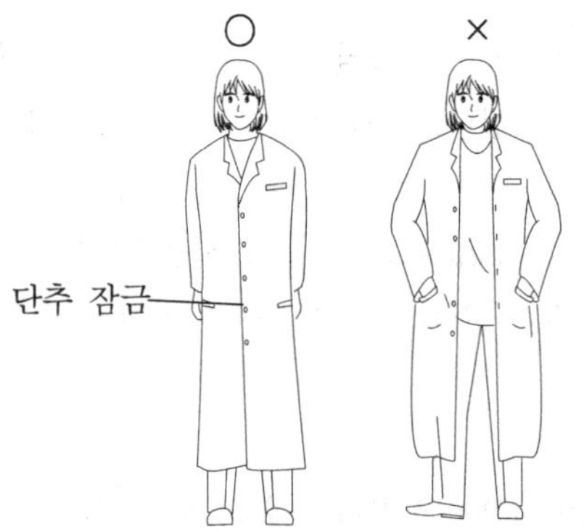

그림 1-1-1. **실험복을 단정히 착용**

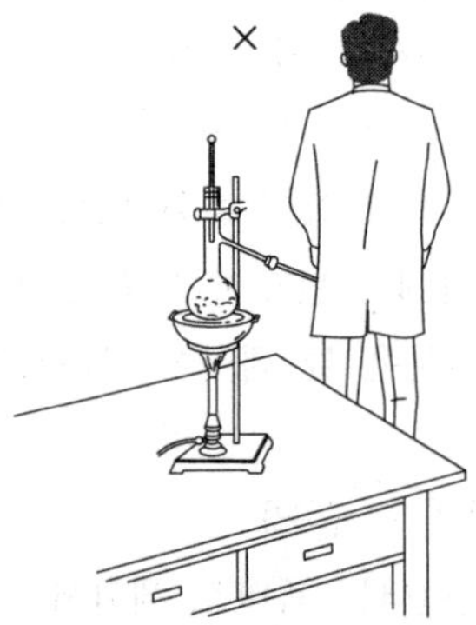

그림 1-1-2. **실험 도중에 장소 이탈 금지**

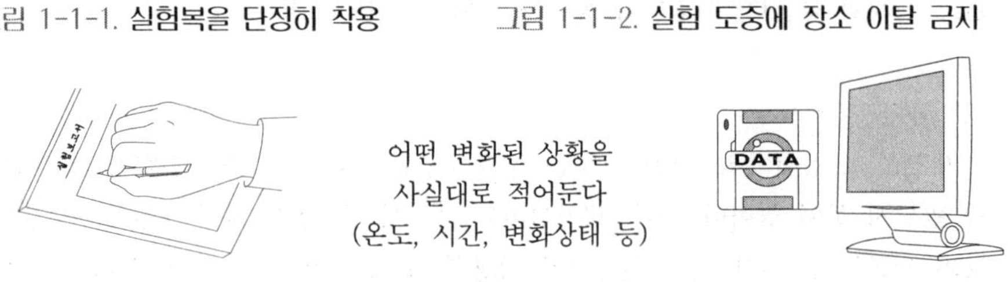

그림 1-1-3. **실험자는 항상 기록**

③ 실험에 관한 모든 사항은 전부 **사실대로 기록**해 두어야 한다.

④ 실험용액에 사용되는 물은 세척 시에만 수돗물로 사용하고, 실험용액을 만들거나 조제시에는 **증류수**로만 사용하여야 한다.

⑤ 실험 조작 후 일반사용기구, 기기 등은 반드시 비누물이나 세척제(퐁퐁) 등으로 깨끗이 여러 번 씻거나 닦고, 피펫, 뷰렛, 메스플라스크 등은 cleaning solution에 1일 이상 침지시킨 다음, 반드시 **마지막에 증류수**로 여러 번 씻은 후 건조시킨다. 최근에는 자동세정기나 초음파세척기를 이용하여 세정한다.

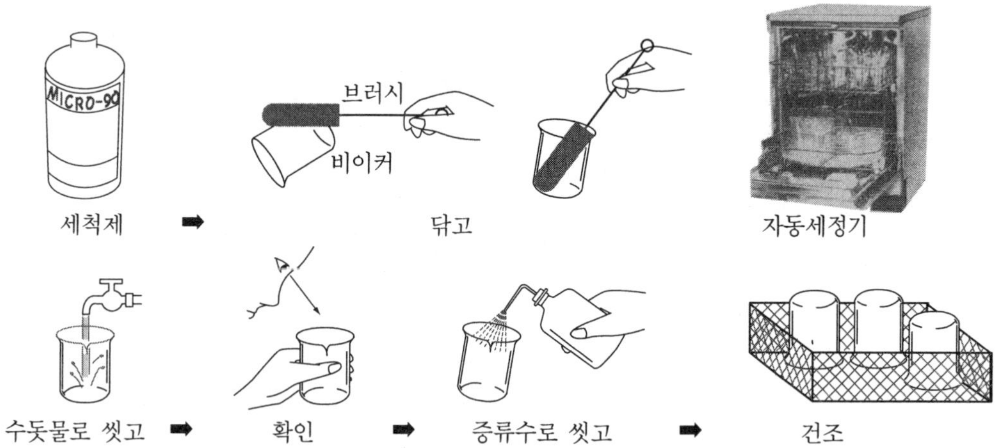

(a) 플라스크, 비이커를 세척할 경우

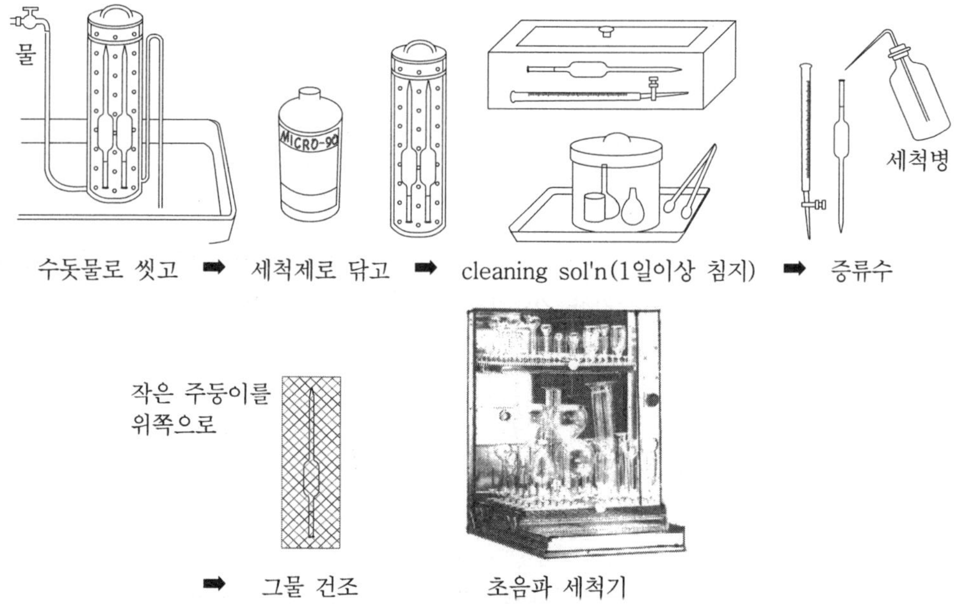

(b) pipette 및 burette를 세척할 경우

그림 1-1-4. **모든 기구나 용기는 깨끗이**

⑥ 피펫, 뷰렛, 메스플라스크(meas flask) 등 정밀을 요하는 유리기구는 가열건조를 반복하면 팽창, 수축에 의하여 용적이 변하게 되므로 **자연건조**시키는 것이 바람직하다. 다만 신속하게 해야 할 때는 **60℃이하**로 하는 것이 바람직하다.

⑦ 실험 중에는 언제나 안전에 신경을 써 **사고가 발생하지 않도록 세심한 주의가 요망**된다. 특히 극약, 유기용매인 인화물질(ether, alcohol 등), 강산(conc. H_2SO_4, HCl 등)이나 강알칼리(conc. NaOH 등)가 묻거나 화상을 입거나 유리로 인한 상처가 나지 않도록 주의한다.

(a) 화상을 입었을 때

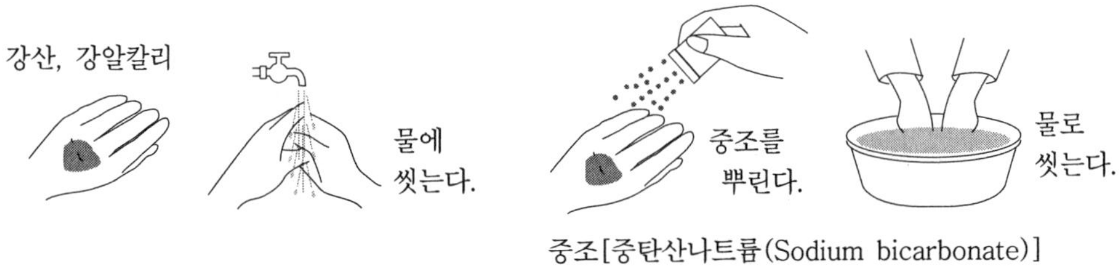

(b) 강산, 강알칼리 용액 등이 피부에 떨어졌을 때

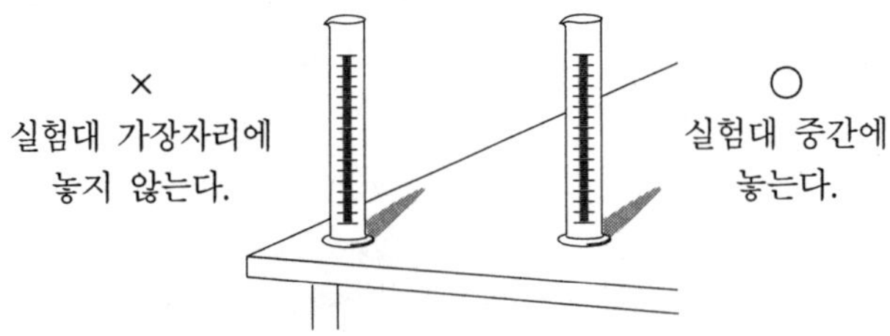

(c) 유리기구 등을 실험대 가장자리에 두지 않는다.

그림 1-1-5. **실험 중 언제나 안전사고 주의**

⑧ 시약은 반드시 **시약스푼**을 사용하여야 하며 손으로 다루어서는 안된다.

⑨ 실험 중에는 잡담이나 큰소리를 지르거나 뛰어다니지 않도록 불필요한 행동을 삼가 한다.

⑩ 실험 후 뒤처리에서 사용된 실험대 등은 가급적 신속히 세척제(퐁퐁 등)로 닦은 다음, 다음 실험을 위하여 철저히 깨끗하게 씻고, **제자리에 정리정돈** 한다.

⑪ 실험이 끝나면 각조는 바닥, 쓰레기 등 **청소를 깨끗이** 하고 실험을 종료한다.

⑫ 실험실을 퇴실할 경우는 반드시 사용된 **가스**, **전기코드**, **수도꼭지**, **창문**, **소등** 등을 확인하고 점검기록일지에 적어야 한다.

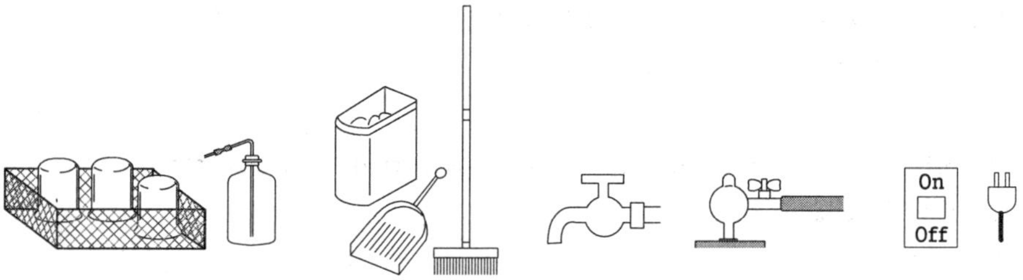

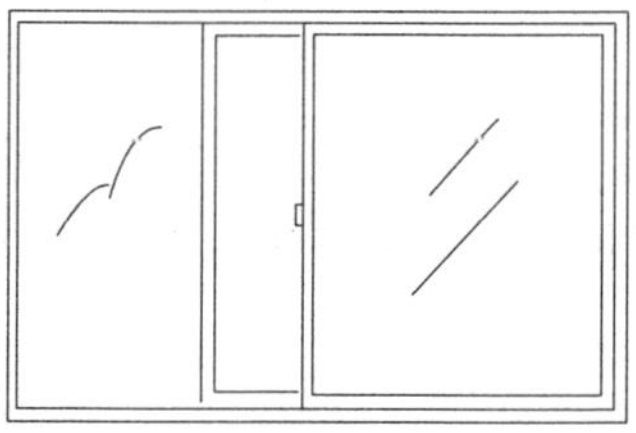

200○년 퇴실점검일지						
월/일/시	청소	수도	가스	전기	창문	확인자
1일						
2일						
3일						
⋮						

창문 점검　　　　기록일지 작성

그림 1-1-6. **청소한 후 수도, 가스, 전기 소등, 창문을 점검 및 기록 후 퇴실**

3-4. 위험물 마크표시(Hazard Symbols)

 Class A: 압축가스

 Class B: 가연성 물질

 Class C: 산화성 물질

Class D: 유독성, 전염성물질

 Division 1: 직접적이며 심각한 독성 효과를 일으키는 물질

 Division 2: 다른 독성 효과를 일으킴

 Division 3: 생물학적 위험의 전염성 물질

 Class E: 부식성 물질

 Class F: 위험하게 반응하는 물질

4. 실험보고서 및 논문작성의 형식과 비교

4-1. 학생 실험보고서(Experimental Report) 작성

□□□□ 실험 보고서　　　담당교수 :

학과 : 식품○○과, ___학년, ___조. 학번 : ______________성명 : __________

1. 실험제목(Title) :
2. 실험 연월일(요일)시 :　　년　월　일(　요일)　시,　　실내온도 ;　　습도 :
3. 실험 목적 및 원리(Purpose & Principle)

4. 재료와 시약, 기기 및 기구(Material, Reagent & Apparatus Instruments)
   1) 시료명/품명(Sample)
      (1) 시료명 ;　　　　품종(상품명);
      (2) 생산지(원산지나 회사명) :　　　　생산년월일 ;
   2) 시약(Reagents)
      (제조국, 제조회사, 등급) :
   3) 기기 및 기구(Instruments)
      (중요기기는 제조국, 제조회사명) :
5. 조작(실험)방법(Procedures or Methods) (서술식으로 작성하고 영상물도 여기에 표시)
   1)
   2)
   3)

6. 계산 및 데이터(Calculations & Data) (실험결과 수치가 계산에 의해 기록)

7. 결과 및 고찰(Results & Discussion)
   (참고문헌을 중심으로 실험한 것과 비교 토의)

8. 실험 요약(Summary)

9. 실험소감과 문제점 및 대책

10. 참고문헌(Reference)
   1) 박32, 박찬5 ; 충남 공주시 계룡면 추정쌀의 단백질함량 분석, 88~91p. 승문사(2003)
   2) 농촌진흥청 간 ; 식품분석표, pp7. 향문사(2000)

4-2. 학회 논문의 작성

(강의계획서 1째 주)

한글 **논문제목 :**

한글 **연구자명** :

한글 연구자 소속명(대학 등)과 소속부서 :

영문 **논문제목**[*1] :

영문 **연구자명** :

영문 *연구자 소속명(대학 등)과 소속과*[*2]

영문 **요약**[*3] Abstract

Key words :

한글명 ; **서 론**

Corresponding author ;

한글명 ; **재료 및 방법**

실험재료 또는 시료

기기 및 시약

분석(실험)방법

한글명 ; **결과 및 고찰**

한글명 ; **요 약**

한글명 ; **감사의 글**

한글(영문 등) ; **문헌 또는 참고문헌**

(각 영문문헌은 A, B, C순으로 배열)

*[1] (영문 논문제목은 전치사, 관사, 부사 등외 글자의 첫 문자는 대문자로 함)

*[2] (*영문 연구자 소속명과 소속부서는 모두 이태리체로 함*)

*[3] (영문요약은 진하게 하되 보통 소문자 영문체로 쓰고 모든 글월은 연결시켜 끝냄)

Chapter 2 실험 기자재의 종류와 조작 및 사용법

1. 중량(무게) 측정기구

1-1. 천칭실의 구비조건

1) 천칭실의 구비조건

천칭실은 직사광선이 들어오지 않고 건조한 방이 좋으며, 시약 등으로 부식성 가스가 발생할 수 있는 곳에는 피하여 설치하는 것이 바람직하다. 천칭을 올려놓는 천칭대(臺)는 튼튼한 콘크리트대로 매끈한 평면이 수평(水平)이 되도록 하여야 천칭의 수준기(水準器, level)가 중앙에 오는 것이 용이하다. 난방시설은 천칭으로부터 멀리 떨어져 있는 장소에 설치하는 것이 바람직하다.

2) 천칭 취급 시의 주의사항

천칭 주위는 먼지의 발생이 없도록 항상 청결하게 하는 것이 바람직하다. 화학천칭 안에는 습기를 방지하기 위하여 비이커 등에 silica gel, 무수 $CaCl_2$ 등의 방습제나 방습포를 넣어두는 것이 바람직하다.

칭량할 물체의 온도가 높을 때에는 desiccator내에서 약 30분간 방치 후 칭량하여야 한다. 분동, 라이더, 칭량병, 천칭부속품 등은 손으로 직접 취급하지 말고 항상 핀셋을 사용하여야 한다. 특별히 분동은 아무데나 놓아서는 안되며 분동상자 등 깨끗한 곳에 놓는다.

천칭의 최대무게이상으로 무거운 물체를 칭량해서는 안된다. 시료가 직접 칭량접시에 흘리거나 남아있지 않도록 하여야한다. 흡습성 물질을 칭량시에는 밀폐된 용기내에 담아 측정하는 것이 바람직하나 여의치 않을 시에는 최대한 신속하게 칭량하여야 오차를 줄일 수 있다.

1-2. 천칭의 종류와 사용법

천칭(天秤, 저울, balance)이란 물체의 무게를 측정하거나 칭량하는 기구를 말하고, 특히 대용량으로 계량기(計量器, weighting machine)로도 사용되었으며, 어떤 천칭이 칭량할 수 있는 최대 중량을 **칭량량(秤量量)**이라고 한다. 그리고 전자천칭의 표시창에 가령 8.8282g이 나타날 때 마지막 단위 바로 앞인 8.828g까지의 0.001g(1mg)이 이 천칭의 **감량(感量: 計器의 바늘이 감응할 수 있는 가장 낮은 양)**이라고 하고, 표시창의 맨 마지막 단위를 **실감량**이라 한다.

일반적으로 실험에 사용되는 천칭은 1/10g(0.1g)까지 칭량할 수 있는 **상명천칭(上皿天秤)**과 정밀측정을 위하여 1/10,000g(0.00001g)까지 칭량할 수 있는 **화학천칭(化學天秤)**으로 나눌 수 있다. 또 화학천칭은 기능에 따라 수동과 자동화학천칭으로 나누고, 또 천칭의 최대량 범위와 감도(감량) 및 실감량에 따라 각각 20~50g과 1μg(0.000001g) 및 0.1μg (0.0000001g)은 미량천칭(micro balance)이라 하고, 각각 20~400g과 1mg(0.001g) 및 0.1mg (0.0001g)은 직시천칭(direct balance), 200~2,000g(2kg)과 100mg(0.1g) 및 10mg(0.01g)은 전자저울(top loading balance)로 나누기도 한다. 정확한 중량의 측정과 천칭의 기능보호를 위해서는 천칭의 취급을 신중히 하고 큰 충동을 피해야만 한다. 특히 화학천칭에서는 항상 안정한 천칭대 위에 놓고 칭량 물질과 분동의 출입 이외 늘 문을 닫아 놓고 칭량을 조작한다. 천칭의 보관에는 햇빛의 직사, 습기, 먼지, 약품, 부식성 가스 등을 피한다. 시약이나 시료를 천칭 접시 위에서 달 때 사용되는 용기로는 천칭병(weighing bottle, 계량병), 시계접시(watch glass), 황산지(parchment paper) 등을 사용한다. 칭량병 등의 종류로는 그림 1-2-1과 같다.

황산지 또는 파라핀 왁스지 (Parchment paper or paraffin wax) | 칭량병과 뚜껑 (weighing bottle & cover) | 칭량접시 (시계접시) (watch glass) | 도가니와 뚜껑 (crucible & cover) | 증발접시 (evaporation dish) | 지방병 (지방수기) (Soxhlet extraction flask)

그림 1-2-1. **칭량병 등의 종류**

1) 상명천칭(table balance)

① 0점의 조정(zero point)

천칭을 수평으로 놓고 지침을 움직인 채로 방치했을 경우에 정지하는 점을 **정지점(靜止點)**이라 하고, 접시에 아무 것도 올려놓지 않은 상태에서 눈금표시판(눈금판)의 정중앙 0숫자에 지침이 오도록 조정하여 이르는 정지점을 특히 **0점(零點)**이라 한다.

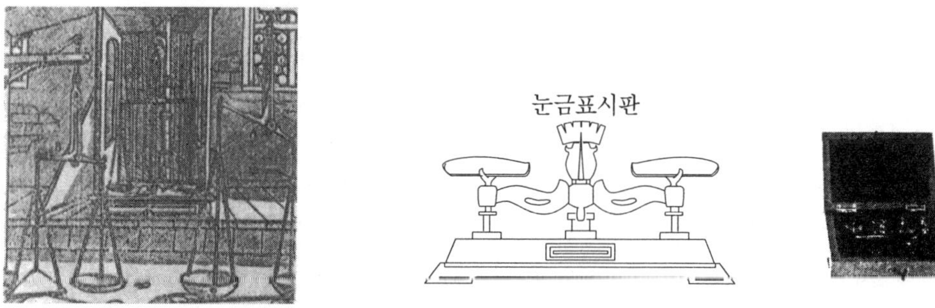

16세기 실천적 기술자 G. 아그리콜라의 천칭 | 상명천칭(dispensing balance) | 분 동

그림 1-2-2. **16세기 G. 아그리콜라의 귀금속천칭과 상명천칭 및 분동**

0점을 알기 위해서는 지침을 흔든 다음 정지하기를 기다리면 된다. 그러나 이것은 시간이 걸리므로 일반적으로 지침이 눈금판의 중심을 좌우로 거의 같은 눈금만큼 움직이는지의 여부를 확인한다. 만약 지침의 움직임이 크게 한쪽으로 쏠리면 중량을 바르게 측정할 수 없으므로 비임(beam)의 양단에 붙어있는 나사를 돌려서 지침의 움직임이 좌우로 같게 되도록 조정한다. 그림 1-2-2는 상명천칭과 분동이다.

② 칭량방법

0점의 조정이 완료되면 칭량하려고 하는 시료를 왼쪽 접시에 올려놓고 지침의 정지점이 0점에 일치할 때까지 오른편 접시에 분동(分銅)을 올려놓는다. 올려진 분동 전부의 중량으로 그 시료의 중량으로 한다. 분말이나 입상의 약품 등을 칭량할 때에는, 양쪽접시에 동일한 중량의 종이(예를 들면 황산지)를 올려놓은 다음 여기에 시료를 올려놓고 칭량한다. 분동의 취급은 전부 핀셋으로 하고 시료의 취급은 약 숟가락 등으로 한다. 또한, 사용후의 천칭은 접시를 한쪽에 겹쳐서 비임이 움직이지 않도록 해둔다.

표 1-2-1. **천칭의 종류와 정밀도(感量)**

종류	칭량의 한계량(g)	감량(mg)
상명천칭	100	100
상명천칭	200	200
상명천칭	500	500
상명천칭	1,000	1,000
조제천칭	50	10
화학천칭	100	1
화학천칭	200	1
미량화학천칭	20	0.001

2) 화학천칭(chemical balance)

화학천칭의 종류와 분동을 보면 그림 1-2-3과 같다.

① 0점의 조정

천칭상자의 다리 나사를 돌려서 수준기의 기포 위치를 조정함으로써 수포가 정중앙에 오도록 천칭을 수평이 되게 한다. 다음에 접시에 아무 것도 올려놓지 않고 문을 닫아 놓은 채로 핸들을 조용히 돌려서 지침을 움직이고 1~2회 왕복시킨 다음 좌우의 눈금을 읽는다. 눈금 읽기는 눈금판의 중앙이 0, 그 좌우를 -와 +로 하고 먼저 읽은 것을 3회, 나중 것을 2회, 교대로 지침의 도달점의 눈금판을 1눈금의 1/10까지 읽는다. 읽기가 끝나면 핸들을 원위치로 되돌려서 지침을 귀환시킨다. 좌우의 읽기를 각각 평균하고 다시 그것을 평균한 것이 **0점(zero point)**이다. 만약 0점이 눈금판의 중앙 0에 대해서 좌우 어느 한 쪽으로 크게 쏠려있을 때에는 천칭을 고정해 놓고 비임의 나사를 돌려서 조정한다.

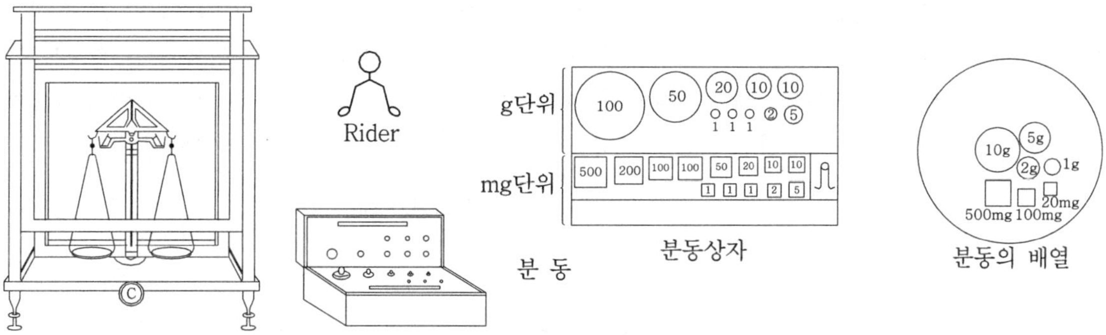

(a) 수동화학천칭(chemical balance)

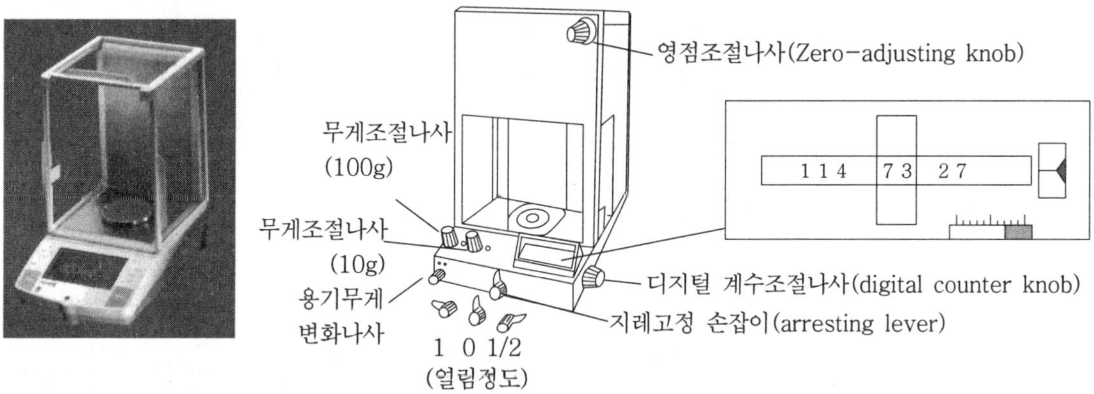

(b) 자동화학천칭(autochemical balance)

high precision balance precision balance precision digital balance

(c) 전자천칭(전자저울)(top loading balance)

그림 1-2-3. 화학천칭의 종류와 분동

② 물체의 칭량

미리 상명천칭으로 대강의 무게를 측정한 물체를 왼쪽 접시에 올려놓고 오른편 접시에는 물체보다 약간 무겁다고 생각되는 분동을 올려놓는다. 조용히 지침을 흔들어서 그 움직이는 방향에 의해서 과부족을 확인하고 곧 지침을 되돌린다. 분동이 너무 무거우면 다음 무게의 분동과 바꾸고 그 과부족을 확인한다. 이와 같이 분동을 바꾸어서 물체와의 평형을 조사해 가면 분동 A에서는 너무 무겁고 B에서는 너무 가벼운 점이 발견된다.

이것으로 물체의 무게가 A와 B사이에 있음을 알 수 있으므로 그 범위 내에서의 분동의 교환을 반복하여 그 차를 점차로 축소시켜가고, 일반적으로 10mg미만은 라이더(rider)를 사용하여 정지점을 구한다. 정지점이 0과 일치하면 그때의 분동중량의 합계와 라이더가 표시하는 중량의 합이 물체의 중량이다. 그러나 일반적으로는 0점과 정지점은 여간해서 맞지 않으므로 천칭의 예민도(감도)를 구하여 산출한다. 이를 위해서는 미리 정지점을 구했을 때의 분동중량에 대해서 라이더를 사용하고 1mg의 중량을 증감시켜서 그때의 정지점을 구하면 된다.

표 1-2-2. **0점의 계산 예**

좌	우	
	+5.2	
−5.3	+4.8	
−5.0	+4.5	
+) −10.3	+) +14.5	
2) −10.3	3) +14.5	−5.15 + 4.83 = −0.32
−5.15	+4.83	−0.32 ÷ 2 = −0.16

계산예 계량병의 중량을 측정하여 표와 같은 결과를 얻었다고 하면, 이 결과에서 계량병의 중량은 다음과 같이 해서 계산된다.

표 1-2-3. **계량병의 중량의 측정결과**

	0g(0점)		22.052g		22.053g	
눈금판의 지표	좌	우	좌	우	좌	우
지침의 진폭 (눈금 수)	−7.9 −7.4 −6.9	+5.6 +5.2	−6.2 −5.8 −5.4	+6.7 +6.3	−8.6 −8.2 −7.8	+3.8 +3.4
눈금 합계 평균	−22.2 −7.4	+10.8 +5.4	−17.4 −5.8	+13.0 +6.5	−24.6 −8.2	+7.2 +3.6
좌우 눈금의 합계 평균	−2.0 −1.0		+0.7 +0.35		−4.6 −2.3	

0점 −1.0

22.052g일 때의 정지점 +0.35

22.053g일 때의 정지점 −2.30

예민도 = +0.35 − (−2.30) =2.65눈금 ☞ 따라서 1눈금은 1/2.65mg이다.

참중량과의 사이에는 +0.35 − (−1.00) = 1.35눈금의 차이가 있으므로 계량병의 중량은 다음 식에 의해 구해진다.

$$22.052 + \frac{1}{2.65} \times 1.35 \times \frac{1}{1,000} = 22.0525\,\text{g}$$

또한, 평형법으로서 다음과 같은 방법도 행해지고 있다. 0점을 눈금판의 중앙이 되도록 미리 조절해 놓고 물체를 올려놓은 다음 분동을 교대로 올려서 정지점이 0에 대해서 ±1이내에서 일치하도록 한다. 이때에는 분동의 합계 중량이 물체의 중량이 된다.

1-3. 실험 후의 유효수치와 오차

규격시험에서 "정밀히 단다"라 함은 규정한 량의 시료를 취하여 화학천칭으로 칭량함을 말한다. 예를 들면 "약 5g을 정밀히 단다"라는 것은 약 5g의 시료를 취하여 그 무게를 화학천칭으로 칭량하는 것을 말한다. 또 "정량시험에 쓰는 시료의 채취량에 '약'을 붙인 것은 기재량의 90~110%를 채취함을 말한다"고 정하였다. 다시 말해서 무게를 "정밀히 단다"라 함은 달아야 할 최소단위를 고려하여 0.1mg, 0.01mg 또는 0.001mg까지 다는 것을 말한다. 또 무게를 "정확히 단다"라 함은 규정된 수치의 무게를 2자리수까지 다는 것을 말한다.

실험은 정확할수록 좋고 그 정확의 정도는 숫자에 의해서 표시된다. 예를 들면 화학천칭으로 중량을 측정할 때 그 중량은 g단위로 소수점이하 몇 자리까지 쓸 것인가가 문제이다. 일반적으로 화학천칭의 오차는 0.3~0.5mg이내라 생각되고 있고, 이 오차범위의 숫자를 따진다는 것은 무의미하다. 따라서 화학천칭으로 측정한 중량의 유효숫자(이 경우는 중량으로서 의미가 있는 숫자)는 g단위로 소수점이하 3자리까지이며, 표시할 때에는 다시 한자리 많게 하여 4자리까지 쓰도록 하고 있다. 예를 들어 설명하면 다음과 같다.

계산예 시료를 화학천칭으로 5,000mg 칭량했다고 한다. 화학천칭에 의한 칭량오차는 0.3~0.5mg이내이므로

$$\frac{0.3}{5,000}\times 100 \sim \frac{0.5}{5,000}\times 100 \text{ 즉, } 0.006\sim 0.01(\%)$$

이 시료의 중량 5,000mg은 참중량에 대해서 0.006~0.01% 이내의 오차에 있어서 바르다고 할 수 있다. 또 동일한 시료를 사용해서 동일한 방법에 의해서 측정해도 얻어지는 결과는 항상 일치한다고 할 수 없고, 다소의 차가 나타난다. 따라서 몇 번(홀수)이고 측정을 반복하여 그 평균을 구하고 측정치로 한다.

계산예 0.1mℓ까지 눈금이 새겨져 있는 뷰렛으로 적정했다고 한다. 눈금의 읽기는 유효숫자의 0.1mℓ의 1/10까지 읽고 다음과 같은 측정치를 얻었다.

	최초의 눈금		최종의 눈금	적정치(mℓ)
제1회	0.00	→	11.82	11.82
제2회	0.00	→	11.78	11.78
제3회	0.00	→	11.80	11.80

이것을 산술평균해서 (11.82+11.78+11.80) ÷ 3 = 11.80으로 구하는 측정치 11.80을 산출한다. 화학분석에서는 일반적으로 몇 가지의 조작이 조합되어서 목적하는 분석치를 표시한다. 따라서 관계되는 조작의 전부가 동일한 정도로 정확하도록 유지하여야 한다. 또 실험의 오차에는 측정기기의 오차 이외에 실험자의 조작 미숙이나 부주의에 의해서 생기는 오차도 있다. 이들 오차는 화학분석에서 최소로 억제하고 보다 정확한 실험치를 얻는 것이 필요하다.

실험 1호 천칭의 종류와 천칭의 사용법 실습

(강의계획서 2째 주)

1. 실험 시간 ; 이론 1시간, 실습 2시간

2. 준비와 조작 – ◘ ☻ (학과 조교님 준비 및 확인)▸

1) 시료(검체) : 쌀, 소금(NaCl)이나 설탕(각각 500g)

2) 기구 및 용기 : 스푼(각조), 핀셋(각조), 황산지나 파라핀왁스지, 칭량병 및 칭량접시(각조), 상명천칭(4대), 화학천칭(수동), 자동화학천칭이나 전자저울(각조 1대)

3. 천칭의 조작

1) 천칭의 0점 조정 : 1인 실습

2) 무게 달기 연습 : 1인 실습

3) 무게 달기 경연대회 : 자동천칭을 가지고 학생 중 누가 가장 빠르고, 정확히 무게를 재는가를 경연함(기대효과는 학점의 프리미엄 반영, 조나 개인별 대상)

4. 실습전 주의사항

2. 용량(부피) 측정기구 등

모든 액체시약, 표준용액, 조제용액, 검체채취 등에 사용목적이나 용도에 따라 다양한 용량기구가 사용된다.

2-1. 피펫류(pipet or pipettes)의 종류

피펫은 표준용액, 조제용액, 시료의 비점성용액 등의 정확한 용량을 옮기는 유기기구를 말한다.

메스피펫	홀피펫	스파우트피펫	마이크로피펫	리피터피펫
0.1,0.2,0.5,1,2 5,10,15,20㎖	1,2,5,10,15, 20,25,30,50㎖	1,2,5,10㎖ (고무캡 부착)	0.01,0.02, 0.05㎖	Syringe Dispenser
메스피펫(유리)	홀피펫(유리)	스파우트피펫(유리)	마이크로피펫	리피터피펫
(meas*. pipette or measuring pipette)	(hole pipette or volumetric pipette)	(spout or dropping pipette)	(micro pipettes, single or multi)	(repeater pipiette)

그림 1-2-4. **피펫의 종류**

* meas. = measurable = measure, graduated, volumetric

아울러 휠러(filler)에는 bulb type filler와 pump type filler로 나누어 볼 수 있는데 bulb type의 피펫 휠러를 이용하여 용액의 흡입과 배출을 행하는 방법은 다음과 같다.

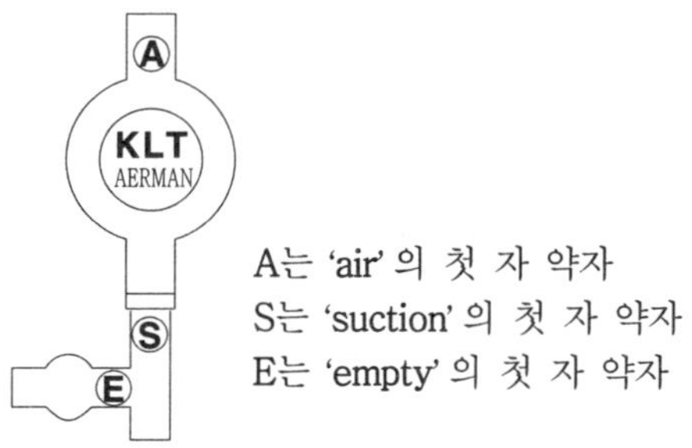

휠러(filler, bulb type)

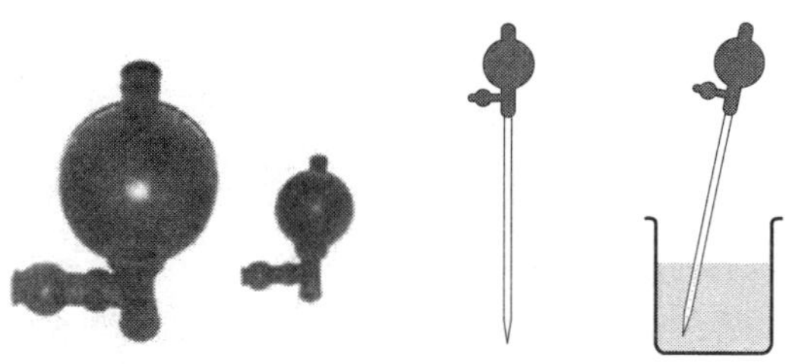

피펫휠러(pipette filler)와 사용법

그림 1-2-5. **피펫의 휠러(filler) 사용예**

조작은 'A' 버튼을 누르고 밸브를 누른 후에 버튼을 놓으면 밸브내에 진공이 생긴다. 휠러의 가운데 있는 'S' 문자는 액체를 빨아들일(흡입) 때에 사용한다. 휠러의 오른 쪽에 있는 'E'는 빨아들인 액체를 배출할 때에 사용한다.

휠러를 잘 다루는 법은 많은 연습을 하여 숙달함으로써 습득할 수 있으며, 시간을 단축하는 동시에 실험의 정확성을 기할 수 있다.

2-2. 뷰렛류(Burets or Burettes)

1) 뷰렛류의 종류

뷰렛은 뷰렛내의 용액의 정확한 량을 아래의 반응액에 떨어뜨리는 즉 적정(적하, titration)하는 기구로서 용액을 방출시키는 유출구에는 유리재질, 테플론재질의 stop cock가 부착되어 이것을 손으로 조정하여 액체를 유출시킨다.

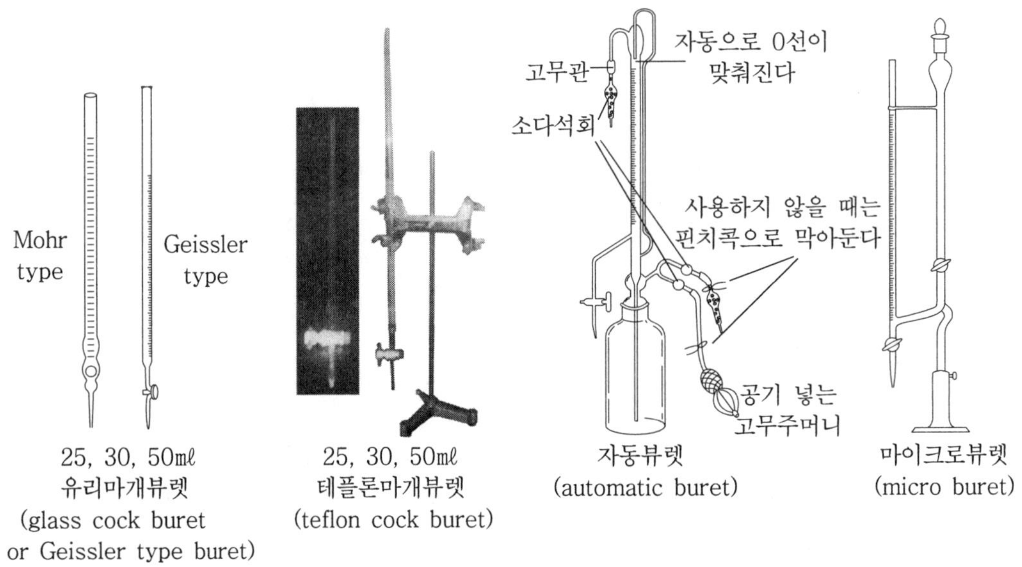

그림 1-2-6. **뷰렛의 종류**

2) 뷰렛의 사용법과 표선(눈금) 읽기

뷰렛의 사용법과 표선 읽기는 용액 측정에서 대단히 중요하며 다음과 같은 순서로 진행된다.

① 측정준비

㉮ 사용할 뷰렛을 1일 이상 세정용액(cleaning solution)에 넣고 꺼내 씻고 세척한 후 건조(가급적 실온)시킨다. 실험 전전날까지 끝낸다.

㉯ 뷰렛 코크에 바셀린(vaceline)이나 실리콘 그리스(grease)를 미량 바르고, 뷰렛 구멍이 막히지 않도록 코크를 닫은 후 스탠드 홀더에 고정시킨다.

㉰ 뷰렛 상단 구멍에 깔때기를 삽입하고 원하는 용액을 눈금이 있는 상부의 표선까지 채

운 후 깔때기를 제거한다. 단 뷰렛구멍내에 깔때기를 넣을 때 여유가 있는 것이 좋다.

㉣ 용액이 들어있지 않은 코크의 아래부분에 액체를 채우기 위해, 아래의 삼각 플라스크를 스탠드 바닥에 놓은 다음 코크를 열고 채운다. 특히 기포가 남지 않도록 하고 또 코크 주위가 새는지 확인한다.

② 용액의 측정

㉮ 우선 액체면의 눈금인 **표선[標線, 미니스커스(meniscus)]**를 읽는다. 그림 1-2-6에서 보는 바와 같이 무색계 투명한 액체는 액체의 최하부인 표선하단을 눈으로 수평이 되게 읽고, 유색계(有色係) $KMnO_4$ 등은 표선하단을 읽는다.

㉯ 코크를 쥐고 코크를 살짝 늦추면서 천천히 돌려서 서서히 적정(titrating)한다. 수기 용액의 색깔이 조금씩 변할 때는 코크를 조정하면서 적정량을 천천히 떨어뜨리고 완전히 색이 변하면 코크를 잠근다. 즉 종말점(end point)에 이른다.

㉰ 최종적으로 액체면의 눈금(1차, 2차 등)을 읽어 소비량(㎖)을 알아낸다.

③ 용액의 반응된 소비량

최초의 눈금 표시선치에서 소비된 최종 눈금 표시선치를 빼면 반응된 소비량(㎖)이다.

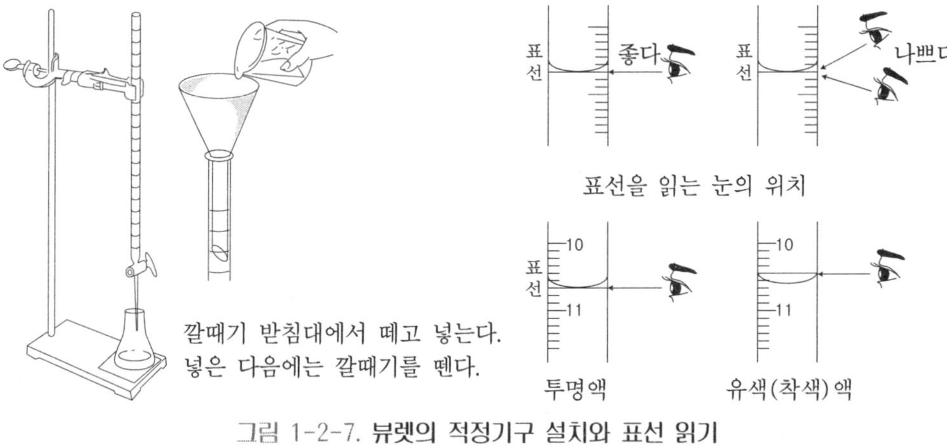

그림 1-2-7. **뷰렛의 적정기구 설치와 표선 읽기**

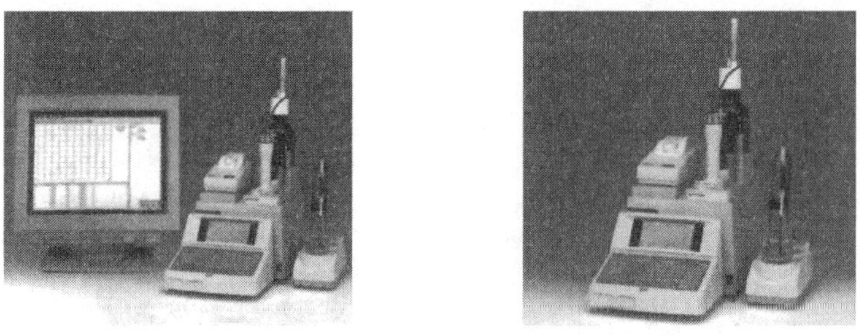

그림 1-2-8. **전위차 자동적정기**(Potentiometric auto titrator)

실험 2호-A 뷰렛의 사용법과 표선읽기

(강의계획서 3째 주)

1. 실험 시간 ; 이론 1시간, 실습 2시간(1인이 30분 소요)

2. 시약, 기구 등의 준비 – ◘ ☻ (학과 조교님 준비 및 확인)▸

1) 시료 : 증류수 500㎖, 소금 500g 1병(소금 10g을 천칭에 달아 100㎖ 물로 녹여 소금물 시액으로 사용)

2) 시약 : $KMnO_4$나 증류수를 착색(요오드 등을 증류수에 녹임)

3) 기구 및 용기 : 천칭(2개), 뷰렛(각조 2개), 뷰렛 스탠드(각조 2개), 깔때기(각조 2개), 삼각플라스크 200~300㎖(각조 2개)나 비이커 200~300㎖(각조 2개), 세척병 500㎖(각조 2개), 바셀린이나 실리콘 그리스, 메스실린더 100㎖(각조 2개)

3. 뷰렛의 조작

1) 소금물 등을 천칭에 달아 비이커 등에 증류수로 녹여 시액을 만든다.
2) 뷰렛 코크에 바셀린이나 실리콘 그리스를 미량 바른다. 뷰렛 옆구멍에 넣고 회전시켜 닫은 후 스탠드 홀더에 고정시킨다.
3) 뷰렛 상단구멍에 깔때기를 꼽고 원하는 시액을 넣고 깔때기는 제거한다.
4) 코크 아래 빈부분에 액체를 채운다.
5) 적정하기 전에 액체면의 눈금인 표선을 읽는다.
6) 코크를 쥐고 돌려 적정을 실시하고 종말점에 이르면 종결한다.
7) 종결하면 최종적으로 액체면의 눈금의 소비량을 읽는다.

4. 실험전 주의사항

2-3. 시험관, 비이커, 플라스크, 실린더류

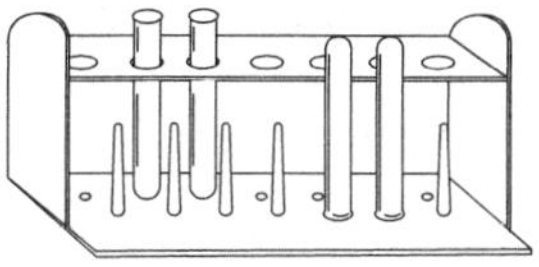

시험관
(test tube)

공전시험관
(test tube, stopper)

50,100,200,250,
300,500,1000mℓ
비이커(glass, plastic, S/T)
(beaker)

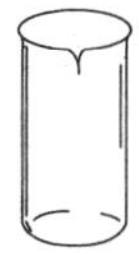

500,1000mℓ
toll beaker

100,200,300,
200,300,500mℓ
코니컬비이커
(conical beaker)

100,200,300,
500, 1000mℓ
삼각플라스크
(Erlenmyer flask)

100, 500mℓ
공선삼각플라스크
(Erlenmyer f. stopper)

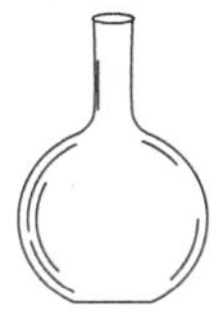

1000, 2000mℓ
환저(둥근바닥) 플라스크
(round bottom flask)

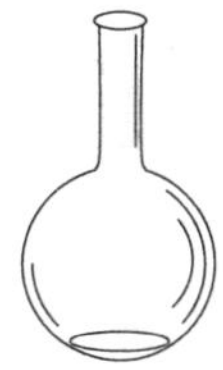

1000, 2000mℓ
플로렌스(넓적바닥)플라스크
(Florence flask)

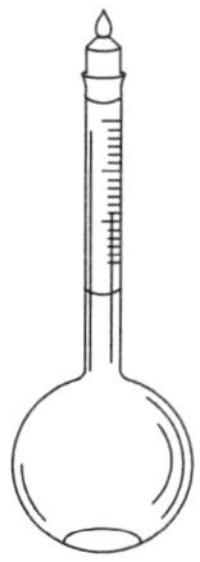

50,100,200,250
300,500,1000mℓ
메스플라스크
(meas. flask)

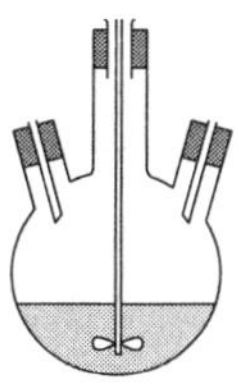

1000,2000mℓ
증류용 삼구플라스크
(distilling flask)

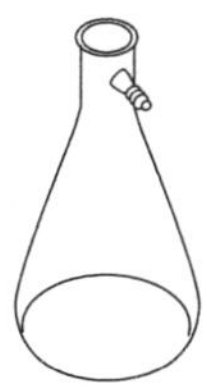

1000,2000mℓ
여과용플라스크
(filter flask)

100,200,250
300, 500mℓ
킬달플라스크
(Kjedahl flask)

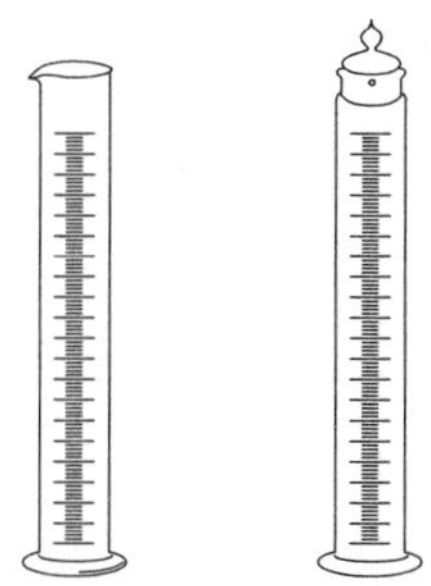

0,20,50,100,200,250,500,1000mℓ
메스실린더(meas. cylinder or measuring cylind)

50,100mℓ 액량계
(meter glass or conical measure)

그림 1-2-9. **시험관, 비이커, 플라스크, 실린더의 종류**

실험 2호-B 피펫휠라(pipette filler)의 용액 채취 및 배출하기 연습

(강의계획서 3째 주)

1. 실험 시간 ; 이론 1시간 30분, 실습 1시간 30분(1인이 20분 소요)

2. 준비와 조작 : 시약, 기구 등의 준비 – ◘ ☻ (학과 조교님 준비 및 확인)▸

1) 시료 : 증류수 500mℓ(때로는 색 있는 지시약 첨가), 소금 500g 1병(소금 10g을 천칭에 달아 100mℓ 물로 녹여 시액으로 사용)

2) 기구 및 용기 : 피펫(각조 2개), 휠라(각조 2개), 메스실린더나 메스플라스크(각조 각각 2개), 뷰렛(각조 2개), 세척병, 중성세제와 비누, 브러시, 걸레, cleaning solution 용액 준비(실험담당 조교는 학생 등을 시켜 메스피펫, 메스뷰렛, 메스실린더 등을 1일 이상 침지, 꺼내 수돗물과 증류수로 여러번 씻는다. 그리고 건조대에서 자연건조나 또는 온도가 낮은 저온건조를 실시한다.)

3. 피펫과 휠라의 조작

1) 피펫을 휠라에 끼운다.
2) 휠라의 A, S, E의 기능을 익힌다.
3) 1인이 채취 및 배출의 연습을 7회 이상 한다.
4) 피펫휠라의 용액 채취와 배출하기 경연대회 : 학생 중 누가 가장 빠르고 정확한가를 경연함, 기대효과는 프리미엄 학점 반영, 조별 경연과 개인별 대상

4. 실험전 주의사항

2-4. 중 · 용량보조기구 등

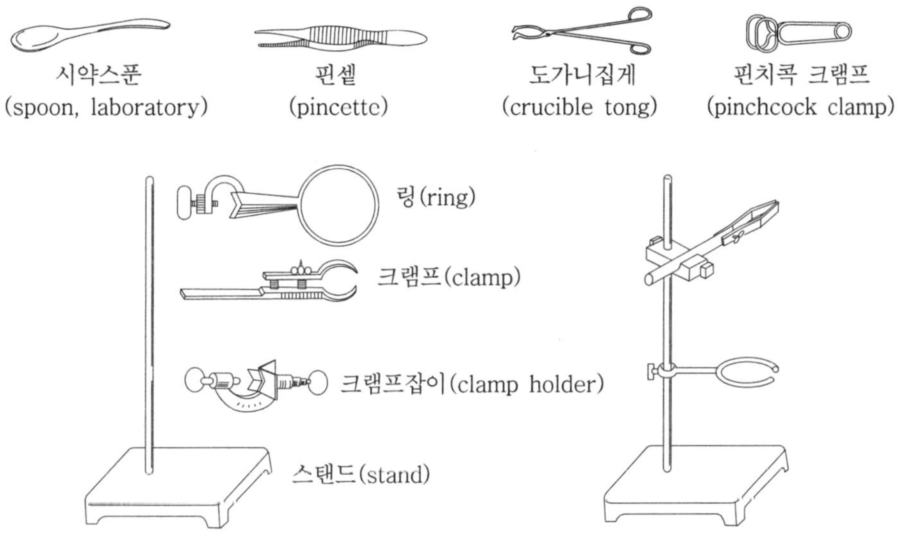

그림 1-2-10. 중 · 용량보조기구 등

2-5. 용량측정기구의 공차

분석에서 일정량의 용액을 채취, 측정, 조제 등의 목적에 사용하는 기구를 총칭하여 용량(부피)측정기구라 하며 중요한 기구로는 메스실린더, 메스플라스크, 피펫, 뷰렛 등이 있다. 이들 부피 측정용 기구는 모두 공공기관의 검정을 받아 합격한 것에 '검'자의 표시가 있으며 허용된 공차는 표 1-2-4와 같다.

이러한 용량측정기구는 건조할 때 가열해서는 안 된다. 또한 습도, 기압, 온도 등에 따라 약간 변화하므로 15℃, 1기압 하에서 측정을 표준으로 하고 있다. 식품분석에서 모든 측정을 실온

표 1-2-4. 용량 측정기구의 공차(일본)

피펫		메스플라스크		뷰렛		메스실린더
용량(mℓ)	공차(mℓ)	용량(mℓ)	공차(mℓ)	용량(mℓ)	공차(mℓ)	용량 100mℓ에 대하여 공차 1mℓ 이하
50	0.05	1,000	0.30	100	0.08	
25	0.025	500	0.15	50	0.04	
20	0.025	250	0.11	25	0.03	
10	0.02	100	0.08	10	0.02	
5	0.01	50	0.05	2	0.008	
2	0.006	25	0.03			
1	0.005					

에서 하며 특별히 온도에 대한 보정을 하지 않는다. 따라서 15℃에서 50㎖의 피펫은 50.00 ± 0.05㎖를 넘지 않는다고 해도 약간의 오차는 생긴다.

3. 가열기구와 냉각기구

3-1. 가열기구

일반적으로 온도의 상승과 더불어 반응속도나 용해도는 현저히 증대한다. 따라서 가열(heating, boiling)은 상온에서 반응이 잘 되지 않는 것이라도 반응을 쉽게 하거나 고체시약 등의 용해를 증대하는데 도움이 된다. 가열은 일반적으로 용기에서 행해지지만 용기를 천천히 또는 평등하게 가열하여 팽창을 균일하게 하지 않으면 파손되고 만다. 플라스크나 비이커 등에서는 먼저 외벽에 붙어 있는 수분을 닦아내고 석면이 붙은 철망위에서 서서히 가열한다. 또 시험관으로 가열할 때에는 시험관을 계속 흔들면서 용해한다. 특히 시료가 적을 때에는 화력을 약하게 하여 갑자기 끓거나 시험관의 파손방지를 기한다. 또, 시료의 성질이나 실험목적에 따라 특정한 온도로 유지하여 가열하지 않으면 안 되는 경우에는 저온용에는 water bath(수조욕), 고온용에는 oil bath(유욕) 등을 사용하여 간접 가열한다.

1) 직화에 의한 가열

각종 전기 히터나 버너로 직접 가열하는 방법으로, 가열 온도에 제한이 없거나 가열방법이 반응속도, 반응시간 등에 큰 영향을 끼치지 않는 경우에는 대개 이 방법을 택하나 대체로 이 방법으로는 열을 받는 면적이 넓지 못하다. 그리고 이때는 석면망을 사용해야 한다.

2) 간접적으로 가열하는 방법

이 방법에는 수조(water bath), 유조(oil bath), 사조(sand bath) 등의 방법이 있다.

① 수조(水槽, water bath)

100℃ 이하로 가열해야 할 경우 소정의 항온온도로 가열된 물에 가열해야 할 물체를 넣어서 가열하는 방법이다. 예를 들면 유기용매로 일정한 온도에서 추출할 때나 유기용매 추출을 계속적으로 이행할 때 이용된다. 예로서 ehter로 어떤 식품 중의 조지방을 추출할 때 수조를 이용한다. 개봉된 수조의 온도를 보다 일정하게 유지하기 위해서는 물에 시티로폼 조각 등을 띄워 공기와 직접 접촉하지 않도록 차단하기도 한다.

② 유조(油槽, oil bath)

100℃ 보다 높은 온도까지 가열할 필요가 있으나 너무 높은 온도를 피해야 할 경우에 필요한 온도까지 가열해도 분해되지 않는 유류를 택해 가열된 유류 속에 목적물을 넣어 가열하는 방법으로, 이때는 그 증기(기름의 증기)가 해로울 때가 있으므로 주의를 요한다.

③ 사조(砂槽, sand bath)

고온으로 가열해야 할 경우, 가열면적을 넓혀 골고루 반응시킬 필요가 있을 때는, 크기가 균일한 고운 모래를 가열해서 그 속에 목적물을 분산시켜 가열하는 방법으로, 식품중 껌 등의 수분측정에 이러한 방법을' 이용한다.

④ 기타 방법

일반적으로 간접적인 가열은 전열면적이 넓어, 반응이 효과적으로 일어날 수 있으며 온도조절도 직화의 경우보다 수월하다.

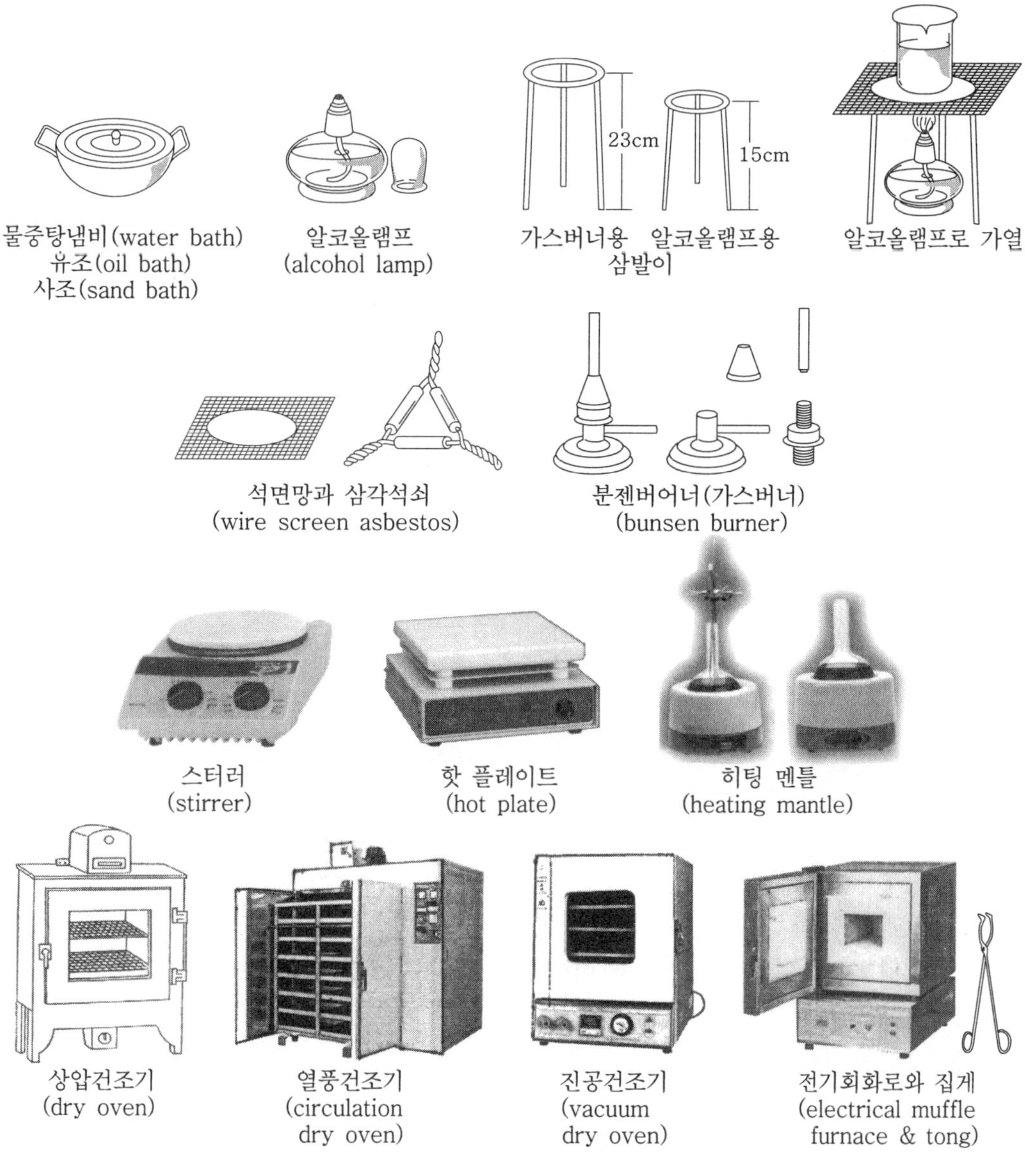

그림 1-2-11. 실험 시의 가열기구

3-2. 냉각기구

냉각에는 자연 냉각과 인공냉각 방법이 있는데, 자연냉각은 실내에 방치하거나 교반하면서 냉각시키는 방법이며, 인공적인 방법에는 대개 다음과 같은 것이 있다.

1) 냉각기(condenser) 사용

사용목적에 따라서 여러 가지 형태의 냉각기를 선택해야 한다. 냉각기 중에는 리비히냉각기(Liebig condenser), 환류냉각기(Hopkin's reflux condenser), 알린냉각기(Allihn's condenser) 및 나선형인 그레암냉각기(Graham's condenser)등이 있다.

이들 냉각기는 흐르는 물에 의하여 냉각하는 소위 수냉식(water cooling type)이나 경우에 따라서는 공기냉각기로 1m의 유리관을 사용하는 수도 있다. 식품중 지방을 정량할 때 대표적으로 수냉식 냉각기를 쓴다. 증류할 때는 수냉식냉각기 중 리비히냉각기를 사용하고, 유기용매에 의한 추출시에 용매의 비산을 막기 위해서는 Dimmroth냉각기를, 냉각기 내에서 전열면적을 넓히기 위해서는 정도에 따라서 Allihn냉각기나 Graham냉각기를 사용하게 된다. 대개의 경우 전분질을 산으로 분해하거나 섬유소를 정량할 경우에는 공기냉각기로써 길이 1m인 유리관을 사용하고 있다. 여하튼 이러한 냉각기는 발열반응의 경우 연속적으로 반응을 진행시키려 할 때나 또는 증기의 회수를 필요로 할 때 사용된다.

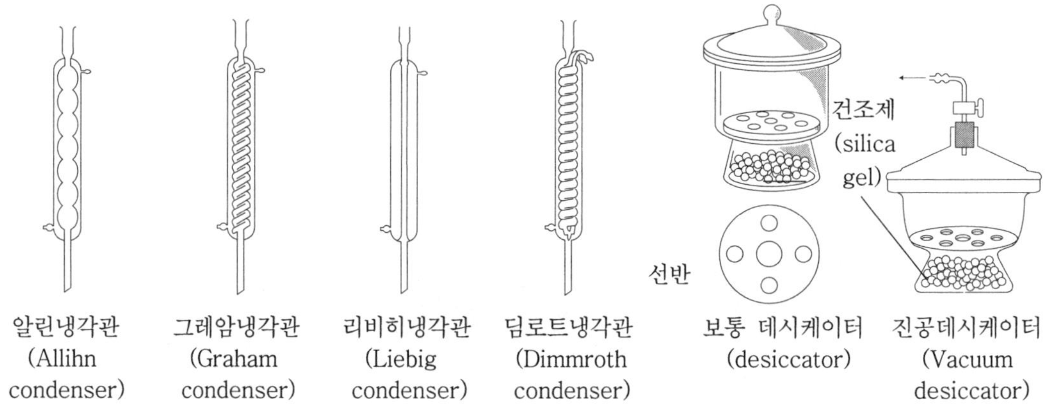

알린냉각관 (Allihn condenser)   그레암냉각관 (Graham condenser)   리비히냉각관 (Liebig condenser)   딤로트냉각관 (Dimmroth condenser)   보통 데시케이터 (desiccator)   진공데시케이터 (Vacuum desiccator)

그림 1-2-12. **실험 시의 냉각기구**

2) 냉장고 사용

전기냉장고나 얼음이 든 상자를 이용하여 대개 5~10℃ 정도로 냉각시키고자 할 때 또는 냉장고의 온도로 보존하고자 할 때 사용되나, 일반적으로 5℃ 이하로 냉각시키려 할 때는 보통의 냉장고로는 어렵다.

3) 얼음물(ice water) 사용

반응온도가 0℃ 또는 이보다 다소 낮은 온도라든지 생성물이 매우 휘발성인 경우에는 반응계 또는 생성물의 용기를 얼음과 물이 공존하는 상태의 수조(water bath)에 담가서 냉각시키는 방법이다. 0℃보다 다소 낮은 온도가 요구될 때는 빙점강하를 이용하여 물에 식염 등을 용해시키고 얼음과 물이 공존하는 상태(이때의 얼음도 식염수의 얼음이면 더 좋다)의 수조를 사용하면 된다.

알코올을 탈수하여 에테르를 제조할 때나 또는 아이스크림을 제조할 때 등에는 이와 같은 얼음물 또는 얼음에 소금을 뿌려서 사용한다.

4. 여과기구와 분리기구

4-1. 여과기구

고체와 액체를 분리하는 방법을 **여과(濾過 : filtration)**라 한다. 즉 현탁물질 또는 혼합용액 속의 침전물을 분리하는 조작을 말하며, 여과해서 얻은 용액은 **여액(filtrate)**이라 하고, 분리된 고형물을 **침전물(precipitates : ppt)** 또는 **여과박(filter cake)**이라 한다. 고체와 액체의 분리에는 decantation(처음부터 침전을 여지에 옮기면 여지구멍이 미세한 침전으로 막히므로 여과시간의 단축, 세척이 곤란한 경우에나 사용한다)이나 원심분리 등을 이용하는 수가 있는데, 전자는 침전을 용기 밑으로 가라앉게 한 다음 그 용기를 기울여 상등액을 흘려버리고 침전만 남게 하는 경사방법(decantation)으로 조작이 신속하고 간편하나 완전히 분리시킬 수 없는 점이 결점이나 여과처리에 효과적이다.

후자는 취급하는 양이 적어 여과가 잘 안될 경우 사용하며 보통 여과지를 이용한 여과가 많이 이용된다. 여과재료는 여과지를 비롯해 석면, glass wool, glass filter 등이 쓰이고 있다.

또 깔때기도 많이 사용되는데 분별(分別) 깔때기(separatory funnel)는 서로 완전하게 혼합되지 않은 2종류의 액체상을 분할하는데 사용되는 밸브를 갖춘 깔때기 모양의 유리기구로 목적에 따라 여러 종류가 이용되고 있다. 20㎖에서부터 2,000㎖까지 있다.

표 1-2-5에서 보는 바와 같이 여과지의 종류는 정성용 여과지, 정량용 여과지, 원통형 여과지, 크로마토그래피 여과지를 들 수 있고 그 이외 종류는 석면, 여과면(린넨포), glass wool 유리제 여과판 등이 있다.

공기와 같은 기체여과, 단백질, virus의 여과와 각종 미생물의 여과에는 최근 micro filter (glass filter)라는 것이 있는데, 이것은 $0.01\mu \pm 0.002\mu \sim 14.0\mu \pm 3\mu$정도 크기의 구멍을 가진 nylon, vinyl chloride, cellulose acetate 등의 재질이 있다.

그리고 여과방법에는 여지에 의한 보통여과법이나 감압여과법(흡인여과법), 가열여과법 등이 사용되고 있다.

표 1-2-5. 여과지의 종류와 특징 및 용도

종류	세목용도	일본 동양 No.	영국 Whatman No.	특성 및 용도
정성용	일반정성용	No. 1	No. 1	* 일반여과용으로 제조된 것. 여과속도가 빠름. 여과지의 조직이 거칠기 때문에 미세한 침전방지 부적합
	표준정성용	No. 2	No. 2	* 지층은 No. 1보다 두껍고 여과속도 빠름. 침전도 잘 됨. 공업여과용 표준품으로 감압여과에 많이 사용
	배양기용	No. 101		* 성질이 No. 1에 가깝고 지면에 요철(凹凸)을 만들어 점조액(粘稠液), 교질액의 여과에 좋음
	반경질성용	No. 131		* No. 2보다 미세한 침전의 여과에 적당. 지질이 경성이므로 감압, 가압의 여과에 잘 됨. 섬유의 이탈이 적어 주사액, 황산바륨 등의 여과에 적당함
정량용	간이정량용	No. 3	No. 30	* 섬유를 염산으로 처리하여 증류수로 세정한 것. 여과지는 두껍고 여과속도 빠름. 간단한 학생실험, 공업용
	경질여과지	No. 4	-	* 화학작용에 의해 여과지의 표면을 경화한 것. 지질이 강하여 가압에 견디며 내산, 내알칼리성으로 미세한 침전에도 완전하게 유지됨
	신속정량용	No. 5A	N.o 41	* 회분량이 적고 여과속도 제일 빠름. 소대(疎大) 침전용 적당
	일반정량용	No. 5B	No. 40	* 여과속도, 침전의 유지성, 회분량 등 여과지 중에서 중간위치임. 한 종류의 여지로 가장 광범위하게 사용
	황산바륨용	No. 5C	No. 42	* 여과지가 샐 우려가 있는 침전을 취급하는 정량용
	표준정량용	No. 6	No. 44	* No. 5보다 여과지가 얇고 회분량도 더욱 적으며, 침전의 유지성은 No. 5B보다 좋아 정량용으로 표준품
	최고급정량용	No. 7	-	* 다른 여과지보다는 얇지만 지층이 가장 균일하며, 섬유의 순도가 우수하여 특히 정밀한 분석실험 적당
	경질여과	No. 8	No. 50	* 경질이므로 흡인여과에 적당함
원통여지면	원통여과지 (圓筒濾過紙)	No. 84		* Soxhlet's 지방추출기내에 이 시료를 넣은 여과지를 넣고 유기용매로 지방추출. 여과속도가 빠르고 내구성이 있어 여러번 사용할 수 있음
	여과면 (濾過綿)	No. 82		* 술, 맥주, 음료수, 장유 등의 여과에 사용하며, 순수한 우량품은 고결, 건조한 것, 세정으로 수회 사용
크로마토그라피		No. 50		* 지질은 정제한 섬유의 균일한 조직 paper chromato 용으로서 표준품임
		No. 51		* 지질이 얇고 자외선하에서는 형광을 내지 않음. chromato용으로 Whatman No. 1에 상당함
		No. 1A		* No. 51중의 무기성분을 완전하게 제거한 것. 東洋여과지 No. 51, Whatman No 1에 만족할 수 없는 생화학 정밀 분석용으로 사용함

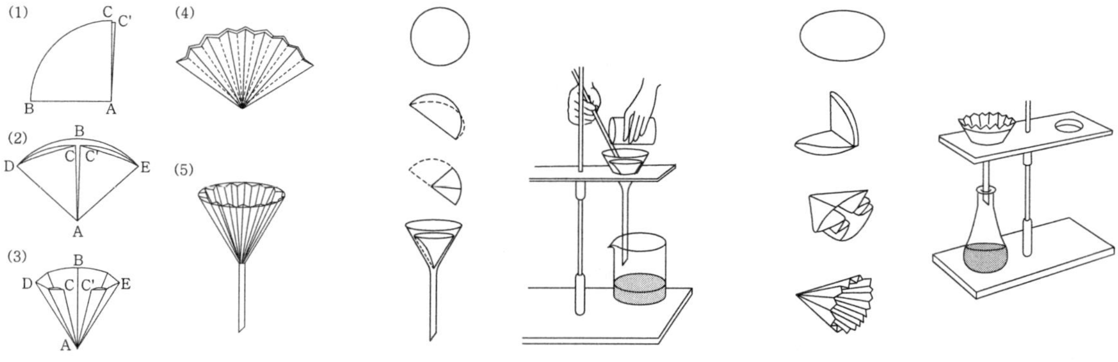

(a) 여과지 접는 방법과 여과법

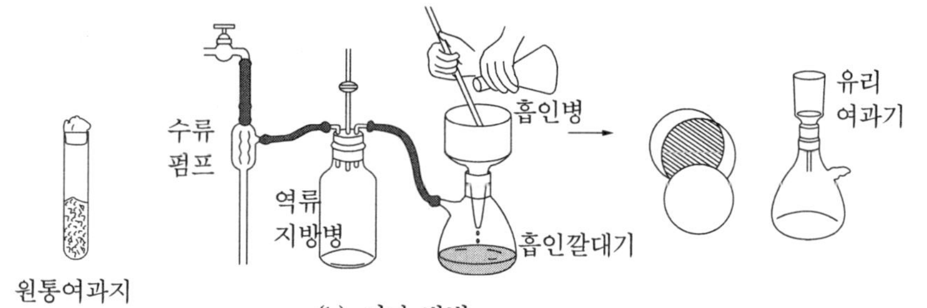

(b) 여과 방법

그림 1-2-13. **여과지와 여과지 접는 방법 및 여과과정**

그림 1-2-14. **여과기구의 종류**

1) 자연여과 중 보통여과방법

자연여과는 말 그대로 상압상태의 여과로써, 감압 또는 여과면이 막혀서 여과하기 어려운 경우에 널리 이용되며 유효여과면적을 넓게 하여 여과속도를 다소 빠르게 하기 위해 주름 여과지를 사용한다. 여과지는 표 1-2-5에서와 같이 정성용과 정량용 등으로 나눈다.

정성용은 주로 No. 2, 정량용은 No. 5와 No. 6를 많이 사용한다. 정성용 여과지의 원형 직경이 5.5, 7, 9, 11 12.5, 15, 18.5, 24, 30, 33, 36, 40, 50, 60cm까지 있고, 정량용은 5.5, 7, 9, 11, 12.5, 15, 18.5cm 등이 깔때기의 크기에 맞도록 사용하면 된다.

또한 여과에 장해되는 요소 중에서 유의할 점은 여과지는 밀착되도록 하고, 깔때기 발이 길고 여과하기 전에는 침전을 가라 앉혀 윗물을 먼저 여과토록 할 것이며, 특히 교질성 앙금 등은 여과가 잘 안되므로 용액의 온도를 높여서 여과토록 하든가 감압여과법을 이용해야 한다.

화학실험실에서 일반적으로 행해지고 있는 **보통여과법**은 원형의 여과지를 그림 1-2-13과 같이 직경에 따라 2분원으로 접고 그것을 또 반절로 접어서 4분원형으로 하고, 다시 원형으로 펴서 깔때기 속에 놓는다. 깔때기의 넓이가 60° 가 아닌 것은 4분원으로 접을 때 깔때기에 맞도록 약간 가감하여 접어야 한다.

주름 여과지 접는 법은 그림1-2-13과 같이 원형여과지를 4분원으로 되게 접고 이것을 펴서 2분원으로 만들고, (1)과 같이 CA를 BA에, C'A를 BA에 맞추어 접혀진 선 DA, EA를 접는다. 이것을 넓게 펴서 (2)와 같은 모양으로 CA를 DA에, DA를 BA에, C'A를 EA에, EA를 BA에 양쪽으로부터 내부에 접혀진 선을 접는다. (3)은 다시 이것을 반원형으로 펴고 (4)와 같이 반대방향으로 접선을 접어 32분원이 되게 하면 부채모양으로 된다. 이것을 펴서 원형으로 넓히고 깔때기 속에 장치한다(5).

2) 감압여과(흡인여과)법

흡인여과라고도 하며 여과에서 많이 사용한다. 이 방법은 여과 용액을 받은 용기 내부를 감압하여 여과하는 방법인데, 여과하려는 액체의 양이 많고 빨리 여과하고자 할 때 사용된다. 즉 여과시간의 단축과 여과가 곤란한 경우 사용된다. 이것은 그림 1-2-14에서 보는바와 같이 Buchner funnel과 여과병을 연결하고 진공펌프(vacuum pump)나 수류(水流)[1] 펌프(aspirator)로 여과병 내의 공기를 감압시킨다. 역류를 방지하기 위해 여과장치와 펌프 사이에 안전병을 둔다. 약품이나 강산-알칼리와 같이 여과지가 침식될 염려가 있을 때에는 석면을 채운 Gooch 도가니[2], 다공질로 된 유리 여과기(glass filter)[3]가 사용된다.

---

1) 수류펌프는 15~20mmHg정도까지 감압이 가능하며 rotary oil pump는 0.01~25mmHg사이의 압력을, 확산펌프는 0.01mmHg이하의 압력까지 사용할 수 있다.
2) Gooch도가니는 작은 구멍이 뚫려 있는 부속판인 여과판이 있다. 도가니 바닥에 정제된 석면을 깔고 흡입여과한다. 이것은 600℃ 이상 가열할 수 없고 파손되기 쉬우며 고가인 점이 결점이지만 석영제를 사용하면 1,500℃까지 가열할 수 있다. 온도의 격변으로 파손되지 않고 흡습성이 없으며 강산, 강알칼리, $KMnO_4$ 등의 시약에 저항성이 크며 세척이 보통 여지보다 안전하다.
3) glass filter는 외부에 1G3, 3G4 등의 부호가 있는데 ,머리숫자는 용량(숫자가 클수록 크다)을 나타내며,

표 1-2-6. glass filter의 형식(type)과 번호

형식(type)	형식 번호	여과판의 지름(mm)	용량(mℓ)
도가니형 깔대기	1G	30	30
	2G	40	50
원통형 깔대기*	3G	30	30
	11G	40	60
	17G	65	140
원추형 깔대기**	G	15	상부의 지름 40mm
	G	20	〃 60mm
아린씨 관형(管型)깔대기			

* 25G, 26G, 151G가 있다.

** 53G, 54G가 있다. 어느 것에 있어서나 여과판(濾過板)의 지름, 용량이 크다.

표 1-2-7. glass filter의 여과판과 눈구멍(mesh)의 크기(단위 : μ)

No	1	2	3	4
구멍의 직경(μ)	120~150	40~50	20~30	5~10

3) 가열여과

재결정법으로 물질을 정제하는 경우, 용해도가 온도에 따라 달라지므로 용액을 냉각시키지 않고 가열시켜 여과시킬 필요가 있다. 이런 방법을 **가열여과** 또는 **보온여과**라 한다. 가열여과는 보온여과기 같은 장치를 이용하나 일반 가열기구를 이용할 수도 있다.

재결정법(recrystallizing)은 가열, 용해, 여과, 냉각 등의 조작을 조합한 것으로서 고체 시약 등의 정제에 사용된다. 일반적으로 용매인 물을 가열하면서 고체시약을 될 수 있는 대로 많이 용해하고, 이것을 더울 때에 여과하여 물에 녹지 않는 불순물을 제거한다. 여액은 냉수로 냉각시켜 결정을 석출하여 여과한다. 그리고 석출된 결정은 건조여지에 싸서 물을 제거한다. 이 조작을 필요에 따라서 몇 번 반복해서 정제의 목적을 달성하는 것이다.

4-2. 분리기구

표준체 중 시료 조제용 체는 황동제(黃銅製)의 것이 보통 사용된다. 체눈의 크기는 보통 KSA 5101(표준체)에서 규정하고 있으나 일반적으로 Tyler체의 메쉬(mesh)라는 단위를 사용한다. 메쉬 No.가 클수록 체눈의 크기가 작아진다.

G는 최초 유리여과기를 만든 유리의 품질 Generate glass의 머리글자이고, 꼬리숫자는 여과판(濾過板)구멍의 크기에서 1이 가장 크고 4가 가장 작음을 나타낸다.

표 1-2-8. Tyler체의 메쉬(mesh)와 표준체의 호칭번호 및 체눈 크기

Tyler체		표준체			Tyler체		표준체		
mesh (메쉬)	체눈의 크기	호칭 지수(μ)	호칭 번호	체눈의 크기	mesh	체눈의 크기	호칭 지수(μ)	호칭 번호	체눈의 크기
325	0.043	44	325	0.044	28	0.589	590	30	0.59
270	0.053	53	270	0.053	24	0.701	710	25	0.71
250	0.061	62	230	0.062	20	0.833	840	20	0.84
200	0.074	74	200	0.074	16	0.991	1,000	18	1.00
117	0.088	88	1701	0.088	14	1.168	1,190	16	1.19
150	0.104	105	140	0.105	12	1.397	1,410	14	1.41
115	0.124	125	120	0.125	10	1.651	1,680	12	1.68
110	0.147	149	100	0.149	9	1.981	2,000	10	2.00
80	0.175	177	80	0.177	8	2.362	2,380	8	2.38
65	0.208	210	70	0.2310	7	2.794	2,830	7	2.83
60	0.246	250	60	0.250	6	3.327	3,360	6	3.36
48	0.295	297	50	0.297	5	3.062	4,000	5	4.00
42	0.351	350	45	0.350	4	4.699	4,760	4	4.76
35	0.417	420	40	0.420	3.5	5.613	5,660	3.5	5.66
32	0.485	500	35	0.500					

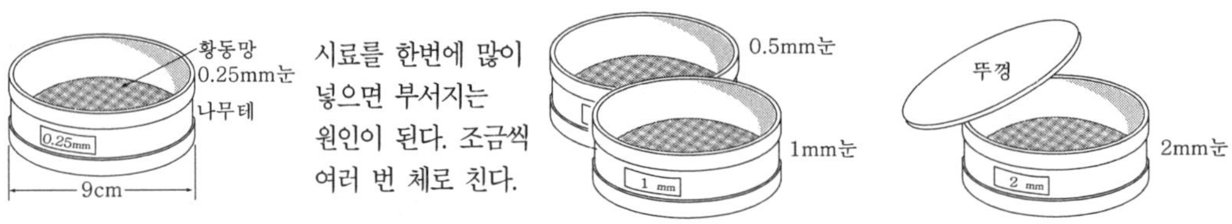

(a) 표준체(standard seive)

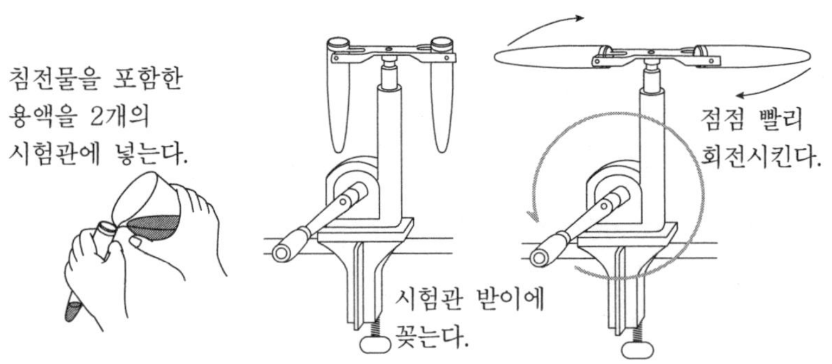

(b) 원심분리기
(centrifugal)

(c) 원심침전관
(centrifugal precipitation tube)

그림 1-2-15. **원심분리기와 표준체 등의 분리기구**

5. 추출기구와 증류기구

5-1. 추출기구

고체시료 또는 액체시료 속에 함유되어 있는 물질을 용매를 사용해서 녹여내는 조작방법을 **추출(抽出)**이라 하고, 추출하여 얻은 물질을 **추출물(엑기스, extract)**이라 한다. 추출에는 분액깔때기나 Soxhlet의 추출장치 등을 사용한다.

분액깔때기의 사용법은 그림 1-2-16에 있어서 먼저 마개 ①로부터 ②에 용액을 넣고 그 속의 목적 물질만 녹여내는 용매를 가한 다음 ①을 닫고 잘 흔든다. 조용히 놓아두면 2층 ③, ④로 나누어지므로 ①의 공기구멍을 열어서 활전 ⑤로부터 아래층만을 유출시키면 목적 물질만을 함유하는 용액을 분리시킬 수가 있다.

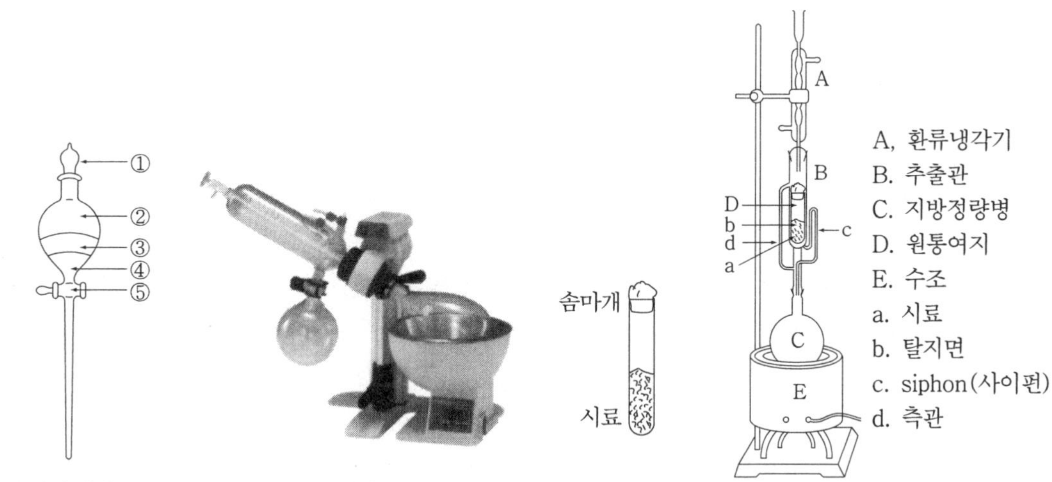

분액깔대기 | 추출기 (extraction apparatus) | 원통여과지 (thimble extract paper) | 속실렛지방추출관 (Soxhlet extraction apparatus)

1-2-16. **추출기구**

용매에는 chloroform[B.P(이하 같음) 62.2℃], diethylether(34.6℃), ethylene dichloride (83.8℃), n−hexne(68.7℃), benzene(80.1℃), acetone(56.5℃), ethyl acetate(77.1℃) pyridine (115.6℃), n−butanol(74.1℃), ethanol(78.4℃), acetic acid(118℃), methanol(64.5℃) 등이 있으며, 가장 널리 이용되는 것은 ether이고 ethyl acetate, ethylene dichloride도 많이 쓰인다. 그중 ethylene dichloride는 steroid, Vit A, nicotine, caffeine 등 각종 천연물 추출에 우수한 용매다.

Soxhlet에 의한 추출조작은 그 성분의 해당용매에 대한 용해도를 고려하여, 용매의 비산을 최대로 방지해야 하므로 이를 위하여 고안된 것이 속실렛 추출장치(Soxhlet extractor)이다. 이 장치는 고형시료를 원통여지에 넣고 유기용매의 응결된 것을 그 위에 계속 떨어뜨려 추출하도록 되어있다. 고형시료를 용매로 추출할 때는 시료가 충분히 곱게 마쇄되어 시료와 용매의 접촉면을 넓게 해주어야만 추출시간을 단축할 수 있다.

식혜를 담글 때 처음에 엿기름(맥아)을 분쇄하여 40~45℃의 온수로 약 2시간 추출하는 것은 맥아내의 당화효소를 추출하는 과정이라고 할 수 있다. 액체 시료 중 어떤 성분을 추출할 경우에는 그 시료용액 중 해당 성분의 용해도보다 용해도가 더 큰 다른 용매를 찾아야 되지만 이때 시료용액과 쉽게 혼합되는 용매를 쓰면 곤란하다. 일반적으로 수용액중의 어떤 성분을 유기용매로 추출하고자 할 때는 ether를 사용하며 이런 때는 분액깔때기(separating funnel)를 이용한다.

5−2. 증류기구(Distillation)

액체를 일단 기화시킨 후에 이것을 냉각시켜서 다시 액체로 모으는 조작이 **증류(蒸溜)**이며 액체의 정제에 사용된다. 증류장치에는 여러 가지가 있으나 일반적으로 그림1−2−17과 같은 장치를 조립해서 사용한다. 증류플라스크 속에 증류하는 액체를 1/2정도 넣고 동시에 폭발적으로 끓어 거품이 튀는 것을 방지하기 위해 500℃에서 가열한 1~3mm 돌, 유리공(glass ball), glass tube 등 비등석(boiling stone)으로 넣는다. 온도계의 수은의 위치, 냉각기에 흐르는 물의 방향 등에 주의할 필요가 있다.

또, 증류하려고 하는 물질이 비등(沸騰)하고 있을 때의 온도계의 지시가 목적물질의 비점(沸點, 끓는 점, boiling point: B.P.)으로부터 매우 떨어져 있는 경우에는 목적이외의 물질이 상당히 많이 함유되어 있음을 표시한다. 탕욕은 비점 80℃ 정도까지의 액체를 증류하는데 사용된다. 온도가 높으면 분해되기 쉬운 물질인 경우에는 장치 내부의 압력을 낮게 해서 낮은 온도에서 증류하는 경우가 있다. 이것을 **감압증류(減壓蒸溜)**라 한다.

따라서 순수한 물질은 그 비점이 일정하므로 이를 이용하여 정제할 수 있다. 즉 일정한 온도에서 끓는 어떤 물질을 계속 그 끓는 온도로 유지할 때 그 물질의 증기는 증발되어 연결된 냉각장치를 통하여 다른 수기(受器, receiver)로 모이게 된다. 이때 끓는 정도는 그 용액표면의 그 물질이 증기압(蒸氣壓)에 따라서 달라진다.

비점의 차이가 큰 물질들의 혼합용액으로부터 어떤 성분을 증류하여 얻을 때는 비교적 순수한 것을 얻을 수 있으나, 비점의 차이가 근소한 것들의 혼합용액(예를 들면 알코올의 수용액 같은 것)을 끓여서 그 중 한 성분을 증류할 때에는 몇 차례 거듭하여 증류하지 않으면 순수한 물질을 얻을 수 없다.

1) 감압증류(Vacuum distillation)

비점은 그 용액표면의 증기압이 낮을 때 떨어지므로 역으로 용액표면의 압력을 감소(감압)시키면 더 잘 끓게 된다. 그러므로 상압하에서 증류할 경우에는 시간이 길어지며, 낮은 온도에서 증류하고자 할 때에는 진공펌프(vacuum pump)나 수류펌프(aspirator) 등을 사용하여 감압하여 증류하게 된다. 대체로 유기용매를 증류할 경우에나 용액 중 특수 유기성분의 안정성을 고려할 때 행해지며, 이를 위해 여러 모양의 증류기가 시판되고 있다.

2) 수증기 증류

100℃의 수증기를 증류할 시료 용액 속에 유입시키면 그 수증기가 다시 발생할 때 시료 속의 어떤 성분을 대동하여 증발하고 이 증기가 연결된 냉각기를 통하여 수기에 응결되게 한다. 일반적으로 식물성 정유(essential oil)나 지방산을 증류할 때는 수증기 증류를 행한다.

수증기 증류장치는 수증기 발생장치와 증류장치의 두 부분으로 나눌 수 있는데, 수증기 발생장치에는 열원에 대하여 큰 문제가 없으나 증류장치의 증류 플라스크는 100℃ 정도로 유지하는 것이 더 효과적이다. 물론 그 이상의 온도로 유지해야 할 때도 있다.

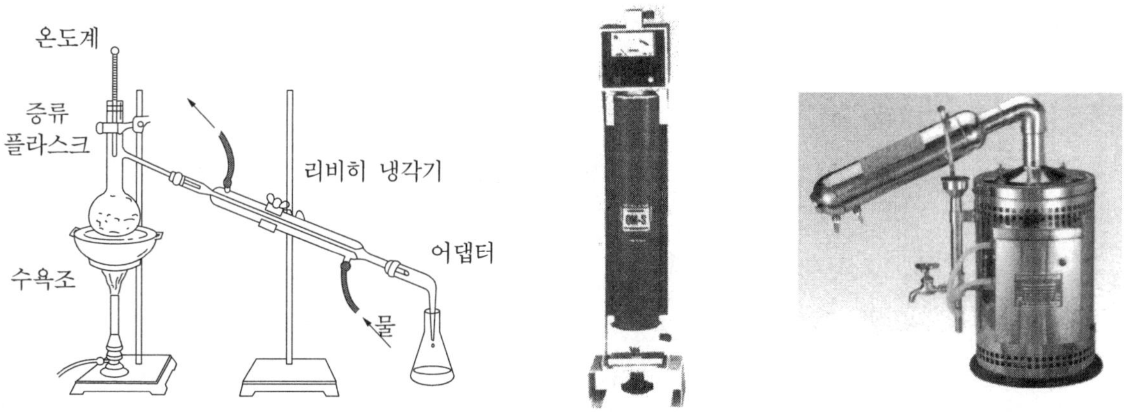

수증기증류수기 (vapor distiller)

이온교환수지증류수기 (ion-exchange vapor distiller) (demineralizer)

자동감압증류장치 (water distilling apparatus)

그림 1-2-17. 증류기구

6. 분쇄기구와 교반기구

6-1. 분쇄기구

그림 1-2-18. **막자사발과 막자(mortar and pestle)의 종류, 도자기제 사용법**

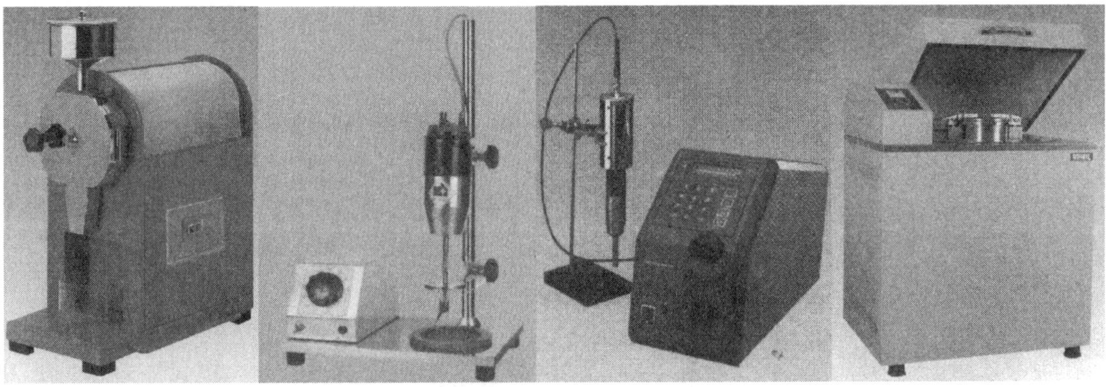

분쇄기 (cutting mill-wily type) | 호모게나이저 (homogenizer) | 초음파분쇄기 (sonic dismembrator) | 초미분쇄기 (shatter box)

그림 1-2-19. **분쇄기구**

6-2. 교반기구(Stirring : agitating)

반응을 촉진시키기 위해서는 충돌 횟수를 증가시켜야 한다. 따라서 단순한 혼합을 목적으로 한다거나 또는 냉각을 목적으로 교반하는 경우 이외에 이와 같은 목적으로 교반하는 경우도 적지 않다. 예를 들면 공기의 혼입을 원할 때라든지 용액 중 침전물이 전 용액에 미쳐 용액과 침전물간의 반응(표면반응)을 촉진시키기 위하여 교반하는 경우도 있다. 교반 목적에 따라서 사용되는 기구가 여러 가지 있다. 단순한 혼합을 목적으로 교반할 때도 시료의 점성, 표면장력 등에 따라서 달라질 수 있으나 대체로 적당히 가공된 유리막대나 전기 교반기 등을 사용한다. 때에 따라서는 자석교반기(magnetic stirrer)를 사용하기도 한다. 마개가 있는 유리용기, 예를 들면 메스플라스크, 공전 cylinder같은 것 안에 용액을 교반할 때는 마개를 꼭하고 몇 차례 거꾸로 하면 혼합된다.

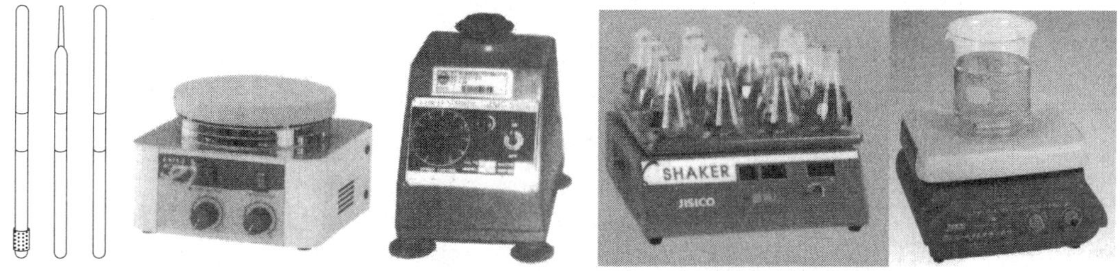

교반봉 자석 스터러 시험관 교반기 진탕기 가열식 자력교반기
(magnetic stirrer, 100~1,300ppm) (shaker)

그림 1-2-20. 교반 및 진탕기구

7. 유리세공과 고무관 및 고무마개, 폴리에틸렌관

7-1. 유리세공

1) 유리관의 절단

유리관을 절단하려고 하는 곳에 눈금용 줄칼로 문질러서 금을 새긴다. 다음에 새겨진 금을 바깥쪽으로 하고 눈금의 반대쪽에 양손의 엄지손가락을 대고 유리관을 잡고 양쪽방향으로 당기면서 천천히 엄지손가락에 힘을 주면 절단된다. 유리관의 절단부분은 버너의 불꽃으로 가열하여 매끄럽게 만든다.

2) 유리관을 굽히는 방법

유리관을 양손으로 수평되게 잡고 천천히 계속 회전시키면서 굽히려고 하는 곳을 버너의 불속에 넣어 빨갛게 달군다. 유리관이 적당히 연해지면 불 속으로부터 꺼내어 조용히 힘을 가하여 목적하는 각도로 구부린다.

3) 유리관의 구멍을 폐쇄하는 방법

폐쇄하려고 하는 유리관의 끝과 다른 유리관의 끝을 함께 버너의 불속에서 회전시키면서 가열 용접하여 유리관의 축 방향으로 당겨서 늘어나게 한다. 방냉 후 가늘어진 부분을 줄칼로 밀어서 절단한 다음 다시 버너의 불로 가열하여 구멍을 폐쇄하고 둥글게 모양을 낸다.

4) 모세관 만들기

가는 유리관을 수평으로 잡고 불 속에 넣어 달구면서 양손으로 서서히 잡아당겨 가는 모세관 끝을 만든다.

5) 교반봉 만들기

적당한 굵기의 유리봉을 선정하고 표 1-2-9의 길이에 맞추어서 끊은 다음 양끝을 가열하여 매끄럽게 한다. 막대의 끝에 길이 약 1cm의 고무관을 끼워 놓으면, 교반할 때 기구가 파손되는 것을 방지할 수 있다. 또, 유리관을 사용하여 관의 구멍을 폐쇄하여 만드는 경우도 있다. 이때 이름을 기입한 작은 종이를 붙여 놓으면 사용자의 구별이 쉽게 되어 편리하다. 또 교반봉은 그림 1-2-20과 같이 만들어 놓으면 대소양용으로 사용할 수 있어 편리하다.

표 1-2-9. **교반봉의 크기와 그것을 사용하는 버너의 크기의 표준**

교반봉의 크기(mm)		사용하는 비이커의 용량 크기(㎖)
굵기(직경)	길이	
4	110	50, 100
5	170	200, 250
7	220	500
9	300	1,000

6) 세정병 만들기

세정병(세척병)은 일반적으로 폴리에틸렌으로 만든 것이 사용되며, 플라스크 유리관 등을 사용해서 그림 1-2-21과 같은 세정병을 만들 수 있다. 이렇게 만든 세정병은 유기용매나 산, 알칼리 등의 화학약품을 세정제로 해서 사용하는 경우의 세정병에 사용된다. 또한 재료로써 300 또는 500㎖용 삼각 플라스크와 여기에 알맞은 크기의 코르크 또는 고무마개 및 안지름 5mm의 유리관과 여기에 맞는 굵기의 고무관을 준비하고 그림을 참조하여 다음과 같은 순서로 만든다.

① 유리관 굵기의 코르크보러(borer)로 코르크 또는 고무마개 구멍을 두 개 뚫는다.

② 유리관을 a의 길이로 절단하고, 절단부를 가열하여 매끄럽게 한다. 이것을 각도 120°로 구부린다.

③ 유리관을 b의 길이로 절단하고 절단부를 가열하여 매끄럽게 한다. 이것을 상단부터 3~4cm의 곳에서 각도 60°로 구부린 다음 냉각시켜 하단을 고무마개에 끼우고 상단과 평행이 되도록 구부린다.

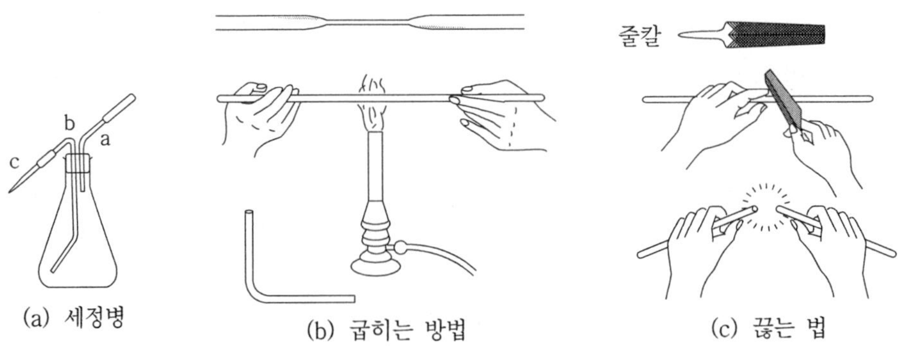

그림 1-2-21. **세정병, 유리봉의 유리세공**

④ 유리관 a를 고무마개에 끼운다.
⑤ 유리관에 끼운 고무마개를 플라스크에 박고 길이를 조절한다.
⑥ 유리관 b에 한쪽을 가늘게 한 유리관 c를 길이 2~3cm의 고무관으로 접속한다.
⑦ 유리관 a의 끝에 고무관을 끼운다.

7-2. 고무관(고무호수), 폴리에틸렌관, 고무마개 및 코르크와 마개 뚫기

표 1-2-9. **고무관, polyethylene관 및 고무마개의 크기(단위 : mm)**

고무관		polyethylene		고무마개							
내경	외경	내경	외경	번호	상경	하경	높이	번호	상경	하경	높이
3	4.6	0.5	1	1	16	12	19	21	63	54	45
4	5.8	1	2	2	18	14	21	22	66	58	45
5	7	2	3	3	19	15	22	23	68	62	45
5	9	3	4	4	20	16	24	24	72	65	45
6	8.4	4	5	5	22	19	26	25	74	68	45
7	10	4	6	6	23	20	26	26	78	71	45
8	11.5	5	6	7	25	21	29	27	80	75	45
9	13	5	7	8	28	23	29	28	83	78	45
10	14.5	6	8	9	30	25	31	29	88	81	45
12	17	6	9	10	32	28	31	30	90	84	45
15	21	8	10.5	11	35	29	35	31	94	87	45
18	24	10	12	12	37	32	35	32	96	90	45
20	28	13	15.5	13	39	34	35	33	100	93	45
polyethylene관		14	16.5	14	41	37	39	34	104	96	45
1	1.6	15.5	18	15	43	39	39	35	107	98	45
2	2.6	17	20	13	46	40	39	36	113	103	50
3	3.6	19	22	17	48	43	42	37	115	106	50
4	4.6	26	30	18	52	46	42	38	118	109	50
5	5.6	35	39	19	55	49	48	39	121	112	50
6	6.6			20	58	51	48	40	124	115	50
8	8.6										
10	10.6										

고무관(플라스틱호스)
[rubber tube(hose)]

코르크와 고무마개
(cork or rubber stopper)

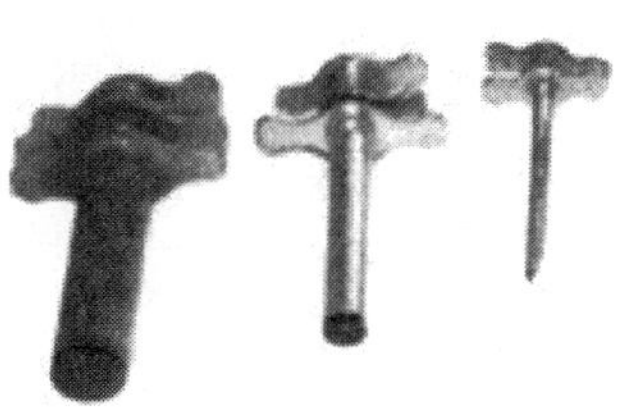
코르크천공기(코르크보라)
(cork borer)

천공기로 뚫기

그림 1-2-22. **고무관과 고무마개 및 천공기로 뚫기**

8. 세척제, 증류수와 세척기구

기계, 유리기구 등 기자재의 세척에는 수돗물에 비누(고체, 가루, 액체비누) 등을 용액으로 만들고 브러시(brush), 폴리우레탄스펀지 수세미, 면계 수세미 등으로 닦는 방법이 통상적으로 사용되고 있다. 그 용액으로 닦은 후 증류수로 헹구고 자연건조나 건조기로 건조시켜 다음 실험에 대비한다.

그러나 지방이나 진한 산 등을 사용한 유리기구나 브러시 등으로 닦기 어려운 구멍이 미세한 pipet, buret, meas round flask, meas cylinder, 자재그릇 칭량병 등은 cleaning solution (cleaning mixture sol'n)에 1일 이상 침지시켜 수돗물로 씻고 건조를 시킨 후 사용한다.

과거 많이 만들어 사용하던 cleaning mixture solution을 간단히 열거하면 $K_2Cr_2O_7$ 약 20g을 막자사발에 넣어 분쇄하고 물 약 50㎖를 가하여 혼합한 것에 Con H_2SO_4액을 조금씩 넣으

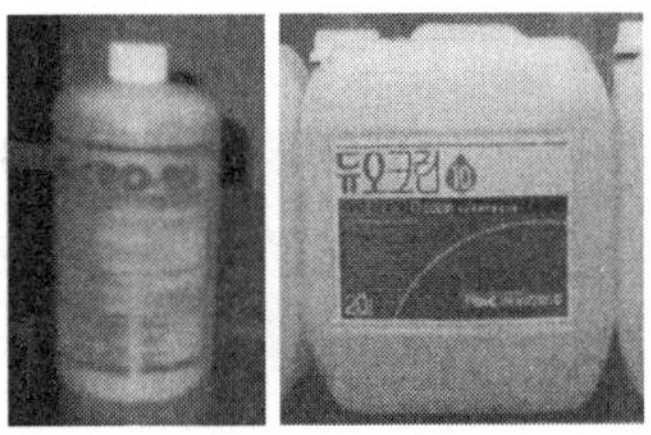

세척제

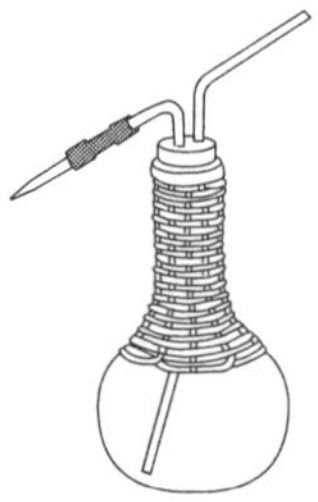

유리세척병(증류수병)
(washing bottle)

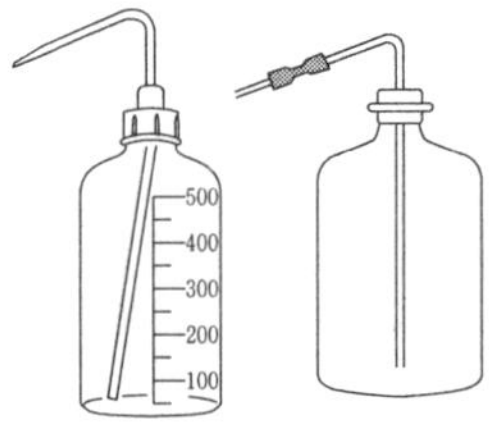

폴리에틸렌세척병
(polyethylene bottle)

세척용 브러시
(brush)

증류수통

초자기구세척기
(glass apparatus washing machine)

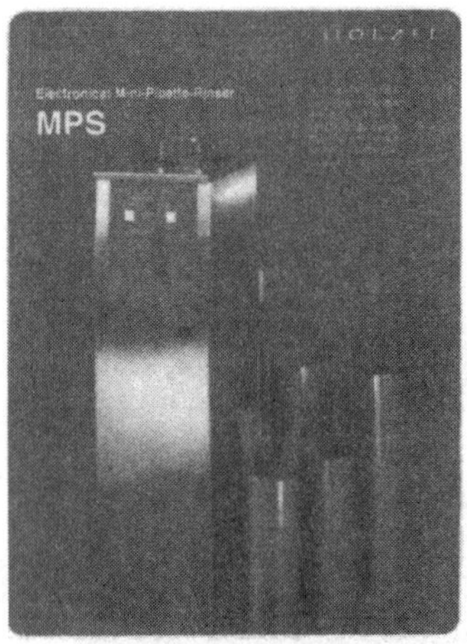

피펫전용세척기
(pipet washing machine)

그림 1-2-23. **세척제, 세척기구 등**

면서 100㎖되게 한다. 그러나 혼합할 때 아주 강열한 열(熱)이 발생하기 때문에 냉각시키는데 시간이 걸리며, 심하면 유리용기가 갈라지는 현상까지 일어나 극히 주의가 요망된다. 이 용액은 등갈색이며 염기성의 불순물과 유기불순물을 제거하는데 효과적이다. 이 용액을 장기간 사용하면 짙은 녹색(Cr^{+3}의 색)으로 변하므로 새로 만들어 사용하여야 한다. 그러나 이 용액을 만들기도 부담스러워 최근에는 만들어 놓은 좋은 세정액들이 많이 나와 있으므로 이들을 이용하는 것이 바람직하다.

또 최근에는 그림 1-2-23에서와 같이 초자기구세척기, 피펫전용세척기 등을 이용하면 다량의 기구를 일시에 세척할 수가 있으므로 이들을 이용할 것을 권장한다.

9. 기타 기자재

비중병 (density bottle)

비중계 (hydro-meter)

그리스(grease, Net. WT.50g silicone lubricant)

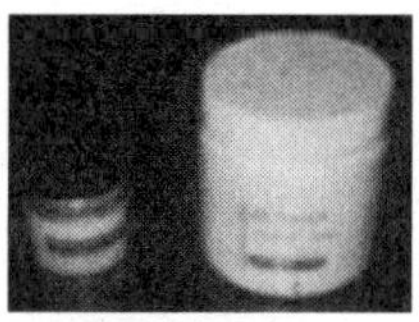

바셀린 (vaseline)

솜 (탈지면)

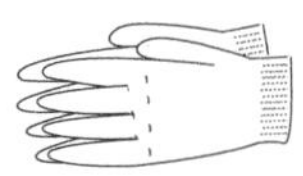

면장갑 (cotton glove)

핀치코크 (pinch cock)

지시약병과 스파우트 피펫 (indicator bottle & spoutpipet)

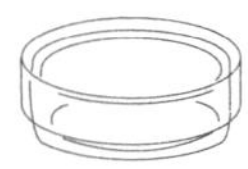

샤레(페트리접시) (schale, petri dish)

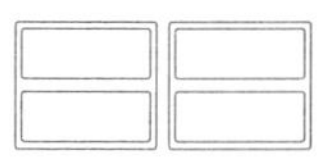

견출지

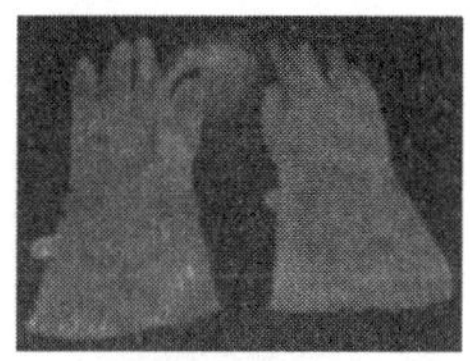

고무장갑 (rubber glove)

초자기구건조기 (glassware dry-oven)

모발센서를 이용한 기록계중에서 chart지를 사용하여 3개월 장기간 온습도 기록 계측함

자기온습도계 (thermo-hygro graph)

폴리우레탄폼 수세미 등
(poly urethan foam, sponge-gourd)

중성세제액

Röhrig관

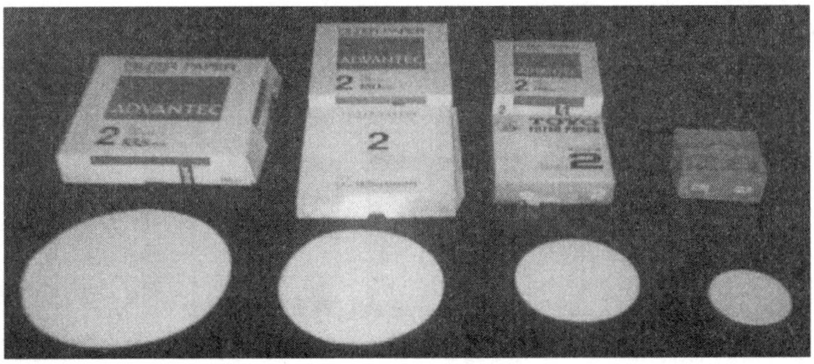

여과지의 크기별 종류

그림1-2-24. **기타 기자재**

실험 2호-C 세정병 만들기 유리세공 실습

(강의계획서 3째 주)

1. 실험 시간 ; 이론 30분, 실습 2시간 30분

2. 시약, 기구 등의 준비 – ◘ ☻ (학과 조교님 준비 및 확인)⚑

1) 기구 및 용기 : 500㎖ 폴리에틸렌병이나 500㎖ 유리병(각조 둘 중 1개 지급), 고무마개(각조, 병주둥이에 맞는 것 선택), 유리막대(각조, 적절한 것 고름), 줄칼(각조), 코르크보러(각조), 버너나 알코올램프(각조), 장갑(각조, 2세트씩), 고무호tm(사이즈별), 알코올(메탄올, 에탄올)

3. 세정병이나 모세관(毛細管)의 유리세공 조작

4. 실습전 주의사항

Chapter 3 실험의 유효수치와 오차 및 실험의 단위

1. 실험의 측정값과 유효수치(significant figure) 및 오차

유효수치와 오차는 이미 Chapter 2의 1-3 '실험 후의 유효수치와 오차'에서 언급했으므로 여기서는 생략한다.

2. 실험의 단위(unit)

실험의 단위는 물리량을 나타내려고 할 때 약속된 어떤 일정량이 **단위**이며 양의 크기는 수치에 단위를 붙여 나타나는데, 이들의 표시는 각 나라나 지역에 따라 오랜 전통으로 그들 나름대로 통용되어 왔다. 그러므로 지구상에서 WTO의 글로벌시대에서 국제적인 단일 단위의 통용이 필요하며 무역에서 매우 중요하다. 그것이 국제적인 **SI 단위**이며 오래전부터 만들어져 왔으나 아직도 사용은 나라마다 선택적으로 이용되고 있다. 미래를 위해 이 시간을 빌어 SI 단위를 열거한다. 더 나아가 용액의 농도를 표시할 때에는 Chapter 4의 '시약과 용액농도의 조제'에서 언급하겠지만 mol, N 등 구별을 잘 하여야 한다.

2-1. 국제적 공통 SI 단위

SI 단위의 구성은 최초에 선정된 단위를 **기본단위(基本單位)**라고 하고 조합하여 만들어진 단위를 **유도단위(誘導單位)**라고 한다. 또 기본단위나 유도단위만으로는 크기를 적합하게 나타내지 못하므로 **보조단위(補助單位)**까지 구성되어 있다.

국제적인 기본단위로는 SI(system of international unit)단위가 아래 표와 같다.

표 1-3-1. SI 기본단위

구 분	단 위	표 시
길 이	미 터	m
질 량	킬로그램	kg
시 간	초	s
전 류	암 페 어	A
절대온도	캘 빈	K
광 도	칸 델 라	cd
물질의 양	몰	mol

SI 유도단위는 다음 표 1-3-2와 같고 SI 보조단위는 표 1-3-3과 같다.

표 1-3-2. **SI 유도단위**

물리량	단위명	단위기초(기본단위	물리량	단위명	단위기호(기본단위)
진동수	헤르츠(hertz)	Hz(1Hz=1s^{-1})	힘	뉴톤(newton)	N*(mkgs^{-2})
속도(속력)	초당미터	m/s	압력	파스칼(pascal)	Pa(m^{-1}s^{-2})
일, 에너지(열량)	줄(joule)	J(m^{2}kgs^{-2})	전압, 전위차	볼트(volt)	V(m^{2}kgs^{-3}A^{-1})
일률, 전력	와트(watt)	w(m^{2}kgs^{-3})	전기저항	옴(ohm)	Ω(m^{2}kg^{-3}A^{-2})
섭씨온도	섭씨도(degrees celsius)	℃(K=℃+273)			

*1N=10^5dynes

표 1-3-3. **SI 보조단위**

구 분	단 위	표 시
평 면 각	라 디 안	rad
입 체 각	스테라디안	sr

또 SI 기본단위 등에 수치를 표시할 때 표 1-3-4와 같은 접두어 호칭이나 수를 쓴다.

표 1-3-4. **수에 대한 실용 접두어**

수(multiples and submultiples)	호칭(prefixes)	기호(symbols)
1,000,000,000,000,000,000 =10^{18}	엑사(exa−)	E
1,000,000,000,000,000 =10^{15}	페타(peta−)	P
1,000,000,000,000 =10^{12}	테라(tera−)	T
1,000,000,000 =10^9	기가(giga−)	G
1,000,000 =10^6	메가(mega−)	M
100000 =10^5	헥타킬로(hectokilo)	hk
10,000 =10^4	미리어(myria−)	ma
1,000 =10^3	킬로(kilo−)	k
100 =10^2	헥토(hecto−)	h
10 =10^1	데카(deca−)	da
1	모노(mono−)	
0.1 =10^{-1}	데시(deci−)	d
0.01 =10^{-2}	센티(centi−)	c
0.001 =10^{-3}	밀리(mili−)	m
0.000,1 =10^{-4}	데시밀리(decimili−)	dm
0.000,01 =10^{-5}	센티밀리(centimili−)	cm
0.000,001 =10^{-6}	마이크로(micro−)	μ
0.000,000,001 =10^{-9}	나노(nano−)	n
0.000,000,000,001 =10^{-12}	피코(pico−)	p
0.000,000,000,000,001 =10^{-15}	펨토(femto−)	f
0.000,000,000,000,000,001 =10^{-18}	아토(atto−)	a

그리고 ppm(parts per million)은 묽은 용액의 농도단위나 미량성분의 단위로 통상 사용하고 있으며, 1ppm은 100만분의 1(1/100만=10^{-6}=0.0000001)이 된다. 또 ppb(parts per billion)은 ppm보다 1/1,000 더 적은 10^{-9}(1/10억)로 극미량 단위의 수가 많이 사용되고 있다. 그리고 ppm을 다른 명칭의 단위로 표현해 보면 mℓ/ℓ, mg/kg, μg/g 등으로도 사용된다.

2-2. 길이의 단위

식품공전의 총칙에서 도량형은 미터법에 따르며 길이는 다음 약호를 쓴다.

길이 : km, m, dm, cm, mm, μ, mμ(μm, nm), Å

1km(킬로미터: kilometer)=1,000m=100,000cm

1m(미터: meter)=100cm=1,000mm=3.2808feet

1dm(데시미터: decimeter)=0.1m

1cm(센티미터: centimeter)=10mm=0.01m

1mm(밀리미터: millimeter)=0.001m

1μ(미크론 : 마이크론: micron)=10^{-4}cm=0.000001m=10^{-6}m
=0.001mm; use micormeter(μm)(10^{-6}m)

1mμ(밀리미크론 : 밀리마이크론: millimicron)=0.000000001m=10^{-9}m
=10^{-6}mm ; use nanometer(nm)(10^{-9}m)

1Å(angstrum, 옹스트롬) =0.0000000001m=10^{-10}m

μm(micrometer)=10^{-6}m; formerly μ

nm(nanometer)=10^{-9}m; formerly mμ

2-2. 중량(무게) 단위

중량 : ton, kg, g, mg, μg, ng, pg, lb, oz

1ton=1,000kg

1kg(kilogram)=1,000g=10^{6}mg

1g(gram)=0.001kg=1,000mg

1mg(miligram)=0.000001(10^{-6})kg= 0.001g=1,000μg(microgram)

1μg(microgram)=0.000001(10^{-6})g=0.001mg

1ng(nanogram)=10^{-9}g

1pg(picogram)=10^{-12}g

1μg=1γ

2-3. 용량(부피) 단위(cubic measure)

우리나라 식품공전에서도 아래 용량단위가 통상 쓰이지만 cc(cubic centimeter, 입방센티미터)단위도 상당히 사용한다. 일반적으로 용량의 단위는 1ℓ=1,000cc로 생각되어 mℓ과 cc는 같은 부피로 쓰이나, 엄밀히 말하면 cc의 순수한 물은 4℃에서 1g이 아니고 1cc=0.999973g이기 때문에, 1ℓ=1,000.027cc로 극히 미량이 차이가 나므로 1ℓ=1,000mℓ로, 근래 구미각국에서는 L(ℓ:liter), dL(dℓ), mL(mℓ) 단위와 m^3, dm^3, cm^3(cc)란 단위는 구별되어 쓰이므로 cc 단위보다 아래 단위를 사용하는 것이 바람직하겠다.

더 나아가 용액의 농도를 나타날 때 몰농도(M: molar, not molal), 모랄농도(m: molal, 중량몰농도), 또는 규정농도(N: normal)와의 구분, 중량%농도(W/W%)와 용량%농도(W/V%) 등을 혼돈하지 않도록 기억해야 한다. 참고로 국외에서 1fl oz(fluid ounce: 29.57mℓ), 1pt(pint, 473mℓ), 1qt(quart, 946mℓ)를 쓰기도 한다.

1kℓ = 1,000 ℓ
1 ℓ = 10dℓc = 1,000mℓ (cc) = 1,000cm^3
1dℓ = 100mℓ(cc) = 1cm^3
1mℓ = 1cc = 1cm^3

2-4. 면적(넓이) 단위(square measure)

1cm^2=square centimeter(제곱센티미터)=100mm^2
1m^2=square meter(제곱미디)=10^4cm^2=0.325평
1km^2=10^6m^2=100ha(hectare)

2-5. 열량 등의 단위

열량: Kcal, KJ(1Kcal=4.184KJ)

온도; 섭씨온도 Celsius = ℃

화씨온도 Fahrenheit = °F

절대온도 Kelvin = K

2-6. 논문작성시 수식과 단위표기 원칙

학회지에 논문을 작성시 수식과 단위표기 원칙을 보면 거의 표 1-3-5와 같이 표시한다.

표 1-3-5. **수식과 단위 표기 원칙(계속)**

구분	옳은 표기	틀린 표기
길이	2 cm(centimeter) 2 m(meter) 1 ㎛(micrometer)	2 cms, 2 cm, 2 cm. 2 M 1 μ 1㎛
무게	27 g(gram) 30 kg(kilogram), 30 ton	27g 27gr 27grs. 30kg 30Kg 30kgs.
부피	30 mL(millimeter), 30 mℓ** 5 L(liter), 5 m^3, 50 ℓ**, 5 mL, 5 μL	30mℓ. 30mL 30 ml 5.01 5.011 5.0L
시간	5 hr(hour), 5 yr 5 wk, 5 day	5 h 5 hrs 5hrs.

표 1-3-5. 수식과 단위 표기 원칙

구분	옳은 표기	틀린 표기
시간	3.5 min(minute) 20 sec(second)	3.5min 3.5 mins. 20 s 20 sec.
속도	60 mm/min 25 m/sec	60 mm/min. 60mm/min 25 m/s $25ms^{-1}$
농도	25%(percent) 20%(w/v) 0.54 mg% 25 ppm 25 ppb 0.01 N HCl(normality) 1×10^{-3} M(molarity) 5 M, 5 mM, 5 μM	25 % 20 %(w/v) 20%(W/V) 0.54mg% 0.54 mg % 25ppm 25PPM 0.01N HCl 0.01N-HCl 1×10^{-3}M $1\times x\ 10^{-3}$ M
에너지	kcal(kilocalorie), j, kj	
압력	10 atm, mmHg, kg/cm^2, pa	
회전·빈도	10,000 cycle, rpm	
흡광도	A 280, O.D. 280, 234 nm	
온도	30℃, 30K(절대온도) K(absolute degree; Kelvin)	30 ℃ 180°F °K 270K
수소이온농도	pH 7.0	PH 7.0 pH7.0
점도	15 cp(centipoise), g/cm·s 20 MPa(mega pascal), Pa·s	15 CP 15cps. 15 cP 20 mPa 20mpa 20Mpa
중력	18,000×g(gravity)	18000g 18,000g
범위	0.3−0.9 g 0.3~0.9 g*	
수식	0.101 (a+b)/(c+d)	.101 a+b/c+d
약어	O.D.(optical density) D.E.(dextrose equivalent) 끓는 점 bp 녹는점(융점) mp 표준편차 SD 표준오차 SE 분자량 MW, Da 생균수 CFU, CFU/mL	OD O.D O. D. DE D.E D. E.

참고 : 한국식품과학회지, *동아시아식생활학회지, **한국식품영양학회지

Chapter 4 시약과 용액농도의 조제

1. 주요 원자(량)와 분자량의 명명과 계산

1-1. 식품분석에 사용되는 주요 원소와 원자량

이미 일반화학, 무기화학, 유기화학 등에서 다 배운바 있지만, 식품의 주요 구성성분이나 유해한 성분 중 많이 이용되는 원자와 원자량을 살펴보면 표 1-4-1과 같다.

표 1-4-1. **식품과 관련된 주요 원자와 원자량***

영문 원자명(한글)	약 자	원자량
Aluminum(알루미늄)	Al	26.9815
Barium(바륨)	Ba	137.34
Boron(붕소)	B	10.811±5
Bromine(브롬, 취소)	Br	79.904
Calcium(칼슘)	Ca	40.078±4
Carbon(카본, 탄소)	C	12.0111
Chlorine(염소)	Cl	35.453
Chromium(크로뮴, 크롬)	Cr	51.9961±6
Cobalt(코발트)	Co	58.9332
Copper(동, 구리)	Cu	63.546±3
Fluorine(플루오르, 불소)	F	18.9984
Gold[Aurum],(금, 골드)	Au	196.9665
Helium(헬륨)	He	4.0026
Hydrogen(수소)	H	1.0079
Iodine(요오드, 아이오딘, 옥소)	I	126.9044
Iron[Ferrum] (철)	Fe	55.847±3
Lead[Plumbum] (납, 鉛)	Pb	207.19
Magnesium(마그네슘)	Mg	24.312
Manganese(망간)	Mn	54.9380
Mercury[Hydrargyrum] (수은)	Hg	200.59±3
Nitrogen(질소)	N	14.0067
Oxygen (산소)	O	15.9994±5
Phosphorus(인)	P	30.9738
Potassium = Kalium(포타슘, 칼륨)	K	39.102
Silver[Argentum] (은)	Ag	107.8682
Sodium = Natrium(소듐, 나트륨)	Na	22.9898
Sulfur(황, 유황)	S	32.064±6
Tin[Stannum] (주석)	Sn	118.69
Zinc(아연)	Zn	65.38±2

1-2. 이온과 산 및 알칼리

이온화합물은 서로 반대의 전하를 갖는 2개의 다른 종류의 원소이온이나 원자단이 합하여 이루어진다. 단 전하가 중성이어야 한다.

$$양이온^{(+)}원소 + 음이온^{(-)}원소 = Na^{+}Cl^{-}$$

표 1-4-2. 주요 +, -이온의 종류들

+ 양 이 온		- 음 이 온	
+1가 이온	H^{+} hydride K^{+} potasium (kalium) Na^{+} sodium (natrium) Cu^{+}copper(1) NH^{+}	-1가 이온	Cl^{-} chloride F^{-} fluoride I^{-} iodide Br^{-} bromide Cu^{-} copper(2) OH^{-} hydroxide NO_2^{-} nitrite NO_3^{-} nitrate ClO_2^{-} chlorite ClO_3^{-} chlorate ClO_4^{-} perchlorate MnO_4^{-} permanganate HCO_3^{-} hydrogen carbonate $H_2PO_4^{-}$dihydrogen phosphate
+2가 이온	Fe^{2+} iron(2)	-2가 이온	O^{2-} oxide S^{2-} sulfide CO_3^{2-} carbonate SO_3^{2-} sulfite SO_4^{2-} sulfate CrO_4^{2-} chromate $Cr_2O_7^{2-}$ dichromate
+3가 이온	Fe^{3+} iron(3)	-3가 이온	PO_3^{3-} phosphate

1-3. 주요 분자화합물의 명명과 분자량 계산

식품분석화학실험에서 아주 많이 이용되는 시약성분에는 역시 산과 알칼리물질로서 다음과 같은 것들이 있다. **산(酸, acid)**이라 함은 수소원자를 함유하는 두 성분 분자화합물들이 물에서 해리하여 H^{+} 이온을 생성하는데 이러한 성질을 갖고 있는 화합물을 **산**이라고 한다.

알칼리(alkali, 鹽基)는 OH^{-} 이온을 생성하는데 이러한 성질을 갖고 있는 화합물을 **알칼리**라 한다.

표 1-4-3. **주요 분자화합물과 명명**

산(酸, acid)류		알칼리(alkali)류	
HCl HNO_3 HClO $HClO_2$ $HClO_3$ $HClO_4$	hydrogen chloride, hydrochloric acid hydrogen nitrate, nitric acid hydrogen hypochlorite, hypochlorous acid hydrogen chlorite, chlorous acid hydrogen chlorate, chloric acid hydrogen perchlorate, perchloric acid	KOH NaOH NH_4OH	potassium hydroxide sodium hydroxide ammonium water
H_2SO_4 H_2CO_3	sulfuric acid carbonic acid		
H_3PO_4	phosphoric acid		

상기 분자화합물 중 몇몇 화합물의 분자량을 구해보면 다음과 같다.

HCl(g)=1.0079(H)+35.453(Cl)=36.4609g

H_2SO_4(g)=1.0079×2(H_2)+32.064(S)+15.9994×4(O_4)=98.0774g

$H_2C_2O_4 \cdot 2H_2O$(g)=1.0079×6(H_2, $2H_2$)+12.01115×2(C_2)+15.9994×6(O_4, 2O)=124.0661g

2. 시약의 종류와 시약의 보관 등 취급

2-1. 시약의 종류와 규격

시약의 종류는 액체시약과 고체시약으로 나누고 그 중요 시약들은 보통 병당 용량 단위를 열거하면 다음 표 1-4-4, 1-4-5와 같다. 시약을 조제하는 경우 시약에는 어떤 규격이 있으나, 용액의 농도는 얼마이고, 시약 조제 시의 유의 사항 등은 어떤지 잘 알 필요가 있다. 그러므로 실험에 들어가기 전에 시약을 꼭 확인, 점검하고 사용하여야 한다.

표 1-4-4. **액체시약의 종류와 분자량 및 농도**

액 체 시 약			
시약명	분자량(M.W)	농도(Assay, minium)	병당 단위
염산(HCl)	36.4609	36.0%(Conc.)	500g
황산(H_2SO_4)	98.0774	95.0~97.0%(Conc.)	500g
질산(H_2NO_3)	63.0207	63.01~.02%(Conc.)	500g, 1kg
인산(H_3PO_4)	97.9951	85.0%(Conc.)	500g
메타인산(HPO_3)	79.9779	32%(Conc.)	500g
암모니아수(NH_4OH)	35.0456	25~30%(NH_3)	1ℓ
초산(CH_3COOH)	60.0527	99.5%(Conc.)	1kg
Ethanol(C_2H_5OH)	46.0691	94.9~95.7%	500mℓ
Ethyl ether(di-) [(C_2H_5)$_2$O]	74.1234	99.0%	500, 1000mℓ
#0.1N oxalic acid		**(Factor = 1.000)**	**1ℓ**
#0.1N Na_2CO_3		**(Factor = 1.000)**	**500mℓ**

표 1-4-5. **고체시약의 종류와 분자량 및 농도**

고 체 시 약			
시약명	분자량(M.W)	농도(Assay, min.)	병당 단위
Na_2CO_3(anhydrous)	105.9890	99.0%	500g
수산($H_2C_2O_42H_2O$)	126.0661		500g
NaOH	39.9971	93.0~99.0%	500g
KOH	56.1093	95.0%	1kg
KCl	74.555	99.0%	500g
NaCl	58.4428	99.5%	500g
H_3BO_3	61.8329	99.5%	500g, 1kg
$KMnO_4$(자색)	158.0376	99.03%	500g
$K_2Cr_2O_7$	294.192	99.5%	500g
$CuSO_45H_2O$	249.6836	99.0%	500g, 1kg
K_2SO_4	174.2656	99.9%	500g
$Na_2S_2O_35H_2O$	248.1818	99.0%	500g
$K_2S_2O_5$(흰)	222.329	95.0%	500g
I_2	253.8088		500g

진한 글자는 화학회사에서 고체를 N규정 표준용액으로 제조해서 판매한 것임

1) 시약의 규격

분석시약의 순도 감정을 위해 KS규격이 있으며 시약1급, 시약특급, 특수용 시약, 정량분석용 표준시약의 구별이 있다. 이중에서 표준액 조제에 사용되는 표준시약의 순도가 가장 높다. 순도가 높은 용액을 **'진한 농도'(concentration, Conc.)**라고 하여, Conc. H_2SO_4는 96.0~98.08%의 진한 황산이라고 말한다. 또 이것을 희석(dilution)하면 **'희석한 농도'**로 되어 dil.로 표시하기도 한다. 요즈음은 1N, 0.1N, 0.5N 등 규정용액을 회사에서 조제하여 판매하기 때문에 편리하게 사서 이용해도 된다. 표 1-4-6은 현재 한국에 수입되어 사용되고 있는 규정용액의 품명 및 규격이다.

표 1-4-6. **규정용액의 품명 및 규격(계속)**

품명 및 규격	역가(Factor)	생산회사	수량	단가
0.1N-EDTA 2Na	1.000	Shinyo(일본)	1 ℓ	
0.1N-Hydrochloric Acid(HCl)	1.000	Showa(일본)	1 ℓ	
0.1N-Iodine(I_2)	1.000	Showa(일본)	1 ℓ	
0.1N-Nitric Acid(HNO_3)	1.000	Shinyo(일본)	500㎖	
0.1N-Oxalic Acid($H_2Cl_2O_4 \cdot 2H_2O$)	1.000	Shinyo(일본)	1 ℓ	
0.1N-Perchloric Acid($H_2Cl_2O_4 \cdot 2H_2O$) <in Acetic Acid>	1.000	Kanto(일본)	500㎖	
0.1N-Potassium Chloride(KCl)	1.000	Shinyo(일본)	500㎖	
0.1N-Potassium Dichromate($K_2Cr_2O_7$)	1.000	Shinyo(일본)	500㎖	
0.1N-Potassium Hydroxide(KOH)	1.000	Showa(일본)	1 ℓ	
0.1N-Potassium Permanganate($KMnO_4$)	1.000	Showa(일본)	1 ℓ	
0.1N-Silver Nitrate($AgNO_3$)	1.000	Showa(일본)	1 ℓ	

표 1-4-6. **규정용액의 품명 및 규격**

품명 및 규격	역가(Factor)	생산회사	수량	단가
0.1N-Sodium Carbonate(Na_2CO_3)	1.000	Shinyo(일본)	500㎖	
0.1N-Sodium Chloride(NaCl)	1.000	Shinyo(일본)	500㎖	
0.1N-Sodium Hydroxide(NaOH)	1.000	Showa(일본)	1ℓ	
0.1N-Sodium Oxalate($Na_2C_2O_4$)	1.000	Showa(일본)	1ℓ	
0.1N-Sodium Thiosulfate($Na_2S_2O_3$)	1.000	Showa(일본)	1ℓ	
0.1N-Sulfuric Acid(H_2SO_4)	1.000	Showa(일본)	1ℓ	

2) 유리제 화학용 체적계의 허용량

체적계에는 뷰렛, 호올피펫, 메스피펫, 메스플라스크 등이 있으며 각각 정밀도가 약간씩 다르다. KS규격에서는 다음과 같이 규정되어 있다. 허용된 오차를 **공차**라고 한다.

표 1-4-7. **체적계 허용량의 예**(KS)

		10㎖의 경우	25㎖의 경우	50㎖의 경우
뷰렛	전량의 1/2이하 사용시	0.010㎖	0.020㎖	0.025㎖
	전량의 1/2이상 사용시	0.02	0.04	0.05
호올피펫		0.02	0.03	0.05
메스피펫	전량의 1/2이하 사용시	±0.02	±0.03	±0.05
	전량의 1/2이상 사용시	±0.04	±0.06	±0.10
메스플라스크	전량의 1/2이하 사용시	±0.02	±0.03	±0.05
	전량의 1/2이상 사용시	±0.04	±0.06	±0.10
메스실린더	내경의 길이에 따라서 ±0.07㎖~±14.0㎖			

2-2. 시약 조제 시의 유의사항

① 황 산

H_2SO_4와 H_2O와의 반응은 **발열반응**이므로 증류수중에 진한 H_2SO_4를 조금씩 가하면서 교반해 주어야 한다. 이와 반대로 하면 진한 H_2SO_4가 비산하여 위험하다.

② 규정의 엄수

수산 표준액을 기본으로 하여 염기성 용액의 표정, 염기성 용액(표정제)에 의한 산성용액(미표정)의 표정을 엄격히 행할 필요가 있다.

③ 시약병의 레이블 부착

잊어버리기 쉬우나 어떤 시약에나 레이블을 붙여 일목요연하게 정리해 두는 것이 실험을 정확 신속하게 하는 기본이 된다.

④ 시약의 보존

냉암소 보존의 시약은 갈색 병에 넣어 냉장고에 보관하고 실험할 때마다 조제하는 시약은 조금씩 조제한다. 직사광선이 들어오는 창가에 식약병을 두는 것은 피하는 것이 좋다. 특히 여름에는 뜨거운 열기로 인해 기체 등의 발생이 우려되기 때문이다. 또 마개의 불량 등으로 인해 시약병에서 때로는 여러 종류의 가스 또는 독가스가 노출될 수 있으므로 환기시설이 잘되어 있어야 한다. 또 냉방시설도 잘되는 것도 중요하다. 왜냐하면 추운 겨울에는 시약이 얼 수 있기 때문이다.

Report 1.

아래 성분의 화학식 영문명과 분자량을 구하고 고체시약인지 액체시약인지 구별하여 10번씩 써오세요.
소금, 설탕(자당), 염소산칼륨, 염화칼륨, 황산칼륨, 황산동, 황산나트륨, 탄산, 탄산나트륨, 중탄산나트륨, 수산, 수산화칼륨, 질산, 인산

3. 용액의 종류와 조제방법

3-1. 용액 등의 정의와 종류 등 개요

1) 용액 등의 정의

어떤 물질이 액체에 녹아 있는 것을 **용액**(solution)이라 하고, 녹이는데 사용되는 액체를 **용매(溶媒,** solvent), 녹는 물질을 **용질(溶質,** solute), 녹아 들어가는 현상을 **용해(溶解)**라고 한다. 다시 말해 용액은 균일한 혼합물이며 용매가 물(water)일 때의 용액을 **수용액(水溶液)**이라고 한다. 따라서 물에 용해시켰으면 다음과 같이 성립된다. 또 물은 가장 대표적인 용매이다.

용액(혼합물) = 용질(화학물질) + 용매(물)

2) 용액의 종류

용액의 종류를 농도로 표시하면 백분율(%)농도, 몰(mole)농도, 노르말(규정 : normality : N)농도, 모랄(molar)농도, ppm(백만분율)농도 등이 있고. %농도와 N농도가 가장 많이 이용되고 있다.

3-2. %농도의 종류와 시약용액의 조제법

1) %농도의 종류

일명 **백분율 농도**라고도 불려지는데, **중량백분율**을 표시할 때에는 %의 기호를 쓴다. 다만 용액 100㎖중의 물질함량(g)을 표시할 때에는 **w/v%**로, 용액 100㎖중의 물질함량(㎖)을 표시할 때에는 v/v%의 기호를 쓴다.

$$\text{농도}(\%) = \frac{\text{용질}}{\text{용액}} \times 100$$

① 중량백분율농도(重量百分率濃度)(重量/重量%)

용액(용질+용매)의 무게 100g 중에 녹아있는 용질의 무게(g)로 표시한 것(w/w%)

② 중용량백분율농도(重容量百分率濃度)(重量/容量%)

용액 100㎖중에 녹아있는 용질의 무게(g)로 표시한 것(w/v%)

③ 용량백분율농도(容量百分率濃度)(容量/容量%)

용질이 액체인 경우 용액 100㎖중에 녹아있는 용질의 ㎖수를 말하고, 표시할 때에는 v/v%의 기호를 쓴다.

④ mg백분율농도

시료(sample) 100g중의 mg수(mg%)

2) %용액 조제법(고체 → 액체시약으로)

일반적으로 고체시약을 액체시약으로 만들 경우 증류수로 녹여 그림 1-4-1과 같은 과정으로 만든다. 그리고 %용액 조제를 위한 계산 예는 다음과 같다.

시약이 결정수를 가지고 있지 않으면서 a%용액 b g을 만들려고 할 경우

$$\text{시약의 중량(채취량, g)} = \frac{a \times b}{100}$$

물(용매)의 용량(㎖) = b(용액의 소요량) – 시약의 중량

시약이 결정수를 가지고 있으면서 a%용액 b g을 만들려고 할 경우

$$\text{시약의 중량(g)} = \frac{a \times b}{100} \times \frac{\text{결정수를 가지고 있을 때의 분자량}}{\text{결정수를 갖지 않을 때의 분자량}}$$

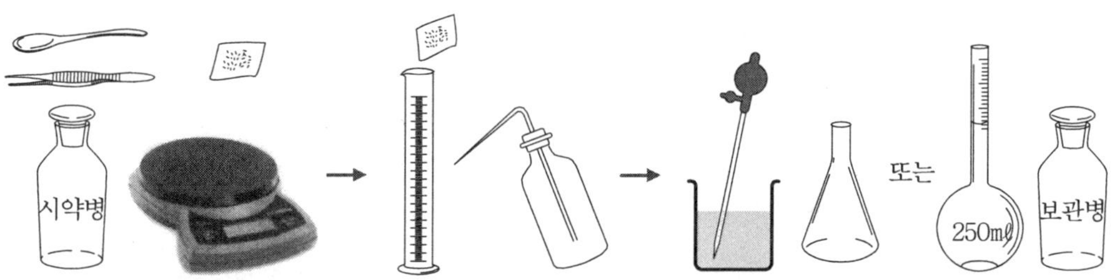

그림 1-4-1. %용액의 조제과정

계산예 ① 소금 10g을 가지고 소금물 160g을 만들려면 물이 얼마나 들어가야 하는가?

용액(소금물) = 용질(소금) + 용매(물)

160g = 10g + χ

χ [물(용매)] = 소금물(용액) – 소금(용질) = 160g – 10g = 150g

② 소금물 200g 속에 소금 30g이 녹아 있다면 용매인 물의 양은 몇 g이며 또 이 소금물용액의 % 농도는 얼마인가?

용매(물) = 용액(소금물) − 용질(소금) = 200g − 30g = 170g

소금물의 % 농도 $= \frac{\text{용질}}{\text{용액}} \times 100 = \frac{30}{200} \times 100 = 15\%$(w/w%)

[χ% : 100 = 용질(30) : 용액(200)]

계산예 ① 5%용액 200g을 만들려면 시약 몇g에 물 몇 mℓ을 넣어야 하는가?

시약의 중량(g) $= \frac{5 \times 200}{100} = 10$g, 물의 용량(mℓ) = 200 − 10 = 190mℓ

따라서 시약 10g을 물 190mℓ을 가하여 녹이면 5%용액 200g을 만드는 셈이다.

5% NaCl 수용액 500mℓ을 만들려면 소금과 물을 얼마를 넣어야하는가 ?

용질의 채취량 $= \frac{\%\text{농도} \times \text{용액의 소요량}}{100}$, NaCl 채취량 $= \frac{5 \times 500}{100} = 25$g

용매의 양 = 용액의 소요량 − 용질의 채취량

물의 용량(mℓ) = 500 − 39.11 = 460.89mℓ

② 5% 황산동 500g을 만들려면 결정수를 가지고 있는 황산동시약 몇 g에 증류수 몇 mℓ을 넣어야 하는가?

$CuSO_4$ 분자량 159.5, $CuSO_4$ $5H_2O$의 분자량 249.5

시약의 중량(g) $= \frac{5 \times 500}{100} \times \frac{249.5}{159.5} = 39.1050$g

물의 용량(mℓ) = 500 − 39.11 = 460.89mℓ

3) %(백분율)용액의 농도변경

① 용액변경의 간편법

가. a%의 용액 wmℓ이 있고 이것을 b%로 하려면 가하는 용매의 양 χ mℓ는 다음과 같은 식으로 구한다.

$$\chi = w \times \frac{a - b}{b}$$

계산예 25%의 수용액 100mℓ를 5%로 하기 위해 가하는 물의 양 χ mℓ는 얼마인가?

$$\chi = 100 \times \frac{25 - 5}{5} = 400\text{mℓ}$$

즉 25%의 수용액 100mℓ를 5%로 하려면 여기에 물을 400mℓ을 가하여 500mℓ로 하면 된다.

나. 농도가 A와 B인 두 수용액을 혼합하여 그 중간의 어떤 농도C의 수용액으로 만들고자할 때 A와 B의 혼합되는 양의 비율은 얼마로 하여야 하는가?

농도 A의 수용액의 양은 A = C − B로, 농도 B의 수용액의 양은 B = A − C로 계산한다.

계산예 25% 수용액 A와 5% 수용액 B를 혼합하여 15% 수용액 C를 만들려면 A와 B의 혼합비율은?

A = 25, B = 5, C = 15이므로 A에 대한 B의 혼합비율은 A가 15 − 5 = 10에 대해서 B는 25 − 15 = 10　즉 A : B = 1 : 1

따라서 25% 수용액 A(10mℓ)와 5% 수용액 B(10mℓ)를 1 : 1의 비율로 혼합하면 15% 수용액 C(20mℓ)가 된다.

이들 식은 퍼센트용액 뿐만 아니라 몰용액이나 규정액에도 적용할 수 있다.

② %농도의 희석법

실험을 하는 중 농도를 알고 있는 용액을 이용하여 다른 농도의 용액을 만들어야 하는 경우가 있다. a%의 용액을 b%의 용액(물일 때 b=0)으로 희석시켜서 χ%의 물질을 만들려고 할 때, 농도가 큰 a%인 용액 A량(mℓ)과 그보다 낮은 농도 b%인 용액 B량(mℓ)을 섞어서 χ%인 용액(A+B)을 만들려면 다음과 같은 공식을 사용한다.

```
a(大)         A
    ↘     ↗
        χ
    ↗     ↘
b(小)         B
```

a: 농도가 큰 %　　b: 농도가 작은 %

χ: 만들려고 하는 용액의 %

A = χ − b인데 a%용액을 Amℓ만큼 취한다.　B = a − χ인데 b%용액을 Bmℓ만큼 취한다.

계산예 물로 희석해서 소요농도의 시약을 만드는 경우

98% H_2SO_4(황산용액)을 물로 희석하여 50%의 H_2SO_4를 만들려고 한다. 이때 98% H_2SO_4 몇 mℓ와 물 몇 mℓ를 취하여 넣으면 50%의 H_2SO_4가 되겠는가?

```
H2SO4 98%                          A = 50 − 0 = 50mℓ
          ↘                      ↗
            50%(H2SO4 + H2O)
          ↗                      ↘
H2O    0%                          B = 98 − 50 = 48mℓ
```

따라서 98% H_2SO_4 50mℓ와 H_2O 48mℓ를 합하여 50%의 H_2SO_4 희석용액을 얻었다.

계산예 다른 농도의 시약 용액에서 소요농도의 시약을 만드는 경우

36%의 HCl 용액과 10%의 다른 용액으로 희석하여 20%의 용액을 만들려고 한다. 이때 36% HCl 용액 몇 mℓ와 10% 다른 용액 mℓ를 합하면 20%의 혼합용액이 되겠는가?

```
36%             A = 20 − 10 = 10mℓ
    ↘       ↗
      20%
    ↗       ↘
10%             B = 36 − 20 = 16mℓ
```

따라서 36% HCl 10mℓ와 10%의 다른 용액 16mℓ를 넣으면 20%의 혼합용액이 된다.

계산예 96% H_2SO_4를 20%로 변경하고자 할 때, H_2SO_4와 H_2O를 얼마나 섞어야 하는가?

H_2SO_4의 양을 χ, H_2O의 양을 Y라 하면

$0.96\chi = 0.20(\chi + Y)$

$96\chi = 20\chi + 20Y$

$96\chi - 20\chi = 20Y$

$76\chi = 20Y$

$\chi(H_2SO_4양) : Y(H_2O양) = 20 : 76$

다음과 같이 풀 수도 있다.

```
96          20( = 0 - 20이 절대값)
   ↘      ↗
      20
   ↗      ↘
 0          76( = 96 - 20의 절대값)
```

따라서 96% H_2SO_4 용액과 H_2O를 20 : 76의 비율로 혼합하면 얻어진다.

3-3. 몰 농도(M, molarity, mole concentration)의 조제

1) 몰농도와 몰수

몰 농도라 함은 용액 1,000mℓ(1 ℓ) 중에 포함된 용질의 몰수(mole수)를 말한다.

1몰(1mole)용액은 용액 1,000mℓ(1 ℓ)에 용질 1g 분자량이 녹아 있는 용액을 말하고 소금물을 예로 표시해보면 아래와 같다.

1g 분자량은 물질의 분자량에 g을 붙인 것을 말하는 데 1mole은 1g 분자량과 같다.

따라서 **물질의 몰수**(mole)는 물질의 중량을 물질의 1g 분자량으로 나눈 것이다.

$$1M : \frac{\text{용질 1g 분자량}}{\text{용액 1,000mℓ}}$$

예) $$1M : \frac{\text{소금 1g 분자량(58.4218g)}}{\text{소금물 1,000mℓ}}$$

$$\text{물질의 몰수(M)} = \frac{\text{물질의 중량}}{\text{물질의 1g 분자량}}$$

그리고 M농도의 표시를 예로 들면 1M의 1/10의 표시는 M/10, 1/10M, 0.1M으로 표시할 수 있으나 보통 0.1M으로 많이 사용한다.

계산예 시약이 고체인 경우에서 NaOH의 1g 분자량은 얼마인가?

그리고 NaOH 40g, 30g, 20g, 10g의 몰(M)수는 얼마인가? 계산과정을 쓰시오.

단 NaOH의 분자량은 39.9997=[Na(=22.9898)+O(=15.9994)+H(=1.0080)]이다.

NaOH의 1g 분자량 = 39.9997g

NaOH의 중량 = 40g　　NaOH의 몰수 = 40g ÷ 39.9997g = 1.0000 M

NaOH의 중량 = 30g　　NaOH의 몰수 = 30g ÷ 39.9997g = 0.7500 M

NaOH의 중량 = 20g　　NaOH의 몰수 = 20g ÷ 39.9997g = 0.5000 M

NaOH의 중량 = 10g　　NaOH의 몰수 = 10g ÷ 39.9997g = 0.2500 M

계산예 1몰(M)의 수산용액을 조제하는 방법을 설명하시오.

수산 결정은 2분자의 결정수를 함유(COOH·H_2O 또 $H_2C_2O_4$·$2H_2O$)하는 것을 염두에 둔다.
COOH·H_2O

2H	:	2× 1.00797	= 2.01594
2C	:	2× 12.01115	= 24.02230
+4O	:	4 × 15.9994	= 63.9976
$H_2C_2O_4$			90.03584

결정수를 계산하면 다음과 같다.

4H	:	4 × 1.00797	= 4.03188
+2O	:	2 × 15.9994	= 31.9988
$2H_2O$			36.03068

COOH·H_2O	90.03584
COOH·H_2O	36.03068
	126.06652

따라서 수산의 결정 126.067g을 증류수에 잘 녹이고 증류수로 1,000㎖에 meas. flask에 채우면 1몰(mole)이 되는 셈이다.

2) 농도와 비중 및 밀도

'몇 ㎖가 필요한가?'로 중량(질량)을 부피(容量, 容積)로 물었을 경우 부피에 대한 다음 공식을 적용하여야 하며 그 부피와 밀도(密度)와 비중(比重)과의 관계는 다음과 같다.

중량(질량)=부피(용적)×비중

$$부피 = \frac{질량}{밀도}$$　　$$비중 \equiv \frac{질량}{부피}$$

밀도 = 비중 × 물의 밀도(1g/㎖)

계산예 시약이 액체인 경우에서 H_2SO_4 분자량은 얼마인가? 또 1g 분자량은 얼마인가? 또 비중이 1.84이고 농도가 98%인 H_2SO_4를 이용하여 5M H_2SO_4용액 500㎖를 만들려면 황산 몇 ㎖이 필요한가?

① 일반적으로 시약에 표시된 %는 중량백분율(%w/w)로 나타낸다. 다음과 같이 황산의 분자량은 98.0776이다.

$$\begin{array}{rcl} 2H & : & 2 \times 1.0080 = 2.016 \\ S & : & 32.064 \\ +4O & : & 4 \times 15.9994 = 63.9976 \\ \hline H_2SO_4 & & 98.0776 \end{array}$$

따라서 황산의 1g 분자량은 98.0776g이다.

② 1M H_2SO_4용액을 5M H_2SO_4로 계산하여 순수한 황산(용질)의 양(g)을 비례식을 통하여 구함

$$1M : \frac{98.0776}{1,000} = 5M : \frac{\chi g}{500} \qquad \frac{\chi g}{500} \times 1M = \frac{98.0776}{1,000} \times 5M$$

$$\chi g = \frac{98.0776}{200} \times 500 \qquad \chi g = 245.194g$$

③ 98%를 100%로 계산하여 5M H_2SO_4의 사용 용액의 양(g) Y를 비례식으로 구함

98% : 245.194g = 100% : Y g

$$Y\,g = \frac{245.194g \times 100}{98} = 250.1980g$$

④ 용액의 중량 g 을 mℓ 인 부피로 고쳐 사용용액의 필요량을 구함

용액의 밀도 = 비중 × 물의 밀도 = 1.84 × 1g/mℓ = 1.84g/mℓ

$$\text{부피} = \frac{\text{질량}}{\text{밀도}} = \frac{250.1980g}{1.84g/m\ell} = 135.9772m\ell$$

따라서 비중이 1.84이고 농도가 98%인 진한 H_2SO_4용액 135.98mℓ를 500mℓ의 둥근메스플라스크에 넣고, 증류수를 서서히 넣어(발열이 심함) 눈금(표선)까지 정확히 차도록 하면 5M 황산용액이 만들어진다.

계산예 비중이 1.20인 32% HNO_3 200mℓ 중에 함유되어 있는 HNO_3의 중량은 얼마인가?

중량 = 용적 × 비중에 대입하면 다음과 같다.

$$HNO_3 \text{ 의 중량} = \frac{200 \times 1.20 \times 32}{100} = 76.80g$$

아울러 황산의 농도(%)와 비중을 보면 다음 표 1-4-8과 같고 염산도 표 1-4-9과 같이 차이가 있는 것을 볼 수 있다. 또 NaOH와 Na_2SO_3용액의 농도와 비중도 표 1-4-10와 같다.

표 1-4-8. 황산(H_2SO_4)의 농도(%)와 비중

H_2SO_4 % 농도	비중(진공) 15° /4°	H_2SO_4 g/1,000㎖(1 ℓ)
0.09%	1.000	1
3.03%	1.020	31
5.96%	1.040	62
8.77%	1.060	93
14.35%	1.100	158
–	–	–
39.19%	1.300	510
–	–	–
59.70%	1.500	869
–	–	–
95.60%	1.840	1,759
97.00%	1.8410	1,786
97.70%	1.8415	1,799
98.20%	1.8410	1,808
99.20%	1.8400	1,825

위 표에 없는 %농도나 비중은 타 식품분석 책 참조.

표 1-4-9. 염산(HCl)의 농도(%)와 비중

HCl % 농도	비중(진공) 15° /4°	HCl g/ ℓ
0.16	1.000	1.6
1.15	1.005	12
2.14	1.010	22
3.12	1.015	32
4.13	1.020	42
10.17	1.050	107
20.01	1.100	220
29.57	1.150	340
35.39	1.180	418
36.31	1.185	430
37.23	1.190	443
38.16	1.195	469

표 1-4-10. NaOH와 Na_2CO_3 용액의 농도(%)와 비중

NaOH용액의 %농도와 비중			Na_2CO_3용액의 %농도와 비중		
NaOH % 농도	비 중 15° /4°	NaOH g/1,000㎖(1 ℓ)	Na_2CO_3 % 농도	비 중 15° /4°	Na_2CO_3 g/1.000㎖(1 ℓ)
0.61	1.007	6	0.67	1.007	6.8
2.00	1.022	21	1.33	1.014	13.5
3.35	1.036	35	2.09	1.022	21.4
4.64	1.052	49	2.76	1.029	28.4
8.68	1.100	95	4.94	1.052	52.0
13.55	1.152	156	7.12	1.075	76.5
18.58	1.210	225	9.43	1.100	103.7
28.83	1.320	381	10.95	1.116	122.2
41.41	1.453	602	12.61	1.134	143.0
44.38	1.483	358	13.16	1.142	150.3
47.60	1.541	721	14.24	1.152	164.1
49.02	1.530	750			

실험 3호 백분율(%)농도용액과 mole(M)농도 용액 조제

(강의계획서 4째 주)

1. 실험 시간 ; 이론 1시간 30분, 실습 1시간 30분

2. 시약과 기구 등의 준비 – ◘ ☻ (학과 조교님 준비 및 확인)▸

1) 시약 : NaCl, 설탕, NaOH, HCl, H_2SO_4, Na_2CO_3 등을 선택

2) 기구 및 용기 : 스푼(각조), 핀셋(각조), 황산지나 파라핀왁스지, 자동천칭(3대이상, 자동화학천칭, 동전자저울, 0점 조정, 전기 점검 등), 100㎖, 250㎖, 500㎖, 1,000㎖의 둥근메스플라스크(각조, 예비 2개) 선택, 5㎖, 10㎖, 15㎖, 20㎖, 25㎖, 30㎖의 피펫의 선택과 휠라(pipette filler, 작동 점검, 각조 2개)와 연결, 증류수기[실험담당조교는 실험 전에 작동 점검과 증류수 받을 대형플라스틱통(15ℓ 이상)에 받아 놓을 것]와 세척병(각조, 증류수를 준비). 홀 피펫(각조, hole pipette), 깔때기(각조), 세척용 퐁퐁과 비누(각조 1개), 브러시(대, 중, 소) 걸레(2개조 1개), cleaning solution 준비(사용된 피펫, 뷰렛, meas flask를 용액에 1일이상 침지한 후 꺼내 수돗물로 세척하고 증류수에 담근 후 건조대나 온도가 낮은 건조기에서 건조시킨다. 실험조교는 적어도 2~3일 전에 실시하여야 한다.)

3. %농도와 M농도의 조제

1) % 농도 예제

(1) 설탕 40g을 가지고 설탕물 160g을 만들려면 물이 얼마나 들어가야 하는가?

(2) 설탕물 200g속에 설탕 5g이 녹아있다면 용매인 물의 양은 몇 g이며 또 이 설탕물 용액의 %농도는 얼마인가?

2) M(mole)용액 계산과 용액제조 연습

(1) 소금물 1,000㎖ 속에 포함된 소금의 몰수(mole수)의 표시는?

(2) 고체인 경우 1M NaCl용액 250㎖을 만들려면 NaCl 몇 g이 필요한가? 비례식을 이용하여 풀으시오. 단, NaCl의 1g 분자량 = 58.4218g(Na 22.9898g + Cl 35.432g)

(3) 실제로 0.1M NaCl용액 500㎖을 만들어 보시오.

3) 계산에 의해 고체나 액체 시약 일정량을 둥근메스플라스크에 넣고 증류수로 용해시키면서 눈금(표선)까지 정확히 채워 만든다.

4. 실험전 주의사항

3-4. 노르말 농도(규정 농도, N, normality)의 조제와 N농도의 변경

1) 노르말 농도(규정 농도 , N, normal concentration)의 조제

노르말 농도(N)는 화학분석의 반응에서 가장 많이 이용되며, 이것을 정확하게 만드는 것 또한 아주 중요하다. 그래서 화학실험을 잘 하려면 조제하는 방법을 평소에 잘 익숙하게 익혀 숙달이 되어야 한다.

노르말 농도(規定濃度)라 함은 용액 1,000㎖(1 ℓ) 중에 포함된 용질의 g 당량수를 말한다.

1 노르말(1N)용액은 용액 1,000㎖에 용질 1g 당량이 녹아 있는 용액을 말하고 소금물을 예로 표시해보면 아래와 같다.

$$1N : \frac{\text{용질 1g 당량}}{\text{용액 1,000㎖}}$$

$$\text{예) } 1N : \frac{\text{소금 1g 당량(58.4218g)}}{\text{소금물 1,000㎖}}$$

그리고 어떤 **물질의 g 당량수**는 다음과 같이 표시된다.

$$\text{물질의 g 당량수} = \frac{\text{물질의 중량}}{\text{물질의 1g 당량}}$$

그리고 N농도의 표시를 예로 들면 1N은 N/10, 1/10N, 0.1N로 표시하나 보통은 0.1N으로 많이 사용한다.

여기서 **당량(當量, equivalent weight)**이라 함은 반응물질이 화학반응에 의하여 정량적으로 반응하였을 때 각 반응물질의 양적비(量的比)는 항상 일정하므로, 이때의 반응물질은 화학적으로 '서로 당량'이라고 한다. 또 당량이란 어휘 대신 '**대등(對等)**' 또는 '**대등하다**'라고도 한다. 즉

$H_2SO_4 + 2NaOH = Na_2SO_4 + 2H_2O$

$HCl + KOH = KCl + H_2O$

즉 H_2SO_4 1분자는 NaOH 2분자와 '당량' 관계에 있고 또 HCl 1분자와 KOH 1분자가 서로 '당량' 관계에 있다. 분자가 +이온과 −이온으로 이루어진다. 분자가 서로 대등한 관계에 해당되는 량을 **당량**이라고 한다.

물질에 따라 1g 당량의 표현에는 다음과 같은 여러 가지 방법의 공식과 물질분자 중 g 당량의 예를 들면 아래와 같다.

(1) 산 또는 알칼리의 당량인 경우

$$\text{산 또는 알칼리(염기)의 1g 당량} = \frac{\text{산, 알칼리의 1g 분자량}}{\text{산, 염기의 H이온 또는 OH이온의 수}}$$

① 산(酸, acid)의 경우

가. HCl ; HCl이 해리하면 수소이온(H)이 1개이므로 HCl은 1g 분자량(mole에서 사용)

이면서 1g 당량(N)이 되므로 같다. 따라서 1g 분자량 = 1g 당량 = 37.469g

나. HNO_3 ; HNO_3이 해리하면 수소이온(H)이 1개이므로 1g 분자량 = 1g 당량이 됨.

$$\begin{array}{rl} H : & 1.0080 \\ N : & 14.0067 \\ +\ 3O : & 15.9996 \times 3 = 47.9988 \\ \hline HNO_3 & 63.0135 \end{array}$$

따라서 HNO_3의 1g당량은 63.0135g이 된다.

다. H_2SO_4 ; H_2SO_4가 해리하면 수소이온(H)이 2가이므로 2g당량이 된다.

$$\begin{array}{rl} 2H : & 1.0080 \times 2 = 2.016 \\ S : & 32.066 \\ +4O : & 15.9996 \times 4 = 63.9984 \\ \hline H_2SO_4 & 98.0804 \end{array}$$

H_2SO_4 1g 당량 = 98.0804 ÷ 2 = 49.0402g

따라서 H_2SO_4용액의 1M은 1g 분자량인 98.0804g이고 1N은 2당량이므로 49.0402g 이 된다.

라. $H_2C_2O_4\ 2H_2O$; 이 성분이 해리하면 수소이온(H)가 2가이므로 2g당량이 된다.

$$\begin{array}{lll} COOH & 2H : & 1.0080 \times 2 = 2.016 \\ \vert & 2C : & 12.0112 \times 2 = 24.0224 \\ COOH & 4O : & 15.9996 \times 4 = 63.9984 \\ \hline H_2C_2O_4 & & 90.0368 \end{array} \qquad \begin{array}{rl} 4H : & 1.0080 \times 4 = 4.032 \\ 2O : & 15.9996 \times 2 = 31.9992 \\ \hline 2H_2O & 18.0156 \times 2 = 36.0312 \end{array}$$

따라서 수산의 1M은 126.068(90.0368+36.0312)이고, 1N은 2당량이므로 63.034g (126.068÷2)이 된다.

마. H_3PO_4 ; H_3PO_4가 해리하면 수소이온(H)가 3가이므로 3g당량이 된다.

② **알칼리인 경우**

가. NaOH ; NaOH가 해리하면 수산화 이온(OH)이 1개이므로 1g 당량이 된다.

나. KOH ; KOH가 해리하면 수산화이온(OH)이 1개이므로 1g 당량이 된다.

(2) 염의 당량인 경우

$$\text{염의 1g 당량} = \frac{\text{1g 분자량}}{\text{원자가}}$$

가. Na_2CO_3 ; Na_2CO_3가 해리하면 Na^+이온이 2개 방출되므로 2g 당량이 된다.

(3) 산화제, 환원제의 당량인 경우

$$\text{산화제, 환원제의 1g 당량} = \frac{\text{1g 분자량}}{\text{방출 또는 받아들이는 전자수}}$$

가. $KMnO_4$; $KMnO_4$가 전자 방출시 산성용액에서는 5개의 전자를 방출하므로 5g 당량이 되고, 알칼리성 용액에서는 3개의 전자를 방출하므로 3g 당량이 된다.

이상에서 고체시약으로부터 액체시약인 N농도를 만들려면 그림 1-4-2와 같은 과정을 거치는 것을 볼 수 있다.

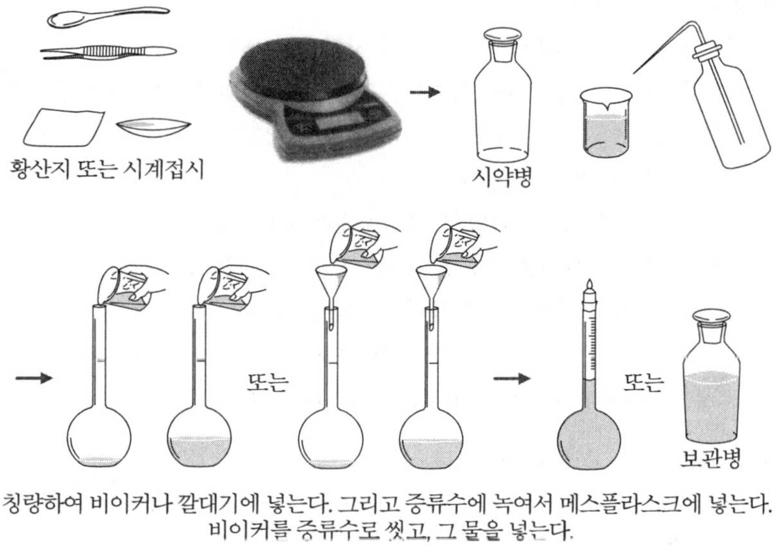

그림 1-4-2. N규정농도의 조제과정(고체→액체, 수산, NaOH 등)

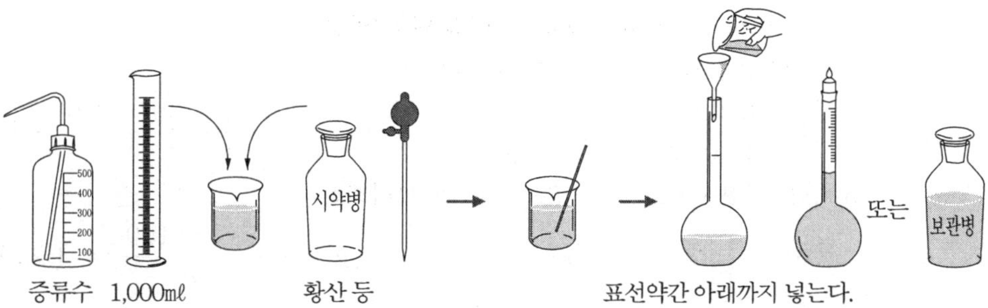

그림 1-4-3. N규정농도의 조제과정(액체→액체, HCl, H_2SO_4 등)

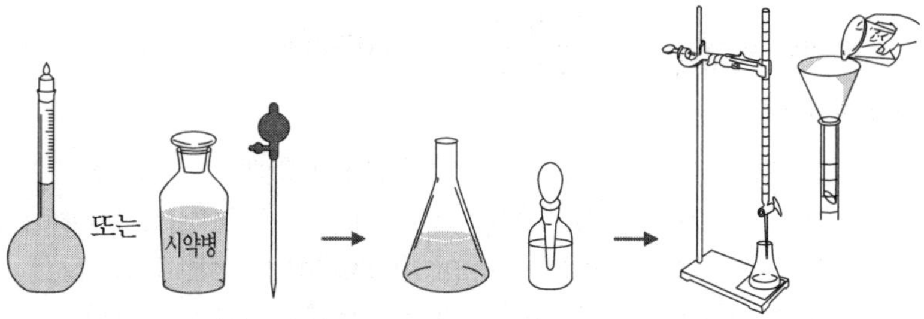

그림 1-4-4. 규정농도의 역가측정(F)

노르말(N)농도에 대한 예제를 들어보면 다음과 같다.

계산예 비중이 1.84이고, 농도가 98%인 H_2SO_4를 이용하여 0.1N(또는 5M) H_2SO_4용액 250㎖을 만들려면 황산 몇 ㎖이 필요한가? 이에 대해 계산과정을 쓰시오. 단 H_2SO_4의 1g분자량은 98.0794g이다.

가. 5몰(M)농도의 ㎖ 구하기

1M H_2SO_4 1,000㎖ g분자량 98.0794g

1M H_2SO_4 250㎖(1,000 ÷ 250 = 4) 98.0794 ÷ 4 = 24.51985g

5M H_2SO_4 250㎖ 24.51985 × 5 = 122.59925g

98 : 122.59925 = 100 : χg

χg = 122.59925 × 100 ÷ 98 = 125.10128g

조제에 필요한 사용용액의 필요량을 용량(부피)으로 환산

황산의 용량(부피)㎖ = 질량 ÷ 밀도(비중g)

= 125.10128g ÷ 1.84 = 67.9898㎖

물의 용량(부피) = 250−67.99㎖=182.01㎖

나. 노르말(N)농도의 ㎖ 구하기

H_2SO_4는 이 물질에 들어 있는 수소의 수를 말하므로 2당량이 된다.

1) 이런 방식

(1) H_2SO_4 1g분자량이 98.0794g으로 황산은 2당량이므로

1N H_2SO_4 분자량은 98.794g÷2=49.397g

(2) 1N황산을 0.1N황산 250㎖로 환산

$$1N : \frac{49.0397g}{1{,}000m\ell} = 0.1N : \frac{\chi g}{250m\ell} \qquad \chi g = \frac{0.1\times 49.0397\times 250}{1{,}000} = 1.2259g$$

(3) 98%황산용액을 100%용액으로 환산(비례식)

$$98\% : 1.2259g = 100\% : \chi g \qquad \chi g = \frac{1.2259\times 100}{98} = 1.2509g$$

(4) 중량(g)을 부피(용적, ㎖)로 환산

사용용액의 밀도 = 비중×물의 밀도 =1.84×1g/㎖=1.84g/㎖

$$부피m\ell = \frac{질량}{밀도} = \frac{1.2509g}{1.84g/m\ell} = 0.6798m\ell = 0.68m\ell$$

2) 저런 방식

(1) 당량을 적용한 1N H_2SO_4을 0.1N H_2SO_4용액 250㎖로 환산

1N	H_2SO_4	98.0794g	1,000㎖
1N	H_2SO_4	98.0794÷2=49.0397g(2당량)	1,000㎖
0.1N	H_2SO_4	49.0397÷10=4.90397g(1/10)	1,000㎖
0.1N	H_2SO_4	4.90397÷4=1.2260g	250㎖(1,000÷250=4)

(2) 98%를 100%로 황산용액으로 환산(비례식)

98% : 1.2260g = 100% : χg $\quad \chi g = \dfrac{1.2260 \times 100}{98} = 1.2510g$

(3) 중량(g)을 부피(용적, mℓ)로 환산

사용용액의 밀도 = 비중×물의 밀도=1.84×1g/mℓ=1.84g/mℓ

$$부피 m\ell = \frac{질량}{밀도} = \frac{1.2510g}{1.84g/m\ell} = 0.6798m\ell = 0.68m\ell$$

또 다른 식으로 풀어보면 다음과 같다.

① a N용액 b ℓ을 만들 경우

$$시약의\ 중량 = \frac{시약의\ 분자량}{가수(價數:g당량)} \times a \times b\ell \qquad b\ell = \frac{b\,m\ell}{1{,}000}$$

물의 양은 만들려고 하는 일정량 즉 메스플라스크의 표선까지 넣어 채운다.

계산예 0.1N $AgNO_3$ 250mℓ을 만들려면 어떻게 하여야 하는가? 단 $AgNO_3$ 분자량은 169.87이다. Ag의 가수는 1이 된다.

$$시약의\ 중량(g) = \frac{169.87}{1} \times 0.1(N) \times \frac{250m\ell}{1{,}000m\ell(1\ell)} = 4.2917g$$

따라서 $AgNO_3$ 4.2917g을 물에 녹여 250mℓ 메스플라스크의 표선에 이르게 채우면 0.1N $AgNO_3$ 250mℓ을 조제한 것이 된다.

② 시약이 결정수를 가지고 있을 경우 (a N용액 b ℓ을 만들 경우)

$$시약의\ 중량 = \frac{결정수를\ 가지고\ 있는\ 시약의\ 분자량}{가수(價數)} \times a \times b$$

계산예 0.3N $BaCl_2$ 2 ℓ을 만들려면 어떻게 하여야 하는가? 단 $BaCl_2\ 2H_2O$의 분자량은 245이다.

$$시약의\ 중량 = \frac{245}{2} \times 0.3 \times 2 = 63.5g$$

따라서 $BaCl_2\ 2H_2O$ 63g을 물에 녹여 2 ℓ로 만들면 된다.

2) 노르말 농도(N)의 변경

%농도가 아닌 N노르말 농도나 M몰 농도인 경우에는 기존농도(N), 부피(V)를 물 등으로 희석하여 용액의 농도를 N'나 부피를 V'로 변경하고자 할 때에는 다음의 공식을 사용한다.

$$NV = N'V'$$

물의 용량= V − V'(mℓ) 또는 물의 용량 = V' − V(mℓ)

다른 표시로 aN bN c ℓ 을 만들려면 다음과 같은 식을 사용하기도 한다.

$$a \times aN \text{ 용액의 용량 } \ell = b \times c \ell$$

$$aN \text{ 용액의 용량 } \ell = \frac{b \times c}{a}$$

$$\text{물의 용량 } \ell = c \frac{b \times c}{a}$$

계산예 2N HCl용액으로부터 0.5N HCl 250㎖을 만들려면 2N HCl용액과 물이 각각 얼마가 필요한가?

NV = N'V' 0.5 × 250 = 2 × V'

V' = (0.5 × 250) ÷ 2 = 62.5㎖ 물의 용량 = 250 − 62.5 = 187.5㎖

또는

2N HCl용량 = (0.5 × 250) ÷ 2 = 62.5㎖

물의 용량 = 250 − 62.5 = 187.5㎖

따라서 2N HCl용액 62.5㎖을 증류수로 187.5㎖을 넣어 표선까지 채우면 0.5N HCl 250㎖이 되는 셈이다.

계산예 3N HCl용액을 물로 희석하여 0.5N HCl 300㎖를 얻으려면 3N HCl과 물이 각각 얼마가 필요한가?

NV = N'V' 3 × V = 0.5 × 300

V = (0.5 × 300) ÷ 3 = 10㎖ 물의 용량 = 300㎖ − 10㎖ = 290㎖

따라서 3N HCl 용액 10㎖를 증류수물 290㎖를 가하면 0.5N HCl용액 300㎖이 된다.

3-5. ppm 농도(백만분율)와 ppb 농도

1) ppm 농도(백만분율, part per million concentration)

용액 1㎖중에 포함된 용질의 ㎍수를 말하고, **중량백만분율**을 표시할 때에는 mg/kg의 약호를 사용하며 ppm의 약호를 쓸 수 있으며, mg/ℓ 도 사용할 수 있다. 즉, 1/million 단위이다.

$$1\text{ppm} = \frac{\text{용질 } 1\mu g}{\text{용매 } 1m\ell}$$

2) ppb 농도(십억만분율, part per billion concentration)

식품 중 극미량의 성분을 나타내는 농도나 양을 표시한다. 가령 곰팡이독(aflatoxin), 잔류농약 미량성분, 환경물질인 dioxin 등의 검출에 이 단위를 사용하고 있다. 즉 1/billion 단위이다.

3-6. 용액조제 시의 역가(力價, factor, *f*)

어떤 농도의 용액을 조제하다보면 각 과정마다 오차를 발생할 수 있기 때문에 주의를 기울인다 하여도 용액의 농도는 100% 정확할 수 없다. 그리하여 실험결과에 용액의 농도가 큰 영향을 미치는 용량분석에 사용되는 용액들은 반드시 그 용액이 얼마나 정확하게 만들에 졌는지를 확인한 후에 실험에 이용되어야 한다. 이러한 확인을 **'역가를 측정한다'** 라고 하며 factor의 약자인 '*f*'로 표시한다. 오차가 전혀 없이 정확하게 만들어진 완전무결한 용액의 **역가는** 1(1.000)이 되며, 용질이 정량보다 적게 들어간 용액은 1보다 적게, 반대로 용질이 많이 들어간 용액은 1보다 크게 나타난다. 따라서 역가(*f*)도 표정농도/기준농도가 된다. **표정농도**(標定濃度)는 실제로 조제된 용액농도이고 **표준(기준)농도**(基準濃度)는 조제하고자하는 용액농도이다.

$$\text{factor} = \frac{\text{표정농도(N)}}{\text{표준(기준)농도}(N_0)}$$

1) 표준물질(標準物質)

용액의 역가를 측정하기 위해서는 표준물질이 있어야 하는데 이들 표준물질이 갖추어야 할 조건은 다음과 같다.

① 화학적으로 안정하고 순수하여야 한다.
② 구입이 쉽고 조성이 변화하지 않으며 정제, 건조할 수 있어야 한다.
③ 칭량 중 공기에 의해 산화되지 않고 H_2O와 CO_2가 흡수되지 않아야 한다.
④ 물에 잘 녹아야 한다.
⑤ 표정시 반응이 정량적이고 빠르게 진행되어야 한다.
⑥ 칭량오차를 작세 하기 위하여 g냥량이 큰 섯이 좋다.

이러한 표준물질로는, $C_2H_4O_4 \cdot 2H_2O$ oxalic acid, NaCl, $K_2Cr_2O_7$(potassium dichromate), Na_2CO_3(무수 sodium carbonate), $Na_2C_2O_4$(sodium oxalate), KIO_3(potassium iodate)등이 주로 사용된다.

2) 1차 표준용액과 2차 표준용액(標準溶液)

위에서 설명한 표준물질(예 Na_2CO_3, $Na_2C_2O_4$ 등)의 A당량을 정확히 칭량하여 메스플라스크를 이용하여 정확하게 1 ℓ (1,000㎖)로 하여 A N농도의 표준용액으로 만들어 지는데 이것을 **1차 표준용액**이라 한다.

2차 표준용액이란 어떤 화학물질이 불순물을 함유하거나 보존 중에 결정수의 함량이 변하거나 공기 중의 수분을 흡수하거나 이산화탄소 등에 의해 변화한다면 이 물질을 정확하게 칭량하는 것은 불가능하고 아무런 의미도 없다. 그리하여 이러한 화학물질은 목적하는 농도에 가깝도록 대략 칭량하여 용액을 만든 후 정확한 농도를 알고 있는 1차 표준용액을 이용하여 표정에 의하여 정확한 농도를 알게 된다. 이렇게 하여 조제한 표준용액을 **2차 표준용액**이라 한다.

3) 2차 표준용액의 표정에 의한 역가계산

표정(標定)이라 함은 표준용액(표준물질)의 농도를 적정(titration)에 의하여 용액이 반응하여 소비되는 량을 구하는 조작을 말하고 그 결과에 의해 다음 공식으로 역가(*f*)를 구한다.

$$\text{N표준물질용액의역가 } f = \frac{N}{N_0}$$

N(노르말)농도 × V(부피, mℓ) × N'(노르말)농도 × V'(부피, mℓ) × f'

1차 또는 2차 표준용액의 실제 조제와 역가측정은 chapter 5의 용량분석법에서 논한다.

4) 표정과 라벨표시 및 보관

표준용액의 농도를 적정에 의하여 구하는 조작을 **표정**이라 한다. 표정 후 역가계산이 끝나면 하고자 하는 실험을 실시한다. 동시에 깨끗이 세척하고 건조된 시약병에 조제용액을 옮긴 후 아래와 같이 조제용액명과 농도, 역가, 용도, 조제일 및 조제자명을 라벨(견출지가 큰 것)에 표시하여 시약병에 부착한다. 그리고 가급적 냉장상태에서 보관한다.

0.1N Na_2CO_3용액(Sodium Carbonate)
f=1.0088　용도: 1차 표준용액
2006년 9월 20일(주)
식품영양과 2조, 진달래

그림 1-4-5. **시약병의 라벨표시 문구**

표 1-4-11. **노르말 농도(N 규정액)의 조제를 위한 1 g-분자량과 1 g-당량(계속)**

원자명과 분자명	원자량	분자량	수소(H) 1원자에 대한 가(價)	수소 1원자량에 해당하는 당량	1g-당량	1g-분자량
H	1.0079		1			
K	39.102		1	39.10	39.102	
Ba	137.34		2	$\frac{137.34}{2}$	68.67	
Ca	40.08		2	$\frac{40.08}{2}$	20.040	
Ag	108.870		1	107.87	107.870	
N	14.0067		(NH_3-N에 대한)		14.0067	
Na	22.9898		1	22.99	22.99	
H_2SO_4		98.08	2	$\frac{98.08}{2}$	49.03	98.08
CH_3COOH		60.05	1	60.05	60.05	60.05
COOH |　· $2H_2O$ COOH		126.07	2	$\frac{126.07}{2}$	63.035	126.07
NH_3		17.03	1	17.03	17.03	17.03
NaOH		40.00	1	40.00	40.00	40.00
KOH		56.11	1	56.11	56.11	56.11

$Ba(OH)_2 8H_2O$		315.48	2	$\frac{315.50}{2}$	157.75	315.50
Na_2CO_3		105.99	2	$\frac{105.99}{2}$	53.0	105.99
$AgNO_3$		167.87	1	169.87	169.87	169.87
NaCl		58.44	1	58.44	58.44	58.44
HCl		36.46	1	36.46	36.46	36.46
NH_3CNS		76.12	1	76.12	76.12	76.12
$KMnO_4$		158.04	5(산성)	$\frac{158.03}{5}$	31.608	158.04
			3 (알칼리성) (중성)	$\frac{158.03}{3}$	52.676	158.04

Report 2.

몰(M) 농도와 노르말(N) 농도의 조제와 계산 연습

1) 고체인 소금의 경우 0.5M NaCl용액 1,000㎖, 500㎖, 250㎖, 100㎖을 만들려면 NaCl 몇 g 이 필요한가? 계산과정을 쓰시오
2) 고체인 수산의 경우 0.1N $H_2C_2O_4 \cdot 2H_2O$용액 1,000㎖, 500㎖, 250㎖, 100㎖을 만들려면 $H_2C_2O_4 \cdot 2H_2O$ 몇 g이 필요한가? 계산과정을 쓰시오.

3-7. 용량분석용 규정용액

'식품공전(2001년)' 제8. 시약 · 시액 · 표준용액 및 용량분석용 규정용액을 열거해보면 다음과 같다.

1) 0.1N 과망간산칼륨액(0.1N $KMnO_4$액)

1,000㎖중 $KMnO_4$ 3.1608g을 함유한다. 과망간산칼륨 약 3.3g을 정밀히 달아 물에 녹여 1,000㎖로 하고 15분간 끓인 다음 밀전한 플라스크에 넣어 적어도 2일간 방치하고 석면으로 여과한다.

▷ 표 정:

수산나트륨(표준시약)을 300℃에서 1시간 건조하고 데시케이터(황산)에서 식히고 그 약 0.3g을 정밀히 달아 5㎖의 비이커에 넘고 물 3㎖를 넣어 10~15분간 끓인 다음 27±3℃로 식히고 황산(1→20) 250㎖를 넣어 녹인다. 과망간산칼륨액을 유리곡크가 있는 뷰렛에 넣고 천천히 저으면서 40㎖를 1분간에 25~30㎖의 녹도로 넣어 액의 홍색이 없어질 때까지 방치하고 55~60℃로 가열하여 탈색한 다음 적정을 계속한다. 30초 동안 지속하는 엷은 홍색을

나타낼 때까지 적정을 계속한다. 단, 종말점 전의 0.5~1㎖는 과망간산칼륨액의 색이 없어진 다음에 계속 한방울씩 적가하도록 주의하여야 한다.

$$0.1N \text{ 과망간산칼륨액 } 1m\ell = 6.700mg\ Na_2C_2O_4$$

이 액은 차광하여 보존하고 오래되면 다시 표정한다.

2) 0.1N 수산액(0.1N $C_2H_2O_4$액)

1.000㎖중 $C_2H_2O_4$ 4.502g을 함유한다. 수산 6.45g을 물에 녹여 1,000㎖ 한다.

차광한 공전병에 보존한다. 새로 표정한 0.1N 과망간산칼륨액으로 표정한다.

3) 0.01N 수산액(0.01N $C_2H_2O_4$액)

0.1N 수산액을 정확히 10배 용량으로 희석한다.

4) 1N 수산화나트륨액(1N NaOH액)

1,000㎖중 NaOH 39.999g을 함유한다. 수산화나트륨 45g을 물 약 950㎖에 녹이고 이에 새로 만든 수산화바륨포화용액을 침전이 그 이상 생기지 않을 때까지 가한다. 액을 작 섞은 다음 밀전하고 하룻밤 방치한다. 상징액을 기울이거나 여과하여 다음 방법으로 표정한다. 이 액은 고무전으로 밀전하거나 또는 소다석회관을 단 병에 보존한다. 가끔 다시 표정하여 사용하지 않으면 안된다. 1N 염산 또는 1N 황산 25㎖를 취하여 새로 끓여 식힌 물 50㎖로 희석하여 수산화나트륨액으로 적정한다(지시액 : 페놀프탈레인시액 두방울).

5) 0.1N 수산화나트륨액(0.1N NaOH액)

1N 수산화나트륨액을 취하여 새로 끓여 식힌 물로 10배 용량으로 희석하거나 수산화나트륨 약 4.5g을 취하여 1N 수산화나트륨액에 따라 만들고 표정하여 보존한다. 이 액은 가끔 다시 표정하여야 한다.

6) 1N 수산화칼륨액(1N KOH액)

1,000㎖ 중 KOH 56.108g을 함유한다. 수산화칼륨 약 70g을 취하여 1N 수산화나트륨액에 따라 만들고 표정한다.

7) 0.1N 수산화칼륨액(0.1N KOH액)

1N 수산화칼륨액을 새로 끓여 식힌 물로 10배 용량으로 희석하거나 수산화칼륨 약 7g을 취하여 1N 수산화칼륨액에 따라 만들고 표정한다.

8) 1N 염산(1N HCl액)

1,000㎖ HCl 36.465g을 함유한다. 염산 95㎖를 물로 희석하여 1,000㎖로 하고 다음 방법으로 표정한다.

미리 약 270℃에서 1시간 건조한 탄산나트륨(표준시약) 약 1.5g을 정밀히 달아 물 100㎖에 녹이고 이 염산으로 적정한다(지시액 : 브롬페놀블루시액 두방울). 다만, 종말점 부근에서 한번 끓여 이산화탄소를 날려 보낸 다음 곧 적정을 계속한다.

1N 염산 1㎖ = 52.99mg Na_2CO_3

9) 0.5N 염산(0.5N HCl액)

염산 47.5㎖를 취하여 1N 염산에 따라 만들고 표정한다. 0.5N 염산 1㎖ = 26.50mg Na_2CO_3

10) 0.1N 염산(0.1N HCl액)

1N 염산을 물로 10배 용량으로 희석하거나 염산 9.5㎖를 취하여 1N 염산에 따라 만들고 표정한다. 0.1N 염산 1㎖ = 5.299mg Na_2CO_3

11) 0.1N 요오드액(0.1N I_2액)

1,000㎖중 I_2 12.591g을 함유한다.

요오드 약 14g에 요오드화칼륨 36g을 물 1,000㎖에 녹인 액에 녹이고 염산 3방울 및 물을 가하여 1,000㎖로 하고 다음 방법으로 표정한다. 이 액은 공전병에 보존하고 가끔 다시 표정하여야 한다.

▷ 표 정:

삼산화비소(표준시약)를 분말로 하여 100℃에서 항량이 될 때까지 건조한 다음 그 약 0.15g을 정확히 달아 이를 1N 수산화나트륨액 20㎖에 필요하면 가열하여 녹인다. 다음 이에 물 약 40㎖ 및 메틸오렌지시액 두방울을 가하고 다시 액의 황색이 담홍색으로 될 때까지 희염삼을 가한다. 이에 탄산수소나트륨 2g, 물 약 50㎖ 및 전분시약 3㎖를 가하고 요오드액으로 이 액이 청색이 지속될 때까지 적정한다. 0.1N 요오드액 1㎖ = 4.946g As_2O_3

12) 0.1N 질산은액(0.1N $AgNO_3$액)

1,000㎖중 $AgNO_3$ 16.988g을 함유한다. 질산은 약 17.5g을 물 1,000㎖에 녹이고 다음과 같이 표정한다. 염화나트륨(표준시약)을 500~650˚에서 1시간 건조하고 황산데시케이터에서 식힌 다음 약 150mg을 정밀히 달아 물 50㎖에 녹여 크롬산칼륨시액 1㎖를 넣고 질산은액으로 엷은 적갈색을 나타낼 때까지 적정한다.

0.1N 질산은액 1㎖ = 5.844mg NaCl, 이액은 차광하여 보존하여야 한다.

13) 1N 황산(1N H_2SO_4액)

1,000㎖중 H_2SO_4 49.04g을 함유한다. 물 약 1,000㎖를 저으면서 이에 황산 30㎖를 천천히 가하여 20℃가 될 때까지 식히고 1N 염산의 표정에 따라 탄산나트륨(표준시약)으로 표정한다. 1N 황산 1㎖ = 52.996mg Na_2CO_3

14) 0.1N 황산(0.1N H_2SO_4액)

1N 황산을 물로 10배 용량으로 희석하거나 황산 3㎖로 1N 황산에 따라 만들고 표정한다.

0.1N 황산 1㎖ = 5.299mg Na_2CO_3

Chapter 5 용량분석법(容量分析法)

1. 용량분석법의 정의와 원리

용량(容量 : 부피 : 용적)분석은 성분의 양을 일일이 칭량하지 않고, 정량하려고 하는 시료의 일정량을 정확한 농도의 시료용액으로 조제하고, 여기에 농도가 정밀하게 알려져 있는 표준용액을 적정 반응의 종말점(당량점)을 지시약(指示藥: indicator)로 확인한 다음, 이 반응에 소비된 시료의 용량으로부터 계산에 의해 성분의 양을 결정하는 것을 말한다.

용량분석법(容量分析)은 중량분석법 보다 당량에 의한 용액농도의 반응이므로 짧은 시간 내에 그 결과를 얻을 수 있고 다음과 같은 방법들이 있다. 그 종류로는 산 · 알칼리 중화적정법, 산화 · 환원적정법, 침전적정법 등이 있다.

식품 중 용량분석의 대표적인 예로는 단백질 정량을 위한 중화적정법이 있다. 또 최근 시료의 양에 따라 macro분석(0.1~1g), semimicro분석(10~100mg), micro분석(2~10mg), ultramicro 분석(1mg 이하)으로 나누기도 한다.

1-1. 용량분석의 일반적 조작

행해지는 반응에 차이가 있어도 여기에는 공통적인 조작이나 주의가 있다. 그 중요한 것을 차례로 들어 보기로 한다.

1) 시료의 조제와 채취

시료를 분쇄, 추출, 용해, 희석 등의 방법에 의해 정량하려고 하는 물질이 용존해 있는 시료용액을 만들고 그 일정량을 피펫으로 채취한다.

2) 적정용 표준용액의 조제와 그 역가의 측정

적정용 표준용액은 용량분석에 있어서 실험 전체의 정확성의 정도를 결정하는 요소이므로 될 수 있는 대로 정확히 조제하지 않으면 안 된다. 이를 위해서는 기준물질로서 수산, 탄산수소나트륨, 식염, 수산나트륨 등과 같은 안정한 시약의 최순품을 선별하여 그 물질의 그램 당량을 화학천칭으로 칭량하여 물에 용해하고 정확한 규정용액을 만든다. 이것을 기준용액으로서 별도로 목적의 규정농도에 대해서 근사적인 규정농도로 조제한 적정용 시약 용액을 적정하여 정확한 농도를 구하고 그 결과에서 역가(Factor)를 산출해 놓고 이것을 적정용 표준용액으로 한다.

예를 들면 약 0.1N(규정)의 염산(HCl) 용액을 정확한 0.1N의 탄산수소나트륨($NaHCO_3$)의 기준용액으로 적정한 결과, 염산용액의 농도가 0.1001 규정이었다고 하면 이 염산 용액을 **0.1 N, 역가 1.001 염산 용액**이라 하고 다음과 같이 표시한다.

$\frac{N}{10}$(N/10) HCl $f = 1.001$　　또는　　0.1N HCl $f = 1.001$

3) 적정(반응)

표준용액을 뷰렛에 넣고 정확히 적정한다. 일반적으로 적정은 3회 이상을 행하고 그 평균을 구하여 적정수로 한다. 또한 반응의 종점을 확실하게 알 수 없는 경우에는 지시약을 사용한다. 지시약은 그 반응에 대해서 악영향이 없고 또한 적절한 변색역을 가진 것을 선택하며 그 첨가량은 최저량(1~2방울)로 한다.

4) 계 산

표준용액의 규정농도와 그 적정수 및 목적물질의 화학당량에서 시료 중의 목적물질의 함유량(%)을 산출한다.

2. 산과 알칼리의 중화적정법(acid–alkali neutralization titration)

2–1. 산 · 알칼리 중화적정의 정의와 원리 및 종류

산 · 알칼리 중화적정법(中和滴定法)은 시료용액인 산을 알칼리(염기)표준용액으로, 알칼리를 산표준용액으로 적정하면 서로 중화되므로 중화반응(中和反應)에 의해 이루어지는 것으로, 지시약을 이용하여 종말점을 확인하고 그 표준용액의 소비량으로부터 어떤 성분의 양을 알아내는 것을 일컫는다.

일반적으로 표준알칼리(염기)용액으로 산을 적정하는 방법을 **산적정(酸滴定: acidmetry)**이라하고, 이 방법에 의한 정량에는 조단백질의 정량, 우유의 적정산도 시험, 지방의 산가 측정 및 검화가 측정 등을 들 수 있다.

중화적정의 원리는 산과 염기(알칼리)는 서로 중화해서 그 염과 물을 생성한다. 이 반응에서는 액의 수소이온농도에 상당히 급격한 변화가 일어나므로 지시약에 의해서 반응의 종점을 알고 산 또는 염기의 양을 구할 수가 있다. 중화법에는 산으로 염기를 적정하는 경우의 **알칼리정량**과 염기로 산을 적정하는 경우의 **산정량**이 있다.

2-2. 중화적정곡선과 지시약

1) 중화적정곡선

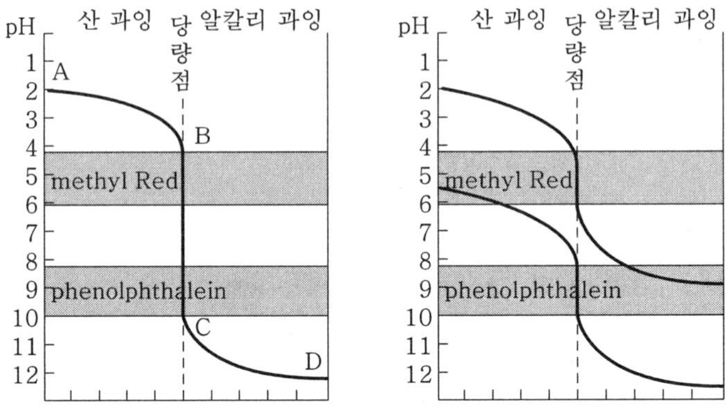

그림 1-5-1. 중화적정곡선

표 1-5-1. 주요한 pH 지시약의 종류와 색조 및 조제

지시약(약자) (A: acid) (B: base)	pH색조의 변화 산~염기	사용량 100mℓ당	시약조제	
			백분율	용매
티몰블루(A) thymol blue(T.B.)	1.2~2.8 적~황	2~5방울	0.1%(0.1g)	에틸알코올 100mℓ
메틸오렌지(B) methyl orange(M.O.)	3.1~4.4 적~황	3~5방울	0.1%(0.1g)	증류수 100mℓ
브롬페놀블루(A) bromphenol blue(B.P.B.)	3.0~4.6 황~청	2~5방울	0.1%(0.1g)	희석 에틸알코올 (1+1) 100mℓ
콩고레드 congo red	3.0~5.2 청자~적	2~5방울	0.5%(0.5g)	에틸알코올 100mℓ
브롬크레졸그린(A) bromcresol green(B.C.G.)	3.8~5.6 황~청	2~5방울	0.1%(0.1g)	에틸알코올 100mℓ
메틸레드(A) methyl red(M.R.)	4.2~6.3 적~황	2~4방울	0.2%(0.2g)	에틸알코올 100mℓ
브롬크레졸퍼플(A) bromcresol purple(B.C.P.)	5.2~6.8 황~자	1~4방울	0.5%(0.5g)	에틸알코올 100mℓ
브롬티몰블루(A) bromthymol blue(B,T.B.)	6.0~7.6 황~청	1~4방울	0.1%(0.1g)	에틸알코올 100mℓ
뉴트랄 레드(B) neutral red(N.R.)	6.8~8.0 적~황	2~4방울	0.1%(0.1g)	빙초산 100mℓ
페놀레드(A) phenol red(P,R.)	6.8~8.4 황~적	1~4방울	0.1%(0.1g)	에틸알코올 100mℓ
크레졸레드(A) cresol red(C.R.)	7.2~8.8 황~적	1~4방울	0.1%(0.1g)	에틸알코올 100mℓ
레소르신 resorcin	6.9~8.0 갈~적	1~4방울	1%(1g)	염산 100mℓ
페놀프탈레인(A) phenolphethalein(P.P.)	8.2~10.0 무~자홍	3~10방울	1%(1g)	에틸알코올 100mℓ
메틸바이올렛 methyl violet	0.1~0.5 황~청	3~8방울	0.1%(0.1g)	증류수 100mℓ

2) 지시약 선택의 이유

중화적정에는 페놀프탈레인, 메틸레드, 메틸오렌지 등이 지시약으로 많이 사용되고 있으나, 이들은 중화적정의 어느 경우에서나 사용되는 것은 아니다. 예를 들면 탄산나트륨을 염산용액으로 적정하는 경우에 페놀프탈레인에서는 탄산나트륨이 중탄산염으로 변화했을 때, 메틸오렌지에서는 완전히 중화했을 때에 변색하므로 이 경우는 메틸오렌지를 사용하지 않으면 안된다. 또 강산과 강염기인 경우에는 상기의 어느 지시약을 사용해도 좋으나 약염기와 강산, 강염기와 약산의 반응인 경우에는 반응이 완결되었을 때의 용액이 전자는 미산성(微酸性), 후자는 미(微)알칼리성으로 되므로 변색역이 전자는 pH 7보다 큰 페놀프탈레인 등의 지시약을 사용하지 않으면 안된다.

그리고 단일지시약 외에도 혼합지시약도 많이 있으나 기초를 다루는 여기서는 생략한다.

2-3. 1차 산 · 알칼리 표준(기준)용액의 조제와 역가측정

일반적으로 알칼리의 정량에는 염산(HCl)이나 황산(H_2SO_4)과 같은 산 등으로 수산화나트륨(NaOH)이나 수산화바륨[$Ba(OH)_2$]과 같은 표준용액을 사용하나, 이들의 표준용액의 역가 측정에는 일반적으로 순정품을 쉽게 얻을 수 있는 탄산나트륨(Na_2CO_3) 또는 수산(Oxalic acid)의 용액이 기준액으로서 사용되고 있다.

1) N 탄산나트륨(Na_2CO_3)의 1차 표준(기준)용액의 조제와 역가

탄산나트륨의 수용액은 가수분해에 의해 염기성 반응을 나타내고 염산으로 적정했을 때 다음과 같이 반응한다.

$$Na_2CO_3 + 2HCl \rightarrow 2NaCl + CO_2 + H_2O$$

$$\therefore Na_2CO_3 \equiv 2HCl \equiv 2H$$

따라서 탄산나트륨의 1N은 염기로서 2g당량에 상당하므로 0.1N 탄산나트륨 용액($f=1.000$) 1 ℓ를 만들려면 순탄산나트륨 5.2994g을 물에 용해하고 메스플라스크를 사용해서 전량을 1 ℓ로 하면 된다. 이때 일례로서 탄산나트륨 5.3856g을 칭량하여 1 ℓ로 했을 때 역가는 다음과 같이 된다.

$$0.1N\ Na_2CO_3\text{용액}\quad f = \frac{5.3856}{5.2994} = 1.016$$

실험 예1 ▌ 1차 표준용액인 Na_2CO_3용액의 조제와 역가

0.1N Na_2CO_3 250㎖를 표준용액(표준물질)으로 조제하기 위하여 흡수성이 있는 표준품 Na_2CO_3(99.9% 이상) 5g을 도가니에 넣고 전기 건조기 200~300℃에서 30~60분 정도로 가열한 후 데시케이터에서 방냉한다.

그리고 자동전자천칭에 황산지를 올려놓고 영점을 조절한 후 흡습을 방지하기 위하여 매

우 신속하게 그 일정량 a(g) (예 1.331g)을 정확히 칭량하였다. 칭량한 순 Na_2CO_3를 250㎖ 메스플라스크에 넣고서 증류수를 표선눈금까지 채워 완전히 녹였다면 0.1N Na_2CO_3 용액의 역가는 얼마인가?

1) 조제하고자 하는 0.1N Na_2CO_3 용액의 표준농도에 대한 이론적 용질의 양 계산

Na_2CO_3의 1g 분자량 = 105.9890(g)

Na_2CO_3는 2당량이므로 1g 당량 $= \frac{105.9890}{2} = 52.9945g$

$$1N : \frac{52.9945}{1,000} = 0.1N : \frac{\chi}{250} \qquad \chi = 0.1N \times \frac{52.9945}{1,000} \times 250 = 1.3249g$$

2) 0.1N Na_2CO_3 용액의 역가

$$f = \frac{\text{표정용질의 양}}{\text{표준이론용질의 양}} = \frac{1.331}{1.3249} = 1.0046$$

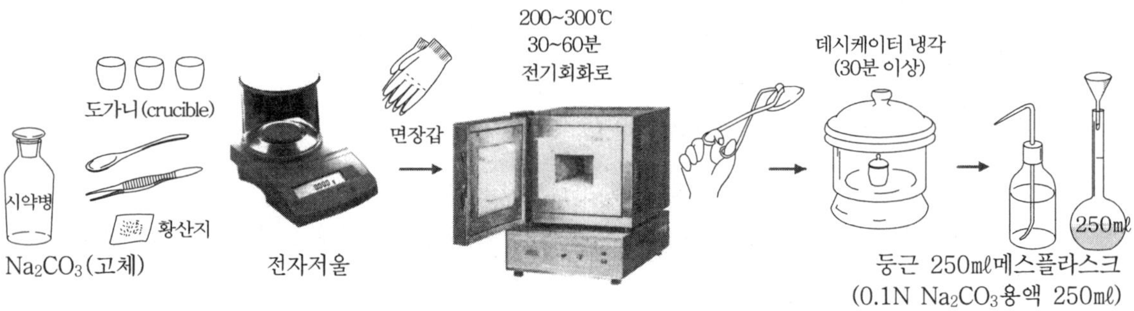

그림 1-5-2. 탄산나트륨(Na_2CO_3)의 표준(기준)용액 조제와 역가

2) 2차 표준용액인 0.1N HCl용액의 조제와 역가구하기

실험 예2 ▌ 2차 표준용액인 0.1N HCl용액의 조제

0.1N HCl 표준용액을 조제하기 위하여 비중이 1.18, conc. HCl의 시약농도가 35.39% 용액을 사용하여 0.1N HCl 250㎖를 만드는데 conc. HCl용액은 몇 ㎖이 필요한가? 단 HCl 분자량은 36.461이다.

1) 조제하고자 하는 0.1N HCl용액의 표준농도의 이론적 용질의 양 계산

$$1N : \frac{36.461}{1,000} = 0.1N : \frac{\chi}{250} \qquad \chi = 0.1N \times \frac{36.461}{1,000} \times 250 = 0.9115g$$

2) HCl 35.39%를 100% 용액으로 환산한 중량(비례식)

$$35.39(\%) : 100(\%) = 0.9115(g) : \chi \qquad \chi = \frac{0.9115 \times 100}{35.39} = 2.5756g$$

3) 중량(g)을 용액의 부피(mℓ)로 조제하기 위한 필요량

$$부피 = \frac{중량}{비중} = \frac{2.5756}{1.18} = 2.1827mℓ ≒ 2.2mℓ$$

따라서 비중이 1.18, 35.39%의 시약인 진한 HCl용액 2.2mℓ를 홀라피펫에 취하여 250mℓ 메스플라스크에 넣고 증류수로 눈금까지 채우면 0.1N HCl 250mℓ 용액이 조제된 것이다.

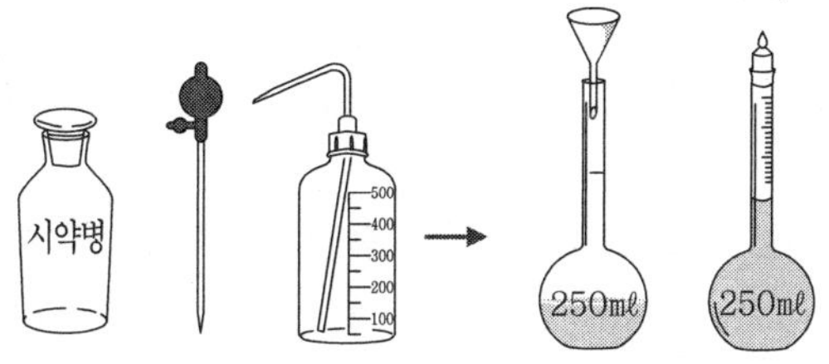

진한 HCl용액 증류수병 0.1N HCl용액 조제

그림 1-5-3. 0.1N HCl 용액의 계산과 조제

시판의 순 진한 염산(HCl)으로 0.1N(N/10)염산용액을 만들려면 염산의 0.1g 당량에 상당하는 시판의 진한 염산 8.8~8.9mℓ를 1 ℓ 용 메스플라스크에 취하고 물을 가하여 전량을 1 ℓ 로 하거나, 실험 예2의 조제와 실험 예3의 역가구하기를 참조바란다.

실험 예3 ▌ 2차 표준용액인 0.1N HCl용액의 역가구하기

앞에서 조제된 0.1N HCl 250mℓ을 가지고 얼마나 정확히 만들었는지는 역가(f)를 통하여 알 수 있다. 그래서 0.1N HCl용액 250mℓ 중 일정량 가령 10mℓ를 정확히 피펫에 취하여 삼각플라스크에 넣고 지시약 methyl red용액 또는 methyl orange용액 2~3방울을 떨어트려 수기용액으로 한다.

그리고 이미 만든 1차 표준용액인 0.1N Na_2CO_3용액(f=1.0046)을 25mℓ이나 50mℓ 뷰렛에 넣고 코크를 열어 수기에 적정하였더니 10.05mℓ이 소비되었다. 이 때 0.1N HCl용액의 역가는 얼마인가? 단 적정 때 경미한 오렌지색이 되면 2~3분간 끓여 CO_2 가스를 날려보내고 식힌 다음 황색이 되면 다시 1~2방울 가하여 오렌지색이 되면 종말점으로 한다.

$N \times V \times f = N' \times V' \times f'$를 이용하여 역가를 계산하면 다음과 같다.

$$0.1 \times 10 \times f = 0.1 \times 10.05 \times 1.0046$$

$$f = \frac{0.1 \times 10.05 \times 1.0046}{0.1 \times 10} = 1.0096$$

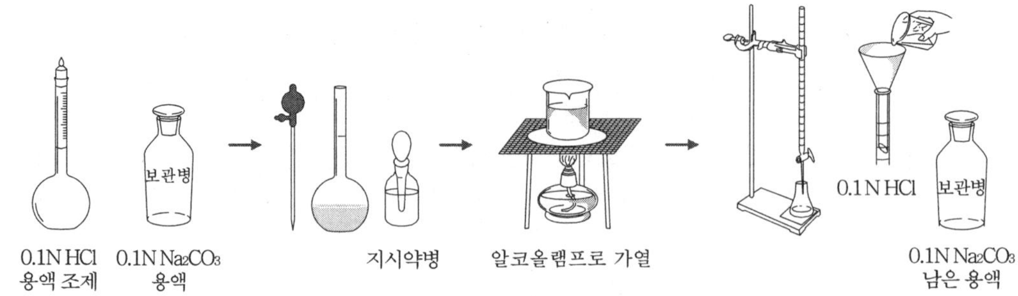

그림 1-5-4. 0.1N Na_2CO_3용액과 0.1N HCl용액과의 중화적정과 역가

3) 0.1N 수산(oxalic acid) 표준(기준)용액의 조제와 역가구하기

(1) 0.1 수산(oxalic acid : $H_2C_2O_4 \cdot 2H_2O$) 표준용액의 조제

수산(蓚酸: $H_2C_2O_4 \cdot 2H_2O$)은 온도에 의해 결정수의 함량에 다소의 차를 나타내는 결점이 있으나 탄산나트륨과 함께 표준용액으로서 일반적으로 널리 사용되고 있다. 이 경우 수산(oxalic acid)은 수산화나트륨(NaOH)에 의해 다음 식과 같이 반응한다.

따라서 수산의 1N은 산으로서 2g당량이 되므로 0.1N 수산용액(f=1.000) 1 ℓ를 만들려면 순 수산을 6.3034g을 칭량하여 물에 용해하고 메스플라스크를 사용하여 전량을 1 ℓ로 하면 된다. 만약 6.3113g을 칭량하여 1 ℓ로 했을 경우에는 역가는 f=6.3113/6.3034=1.001로 된다.

또한 수산액을 얻기 위해서는 시판의 결정 수산을 동량의 열희염산(약 18%)에 용해하고 보온 깔때기를 사용해서 여과하고 여액을 교반하면서 냉각하고 수산의 결정을 만든다. 이 결정을 흡인여과에 의해서 모액으로부터 분별한다. 다시 동일하게 조작하여 수산의 결정을 얻는다. 다음에 열수를 사용해서 Cl^-의 반응이 나타나지 않을 때까지 재결정을 반복한다. 최후에 결정을 여지의 사이에 끼우고 과잉의 수분을 제거한 다음 여지 위에 펴서 환풍, 건조한다.

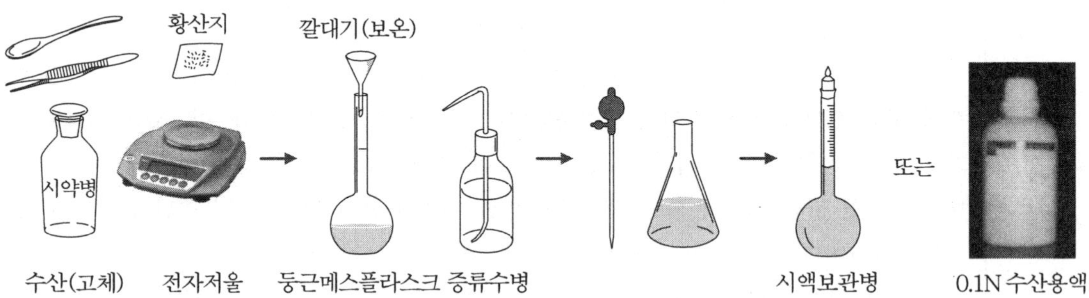

그림 1-5-5. 0.1N 수산 표준용액의 조제

(2) 0.1N 수산화나트륨(NaOH)용액 조제

시판의 수산화나트륨(NaOH) 약 4g을 1 ℓ보다 약간 적은 양의 물에 용해하여 조제한다. 특히 탄산나트륨을 함유하지 않는 용액을 필요로 할 때에는 미리 수산화나트륨의 포화용액을 만들고 밀전하여 약 2일간 방치하여 탄산나트륨을 침전시킨 다음 상등액 약 6㎖를 1 ℓ용 메스플

라스크에 취하고 탄산가스를 함유하지 않은 물을 가하여 전량을 1ℓ로 하면 된다. 조제한 용액을 자동뷰렛 등에 넣어 탄산가스를 차단하여 보존한다. 역가를 측정하려면 이 용액 25㎖ 홀피펫으로 정확히 삼각플라스크에 취하고 지시약으로서 페놀프탈레인을 가하여 0.1N 수산 기준용액 또는 역가를 알고 있는 0.1N 염산, 황산표준액으로 적정하여 구한다.

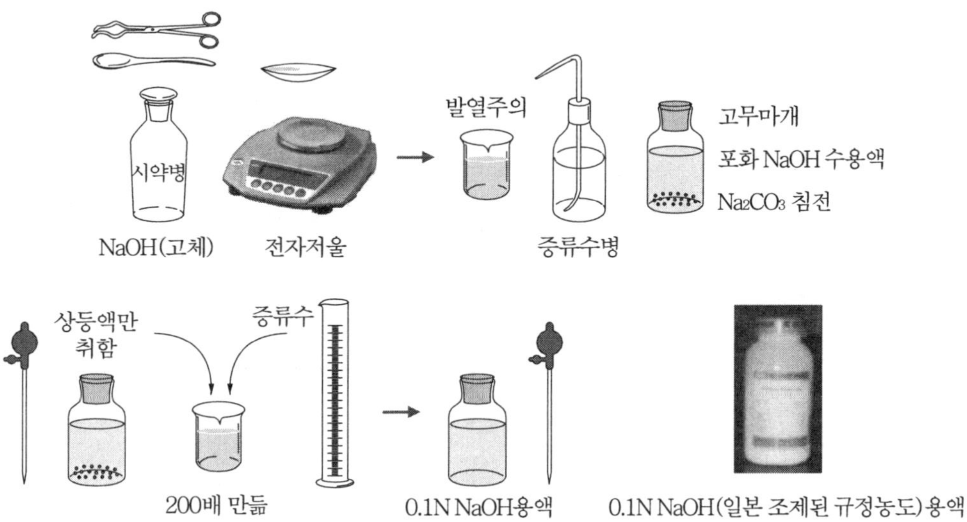

그림 1-5-6. 0.1N NaOH용액의 조제와 조작

(3) 0.1N NaOH용액과 0.1N oxalic acid용액과의 중화적정과 역가

이미 만들어진 0.1N NaOH용액을 뷰렛에 넣고 0.1N oxalic acid를 비이커에 넣은 후 지시약 2~3방울을 넣고 적정하면 소비 ㎖을 얻을 수 있다.

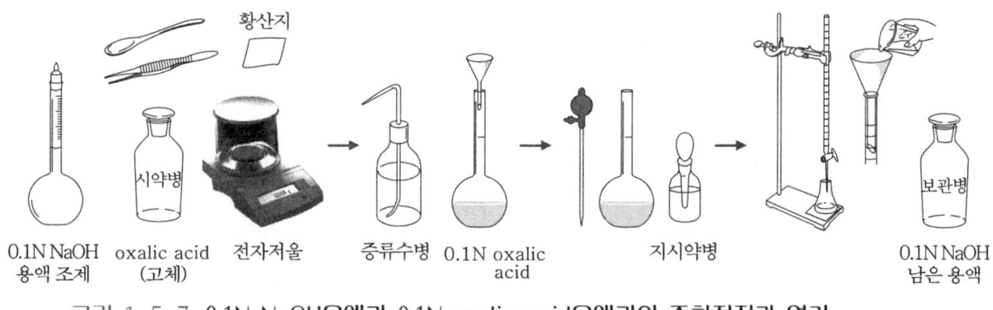

그림 1-5-7. 0.1N NaOH용액과 0.1N oxalic acid용액과의 중화적정과 역가

4) 0.1N 황산(H_2SO_4)용액 조제

시판의 진한 황산(H_2SO_4)으로 0.1N(N/10) 황산용액을 만들려면 황산의 0.1g당량에 상당하는 시판 진한 황산 약 2.8~3.0㎖를 1ℓ용 메스플라스크에 취하고 물을 가하여 전량을 1ℓ로 하거나 진한 황산 1에 대해서 물 359의 비율을 기준으로 하여 물을 가하여 거의 N/10황산용

액을 만들고 염산(HCl)의 경우와 동일하게 조제한다. 역가의 측정은 염산의 경우에 준해서 행하면 된다.

계산예 농도가 98%이고 비중이 1.84인 H_2SO_4용액을 1N H_2SO_4용액 250㎖을 조제하려 한다. H_2SO_4 몇 ㎖을 취하면 되겠는가? 단 H_2SO_4의 1g 분자량은 98.0794g이다.

이 계산에는 제4장 시약과 용액농도의 조제를 참조해 풀어보세요.

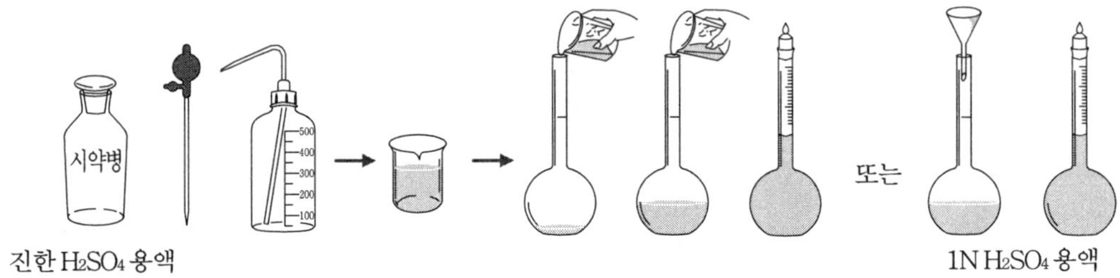

그림 1-5-8. **황산용액의 조제와 조작**

2-4. 식품 중의 중화적정 실례

1) 식품중의 유기산의 정량

식품의 일정량을 칭량하고 액체시료인 경우에는 그대로 희석하고 고체시료인 경우는 유기산을 물로 침출 희석하여 각각 측정하기 편리한 산농도(酸濃度)로 한다. 이로부터 그 일정량을 취하고 염기의 표준용액으로 적정하고 유기산량을 구한다.

(1) 시약과 시약용액의 조제

① 시 약

0.1N 수산화나트륨용액(NaOH 역가 이미 알려져 있음), 브롬티몰블루, 뉴트랄 레드의 혼합지시약, 정제한 바닷모래.

② 시약용액의 조제

시료 10~20g을 정확히 계량하고 액체시료인 경우에는 그대로 100㎖용 메스플라스크에 옮겨서 물을 가하고 전량을 100㎖로 한다. 고형시료, 예를 들면 과실 액의 경우에는 시료를 막자사발에 옮기고 적량의 바다모래와 온수를 가하여 충분히 마쇄하여 유기산을 침출하고 100㎖용 메스플라스크에 경사 여과한다. 또한 여지 위의 잔사를 막자사발 위에 놓고 온수를 가하여 재차 침출하여 기울여 여과한다. 막자사발과 여지 위의 잔사를 세정하면서 전량을 100㎖로 한다.

아울러 0.1N NaOH용액의 역가를 구하기 위하여 조제한 0.1N NaOH용액을 뷰렛에 넣는다. 따로 0.1N $C_2H_2O_4$ 표준용액 10㎖(또는 15㎖)를 피펫으로 200~300㎖의 비이커에 취하고 물을 가하여 20~30㎖로 만든 다음 페놀프탈레인의 알코올용액 2~3방울을 넣고 0.1N NaOH용액을 떨어뜨려 엷은 분홍색이 될 때까지 적정한다. 최소 3회 적정한 평균치에서 0.1N NaOH 농도를 구한다.

(2) 적 정

시료용액 25mℓ를 홀피펫으로 100mℓ용 삼각플라스크에 취하고 지시약 몇 방울을 가하여 N/10수산화나트륨 용액으로 적정한다.

① 실시방법

아울러 0.1N NaOH 용액의 역가를 구하려면 조제한 0.1N NaOH 용액을 뷰렛에 넣는다. 따로 0.1N $C_2H_2O_4$ 표준용액 10mℓ(또는 15mℓ)를 피펫으로 200~300mℓ의 비이커에 취하고 물을 가하여 20~30mℓ로 만든 다음 페놀프탈레인의 알코올용액 2~3방울을 넣고 0.1N NaOH 용액을 떨어뜨려 엷은 분홍색이 될 때까지 적정한다. 최소 3회 적정한 평균치에서 NaOH의 농도를 계산한다.

표 1-5-2. N/10수산화나트륨용액 1mℓ에 상당하는 유기산량

산의 종류	상당량(g)	산의 종류	상당량(g)
초산	0.0060	사과산	0.0067
유산	0.0090	주석산	0.0075
호박산	0.0059	구연산	0.0064

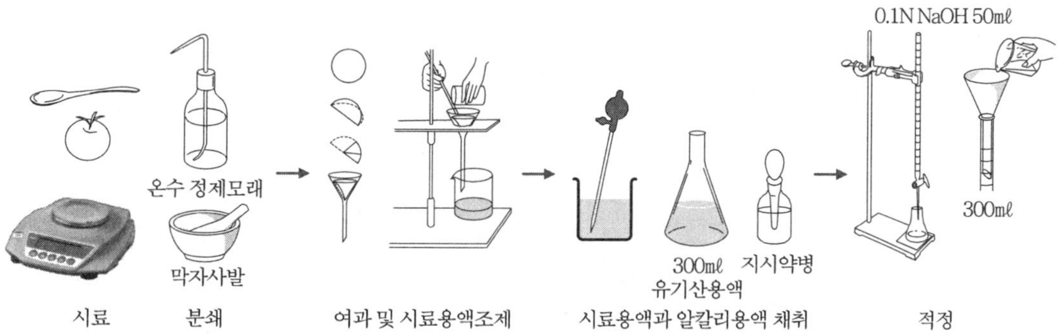

그림 1-5-9. 식품 중 유기산 용액의 함량분석

(3) 계 산

식품중 유기선량은 표 1-5-2에 표시하는 산 중에서 함유량이 많은 어느 하나의 산으로 대표시켜서 표시한다.

$$\text{식품중의 유기산량}(\%) = a \times f \times b \times \frac{100}{25} \times \frac{1}{S} \times 100$$

a : 0.1N 수산나트륨 용액의 적정치

f : 0.1N 수산나트륨 용액의 역가

b : 0.1N 수산나트륨 용액 1mℓ에 상당하는 유기산의 량

S : 시료의 채취량

실험 4호 0.1N Na_2CO_3용액, 0.1N HCl용액, 0.1N NaOH용액, 0.1N H_2SO_4용액 및 0.1N oxalic acid용액의 계산과 조제법 실습

(강의계획서 5째 주)

1. 실험 시간 ; 이론 1시간, 실습 2시간

2. 시약과 기구 등의 준비와 조제 – ■ ☻ (학과 조교님 준비 및 확인)▸

1) 시약 : Na_2CO_3, HCl, NaOH, (H_2SO_4, oxalic acid) 시약 준비

2) 시약, 기구 등 준비 : 스푼(각조), 핀셋(각조), 황산지 또는 파라핀왁스지, 자동전자저울(3대, 자동화학천칭, 0점 조정 등), 둥근메스플라스크(각조, 2개), 피펫 filler(2개), 깔때기(각조), 세척병(각조), 300㎖ 삼각플라스크(각조), 50㎖뷰렛(각조), 철제스텐드(각조), 퐁퐁과 비누, 브러시, cleaning solution(사용된 피펫, 뷰렛을 1일 이상 침지), 휴지,

3. 시약의 조작 : 0.1N Na_2CO_3용액, 0.1N HCl용액 등 시약 조작

4. 실험전 주의사항

실험 5호-A 0.1N Na_2CO_3와 0.1N HCl 용액이나 또는 0.1N oxalic acid와 0.1N NaOH용액의 조제와 중화적정과 역가 실습

(강의계획서 6째 주)

1. 실험 시간 ; 이론 30분, 실습 2시간 30분

2. 시약과 기구 등의 준비와 조제 - ◘ ☻ (학과 조교님 준비 및 확인)▶

1) 시약 : 0.1N Na_2CO_3용액(각조), 0.1N HCl용액(각조), 지시약, 0.1N oxalic acid 조제

2) 기구 및 용기 : 스푼(각조), 핀셋(각조), 황산지, 자동전자저울(0점 조정 등 점검), 철제스탠드, 깔때기(각조), 세척병(각조), 300㎖ 삼각플라스크(각조), 50㎖ 뷰렛(각조), 세척제(퐁퐁)나 비누, 브러시, cleaning solution(사용된 피펫, 뷰렛의 침지, 1일 이상), 보관병, 냉장고(온도, 전기 등 점검)

3. 시약의 조작

1) 0.1N Na_2CO_3용액과 0.1N HCl용액의 적정과 역가계산 실습

2) 0.1N oxalic acid와 0.1N NaOH용액의 적정과 역가계산 실습

4. 실험전 주의사항

실험 5호-B 0.1N H_2SO_4용액과 0.1N NaOH용액 또는 0.1N HCl용액과 0.1N NaOH용액의 적정과 역가 실습

(강의계획서 6째 주)

1. 실험 시간 ; 이론 30분, 실습 2시간 30분

2. 시약과 기구 등의 준비와 조제 - ◘ ☻ (학과 조교님 준비 및 확인) ▸

1) 시약 : 0.1N H_2SO_4용액, 0.1N HCl용액, 0.1N NaOH용액

2) 기구 및 용기 : 사용되는 모든 기구는 실험 5호-A에 준한다.

3. 0.1N H_2SO_4용액과 0.1N NaOH용액 또는 0.1N HCl과 0.1N NaOH용액의 적정과 역가실습

4. 실험전 주의사항

실험 5호-C 식품중의 유기산 함량의 정량분석

(강의계획서 6째 주)

1. 실험 시간 ; 이론 40분, 실습 2시간 20분

2. 시료, 시약, 기구 등의 준비와 조제 - ◘ ☻ (학과 조교님 준비 및 확인)

1) 시료 : 캔 주스 200㎖ 4종

2) 시약 : 0.1N NaOH 조제, bromthymol blue과 neutral red의 혼합지시약

3) 기구 및 용기 : 스푼(각조), 핀셋(각조), 황산지, 자동전자저울(0점 조정 등), 세척병,(각조), 피펫 filler나 홀 피펫(각조), 막자사발과 유봉(각조)이나 분쇄기, 깔때기(각조), 여지, 100㎖ 메스플라스크(각조), 300㎖ 비이커(각조), 50㎖뷰렛(각조), 철제스텐드(각조)

3. 실험전 주의사항

3. 산화–환원 적정법(oxidation & reduction titration)

3–1. 산화–환원의 원리

산화제의 표준액으로부터 환원성물질을 적정하던가 또는 환원제의 표준액으로부터 산화성물질을 적정하는 방법을 **산화·환원적정법(酸化·還元滴定法 : oxidation reduction titration)**이라고 한다. 표준액으로 많이 사용되는 **산화제(酸化劑)**는 $KMNO_4$, $K_2Cr_2O_7$, I_2, Br_2, $KBrO_3$, KIO_4 등이며 **환원제(還元劑)**로서는 $Na_2S_2O_3$, $FeSO_4$, As_2O_3, $C_2H_2O_4$ 등이 있다.

이 방법에 의한 정량에는 $KMnO_4$에 의한 당질의 정량, 무기성분인 Ca 정량이나 $K_2Cr_2O_7$ 등을 이용한 표준용액의 조제 등에 이용되고 있다.

산화적정에 있어서는 보통 과망간산칼륨, 중크롬산칼륨, 옥소산칼륨, 요오드(옥소, iodine), 황산제이셀륨 등을 산화제 표준액으로 하여 피산화물질을 정량하고, **환원적정**에 있어서는 염화제일티탄, 염화제일주석, 아연산 등을 환원제 표준액으로 해서 피환원물질을 정량하고 있다.

1) 과망강산칼륨용액의 조제

고체시약인 과망간산칼륨($KMnO_4$)을 0.1N $KMnO_4$용액 250㎖을 만들기 위하여 다음과 같이 계산에 의하여 일정량을 칭량하여 규정용액을 만든다. $KMnO_4$ 분자량은 158.04

1N $KMnO_4$	1000㎖(1ℓ)	158.04
0.1N $KMnO_4$	250㎖	39.51(158.04÷4)
0.1N $KMnO_4$ 5당량일 경우		39.51÷5=7.90g(1N $KMnO_4$: 158÷5=31.608)
0.1N $KMnO_4$ 3당량일 경우		39.51÷3=13.17g(1N $KMnO_4$: 158÷3=52.676)

2) Sorensen법의 과망강산 칼륨용액의 역가측정

이미 앞장에서 만든 0.1N NaOH용액으로부터 0.1N 수산나트륨($Na_2C_2O_4$)용액(역가 이미 알려져 있음) 25㎖를 홀피펫으로 300㎖용 삼각플라스크에 취하고 묽은 황산용액(1:4) 20㎖, 물 100㎖를 가하여 희석하고 탕욕 상에서 70~80℃로 가열한 다음 식기 전에 0.1N 과망간산칼륨($KMnO_4$)용액으로 미홍색이 될 때까지 적정한다.

3) 계 산

$$0.2\text{N 과망간산칼륨 용액의 역가} = \frac{25\times 0.1\text{N 수산나트륨 용액의 역가}}{\text{과망간산칼륨 용액의 적정치}}$$

$$2KMnO_4 + 5Na_2C_2O_4 + 8H_2SO_4 \rightleftarrows 2MnSO_4 + K_2SO_4 + 5Na_2SO_4 + 10CO_2 + 8H_2O$$

주 의

① 과망간산칼륨 용액은 1분간에 10~15㎖ 이상으로 가해서는 안된다.

② 60℃이하로 용액의 온도가 내려가서는 안된다.

③ 적정에는 갈색뷰렛을 사용하고 액량의 측정에는 액의 윗면에서 눈금을 읽는다.

3-2. 과망강산칼륨용액의 산화·적정 실험

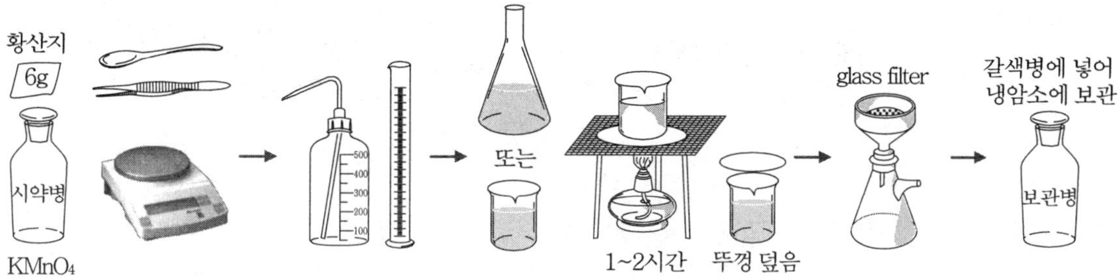

(a) 0.1N $KMnO_4$ 용액조제

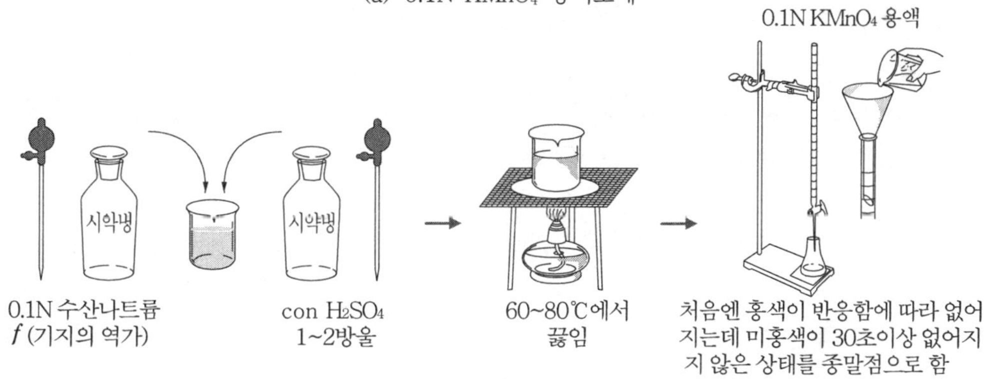

(b) 역가 측정

그림 1-5-10. **과망간산칼륨($KMnO_4$)용액과 0.1N $Na_2C_2O_4$용액의 조제와 역가측정**

3-3. 요오드적정법(Iodimetric titration)

요오드적정법은 산화환원적정법의 하나이나 이용범위가 넓어 따로 다루기로 한다. 요오드(I_2)의 표준용액을 이용한 적정법과 반응하여 유리된 요오드를 $Na_2S_2O_3$의 표준용액으로 적정하는 방법이 있다. 여기서 전자는 Vit. C의 정량에, 후자는 지방의 요오드가 측정, 과산화물가 측정 등에 이용되고 있다. Vit C의 정량은 Vitamin항에서 다루고 과산화물가 측정은 위생실험편에서 다룬다. 요오드적정법(옥소적정법)은 요오드를 산화제로 하는 산화환원적정법의 일종이며 요오드와 티오황산나트륨과는 다음과 같이 반응한다.

$$I_2 + 2Na_2S_2O_3 \rightarrow 2NaI + Na_2S_4O_6$$

이 적정법의 특징은 시료를 미리 요오드화칼륨과 작용시켜서 요오드를 유리시키고 티오황산나트륨으로 적정하는 것이다. 이 반응의 종점은 요오드 자신의 퇴색에 의해서도 알 수 있으나 요오드전분반응을 이용하면 한층 명료하게 된다. 또한, 0.1N 티오황산나트륨을 만들려면 결정 티오황산니트륨 24.8133g을 물에 용해하여 1 ℓ로 하면 0.1N 표준용액이 된다. 역가의 표징은 전분용액을 지시약으로 해서 0.1N 요도드 용액을 사용한다. 0.1N 요도드 용액은 약 20g의 순 요오드화칼륨을 물 약 150㎖에 용해하고 여기에 순 요오드 12.6904g을 용해하고 물을 가하여 1 ℓ로 한다.

실험 6호 산화 · 환원적정법 중 과망간산칼륨용액과 수산나트륨용액

(강의계획서 7째 주)

1. 실험 시간 ; 이론 1시간, 실습 2시간

2. 시약과 기구 등의 준비와 조제 – ◘ ☻ (학과 조교님 준비 및 확인)▸

1) 시약 : 0.1N $KMnO_4$용액과 0.1N $Na_2C_2O_4$용액의 조제, 0.1N NaOH 시약 준비

2) 기구 및 용기 : 스푼(각조), 핀셋(각조), 황산지, 자동전자저울(0점 조정 등 점검), 메스피펫 filler(각조 2개) 또는 홀 피펫, 100㎖과 300㎖ 삼각플라스크(각조), 250㎖ 둥근메스플라스크, 항온수조나 hot plate(온도유지 및 전기 점검), 50㎖ 갈색뷰렛, 철제스텐드, 세척제(퐁퐁)와 비누, 브러시, cleaning solution(사용 피펫의 침적, 1일 이상)준비

3. 과망간산칼륨용액과 수산나트륨용액의 조작과 역가측정

4. 실험전 주의사항

3-4. 식품 중의 산화환원의 정량 실례

1) 계란껍질 중의 칼슘의 정량

(1) 칼슘정량의 원리

계란껍질(주성분 탄산칼슘)을 염산으로 분해하여 염화칼슘의 형태로 변화시킨다. 이 칼슘이온(Ca^{2+})을 암모니아성 미알칼리에서 수산이온($C_2O_4^{2-}$)과 정량적으로 반응시켜 수산칼슘으로서 침전시켜 분리한다. 최후에 이 침전을 황산으로 분해하여 수산을 유리시키고 이것을 N/10 과망간산칼륨용액으로 적정하여 수산량을 측정하고 이 값에서 칼슘량을 구한다.

$Ca^{2+} + C^2O_4^{2-} \rightarrow CaC_2O_4$

$CaC_2O_4 + H_2SO_4 = CaSO_4 + H_2C_2O_4$

$5H_2C_2O_4 + 2KMnO_4 + 3H_2SO_4 = K_2SO_4 + 2MnSO_4 + 10CO_2 + 8H_2O$

(2) 시 약

N/10 과망간산칼륨용액(역가 이미 알려져 있음), 2N 수산화암모늄, 3%수산용액 묽은 황산용액(1 : 4), 묽은 염산용액(1 : 1), 2N 황산용액

(3) 조 작

분쇄한 계란껍질 1~2g을 계량하고 증발접시에 옮겨서 소량의 묽은 염산을 가하여 탕욕 위에서 가열 용해하고 다시 가열을 계속하여 증발 건조한다. 이 잔사에 묽은 염산과 물을 가하여 가열 용해한 다음 500㎖용 메스플라스크에 여과하면서 옮겨 넣는다. 이 희석액 25㎖를 홀피펫으로 100㎖용 비이커에 취하고 2N 수산화암모늄 용액으로 약간 알칼리성으로 하고 3% 수산나트륨용액을 적하하여 침전을 완결시킨다. 탕욕 위에서 1시간 가열하여 침전의 입자를 크게 한 다음 경사여과하고 침전을 충분히 수세한다.

(4) 적 정

받침그릇을 300㎖용의 삼각플라스크와 교환하고 여지에 교반봉으로 구멍을 뚫고 세정병을 사용해서 침전을 삼각플라스크 중에 옮긴다. 다시 여지에 2N 황산용액 10㎖를 붓고 다시 물로 세정한다. 최후에 묽음 황산(1 : 4) 20㎖를 가하여 탕욕 위에서 70~80℃로 가온하고 N/10과망간산칼륨용액으로 미홍색이 될 때까지 적정한다.

(5) 계 산

$2(KMnO_4) \equiv 5(H_2C_2O_4) \equiv 5Ca$

위 식에서 0.1N 과망간산칼륨용액 1㎖는 0.0020g의 칼슘에 상당한다. 따라서 칼슘량은 다음 식으로 산출된다.

$$\text{계란껍질 중의 칼슘량}(\%) = a \times f \times 0.0020 \times \frac{500}{25} \times \frac{100}{S}$$

a : 0.1N 과망간산칼륨 용액의 적정치

f : 0.1N 과망간산칼륨의 역가

S : 시료의 전량

주 의

① 염산을 가할 때 CO_2의 발포에 의한 액의 일출이 없도록 한다.

② 황산의 첨가량은 적정용액에 있어서의 황산농도가 3N보다 저하해서는 안 된다. 0.1N 과망간산칼륨용액으로 적정할 때 액이 만약 갈색으로 변하거나 또는 침전이 생기거나 했을 경우에는 황산의 량이 부족하기 때문이므로 다시 황산을 가한다.

4. 침전적정법

4-1. 침전적정법의 원리

침전적정법(precipitating titration)은 시료에 표준용액을 가하여 용해도가 작은 물질을 생성시키는 반응, 즉 침전생성반응을 이용해서 물질의 양을 아는 방법이다. 특히 식품분석에서 이용되고 있는 침전법에 의한 용량분석은 질산은($AgNO_3$)을 표준용액으로 하여 식염(NaCl)을 정량하는 은적정법(銀滴定法, argentimetry)이 응용되고 있다.

킬레이트적정법(chelate titration : 錯鹽滴定法)은 어떤 금속이온이 금속지시약과 반응하여 정색현상을 나타내므로 이것을 이용하여 킬레이트표준액으로 적정하는 방법을 일컫는다. 일반적으로 금속이온은 킬레이트 시약인 EDTA, NTA 등과 반응하여 안정한 금속킬레이트화합물을 형성하므로 당량점에서 금속지시약이 유리하여 본래의 지시약 색깔로 환원되어 변색된다.

4-2. 식품중의 염화나트륨의 정량

1) 시 약

10% 크롬산칼륨용액, 0.02N(N/50) 질산은용액(역가 이미 알려져 있음)

(1) 0.02N 질산은용액의 표준용액 조제와 역가측정

0.02N 염화나트륨용액(역가 이미 알려져 있음) 25㎖를 홀피펫으로 200~300㎖용 삼각플라스크에 취하고 10% 크롬산칼륨 1㎖를 가하여 0.02N 질산은 용액으로 크롬산은의 적갈색 침전이 생길 때까지 적정한다. 역가는 식에 의해 계산한다.

$$0.02\text{N 질산은 용액의 역가} = \frac{25\times0.04\text{N 염화나트륨 용액의 역가}}{0.02\text{N 질산은 용액의 적정치}}$$

2) 시료의 조정

시료를 칭량하고 액체시료인 경우는 그대로, 고형시료인 경우는 물을 가하여 염화나트륨을 가열 침출 여과하고 어느 것이나 적당 농도가 되도록 시료용액을 조정한다.

3) 적 정

시료용액 25㎖를 홀피펫으로 200~300㎖용 삼각플라스크에 취하고 물 100㎖를 가하여 희석하고 10% 크롬산칼륨용액 1㎖를 지시약으로서 가한다. 이것을 0.02N 질산은 용액으로 미적갈색으로 될 때까지 적정한다.

4) 계 산

$AgNO_3 + NaCl = AgCl + NaNO_3$의 화학식으로부터 다음 식에 의해 염화나트륨량을 구한다.

$$\text{식품중의 염화나트륨 량}(\%) = a \times f \times 0.00117 \times \frac{D}{25} \times \frac{1}{S} \times 100$$

a : 0.02N 질산은 용액의 적정치

f : 0.02N 질산은 용액의 역가

D : 희석 시료액의 전량

S : 시료의 채취량

Chapter 6 중량(무게)분석법

1. 중량분석법의 정의와 원리

중량(무게)분석은 천칭(天秤)에 의해 시료를 칭량(秤量 : weighing)하여 분리된 성분의 양을 알아내거나 혹은 일정 성분을 분리, 침전, 여과하여 칭량을 행하는 방법을 말한다. 이 방법의 이용에는 수분의 정량, 조회분의 정량, 조섬유의 정량법이 사용되고 있다.

더 구체적으로 말하면 중량분석의 원리는 정량하려고 하는 성분을 칭량할 수 있는 방향으로 하여 다른 성분으로부터 분리한 다음, 화학천칭 등으로 그 중량을 구하고 재료로부터 목적하는 성분을 백분율로 구하는 방법이다. 중량분석은 분리조작의 방식에 의해서 침전법(沈澱法), 전해법(電解法), 휘발법(揮發法), 추출법(抽出法)의 4종으로 분류된다. 그 중에서도 침전법이 가장 많이 사용되고 있다.

그림 1-6-1. 중량분석을 위한 천칭의 종류

2. 중량분석의 일반적 조작

2-1. 시료조제와 칭량

시료조제는 분쇄 및 마쇄에 의해서 적당히 가루로 만든 것을 시계접시, 또는 칭량병에 취하여 칭량한다. 이 양은 대개 건조식품의 경우 0.5~1.0g 정도가 적당하다. 여기서 주의할 점은 시료의 건조상태이며 어떤 상태로 칭량 했는가를 분석 결과의 기록에 반드시 명기한다.

2-2. 시료의 용해

시료를 물 또는 산 등 적당한 용매에 용해한다. 만약 용해하기 어려울 때는 일단 융해를 한 후에 용해한다. 융제로서 정량분석에 많이 사용되는 것에는 탄산나트륨, 산성황산나트륨, 과산화나트륨 등이 있다.

2-3. 침전의 처리

1) 침전의 생성법

침전법에서는 먼저 침전을 정량적으로 생성시켜야 한다. 그리고 이를 위해서는 ① 용액의 수소 이온농도, ② 침전제의 첨가량, ③ 용액의 온도와 침전의 용해도 등에 주의하여야 한다.

① 용액의 수소이온 농도

용액의 pH를 적당히 하지 않으면 침전을 정량적으로 생성시킬 수가 없다. 예를 들면 양이온제 2족을 황화수소로 침전시킬 때에도 그 일례이다.

② 침전제의 첨가량

당량보다 많은 침전제를 가하는 것은 시약의 낭비, 오차의 증대를 일으키므로 너무 과잉하게 가하는 것은 피해야한다.

③ 용액의 온도와 침전의 용해도

침전 입자를 성장시켜서 큰 입자로 만들고 침전의 용해도를 작게 하여 불순물의 흡착을 적게 하는 동시에 여과, 세정조작을 용이하게 하기 위해서 침전제 첨가 후 가온하여 용액의 온도를 높이는 것이 보통이다.

2) 여과 및 세정

침전을 모액으로부터 분리하는 가장 보편적인 방법이 여과법이며, 이것에는 경사법, 흡인여과법 등이 있다. 다음에 보다 완전히 모액으로부터 침전을 분리시키기 위해서는 침전의 세정을 행한다. 이 경우, 1회의 세정에 다량의 세정액을 사용하여 세정회수를 줄이는 것보다는 매회 소량의 세정액을 사용해서 여러 번 씻는 것이 유효하다.

3) 침전의 강열(强熱)

중량분석에 있어서는 최후에 침전을 작열 연소시켜 이것을 칭량한다. 이 경우 여과에 Gooch도가니를 사용한 경우에는 침전을 이 도가니와 함께 작열시킬 수가 있으나 여지로 여과했을 경우에는 이것을 자기제(磁器製) 또는 금속제 도가니 속에서 작열시키지 않으면 안된다. 이 조작을 행하는 것은 침전중의 수분을 제거하여 중량을 일정하게 하기 위한 것이다. 또 가열에 의해 화학변화를 일으켜서 별개의 화합물로 바꾸어서 칭량하는 방법도 있다. 어느 방법을 막론하고 작열의 온도는 중요하며 각각의 화합물에 대해서 일정한 작열 온도가 정해져 있으므로 주의한다.

4) 칭 량

이렇게 해서 만들어진 것을 화학천칭 등으로 칭량하고 그 성분의 원시료 중에 있어서의 백분율을 계산한다.

3. 중량분석의 실례

3-1. 황산의 정량

1) 정량의 이론

황산을 물 및 산에 극히 잘 녹지 않는 황산바륨으로 침전시키는 것이다.

$SO_4^{2-} + BaCl_2 \rightarrow BaSO_4 + 2Cl^-$

실험에 있어서는 다음 점에 주의한다.

① 황산바륨의 침전중에 염화바륨이 혼입하기 때문에 생기는 오차

② 황산바륨의 침전에 대한 용해도가 증가하기 때문에 일어나는 오차

2) 정량조작

여기서는 일반 식품상 분석의 중요도로 보았을 때 생략한다.

Chapter 7 물리화학분석법 등

1. 물리화학분석(物理化學分析)의 정의와 분류

물리화학분석(physicochemical analysis)이란 각각의 물질이 가지고 있는 고유의 성질, 빛의 흡수특성, 특정물질의 피흡착성 등을 이용해서 성분물질을 분리하거나 측정하거나 하는 분석법을 말한다. 물리화학분석은 일반의 화학분석에 비해서 **미량성분의 정성분석 및 정량분석, 유사성분의 분리분석**에 널리 이용된다. 물리화학분석의 측정에는 **광전광도계, 가스크로마토그래피** 등의 복잡한 분석기기가 사용되는 일이 많아서 **기기분석(機器分析)**이라고도 한다.

2. 광분석(光分析, 광도계법, Photometry)

광분석은 각 물질이 가지고 있는 광학적 성질에 기초하여 정성이나 정량을 하는 분석법이다. 이용되는 광학적 성질에는 가시광선, 자외선, 적외선의 흡수, 고온에서의 발광현상, X선 등이 있으나 특히 가시광선의 흡수는 비색정량법으로서 정량분석에 널리 이용되고 있다. 또 자외선 및 적외선의 흡수는 유기물질의 정성에 널리 사용된다.

1－1. 비색분석법(比色分析法 : colorimetric analysis)

시료용액에 적당한 시약을 가하여 착색시키고 그 용액중의 색의 농도를 측정하거나 비교 조사하여, 목적 물질의 양을 알고자 하는 방법을 **비색(정량)분석(비색법, colorimetry)**이라 한다. 이 방법은 미량의 성분이라도 분석이 가능하므로 현재 널리 사용되고 있다. 비색분석에는 여러 가지가 있으나 대표적인 것은 다음과 같다.

① 표준계열법(비색관을 사용)
② 평형법(듀보스크비색계를 사용)
③ 흡광측정법(광전비색계 분광광전광도계를 사용)

표준계열법에 의한 비색법은 액층의 두께가 같은 몇 종의 농도가 다른 표준용액과 시료용액에 동일한 강도의 빛을 조사하여 시료용액의 색의 농도를 표준용액의 농도와 비교하여 정량하는 방법이다.

듀보스크비색계에 의한 비색법은 표준용액과 시료용액을 바닥이 편편한 비색관에 넣고 위쪽에서 보아서 색의 농도가 같도록 액층의 높이를 조절하여 그 높이를 측정하여 시료액의 농도를 구할 수 있는 비색법이 평형법이다. 이 비색에는 **듀보스크비색계**(Duboscq's colorimeter)가 사용된다.

광전비색계에 의한 비색법은 여러 종의 표준용액의 투과율 또는 흡광도을 측정하고 이로부터 그래프를 그려놓고, 같은 방법으로 처리한 시료의 농도를 이 검량선(檢量線)에서 구하는 비색법이 흡광측정법이라고 한다. 흡광측정에 사용되는 장치에는 광전비색계(光電比色計), 분광광도계(分光光度計; 분광측정기) 등이 있다. 이들은 용액의 투과성을 광전자 또는 광전관에 비쳐서 그 강도를 전류의 크기로 바꾸어서 증폭하고 전류계를 읽는다. 이 방법은 육안비색계(肉眼比色計)에 비해서 신속하게 미량의 성분을 정확히 측정할 수가 있고, 또한 가시광선 이외의 적외선 및 자외선까지 이용할 수 있으므로 아주 널리 이용하는 분석법이다. 특히 분광광전광도계(分光光電光度計 : photoelectric spectrophotometer)를 사용해서 측정하는 **분광광전광도법(分光光電光度法)**은 분석감도가 높고 미량성분이나 다성분계(多成分系)의 비색분석에 대표적으로 이용되는 정성 및 정량분석법이다.

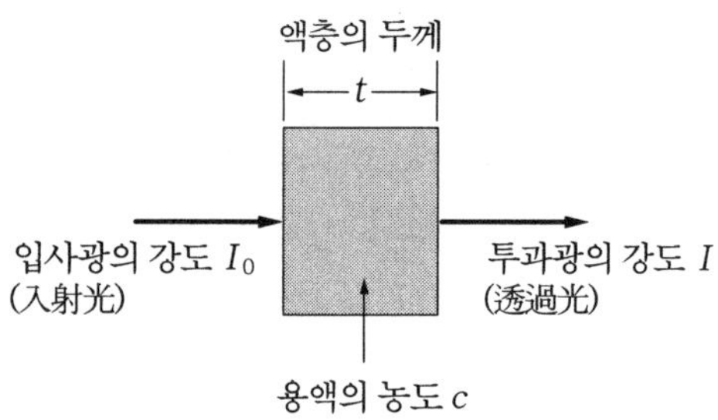

강도 I_o 의 단색광이 액층에 입사(入射)투과광의 강도가 I가 되었을 때 $I = I_o \times 10^{-kct}$의 식이 성립된다.

단, k: 정수(定數)

c : 용액의 농도

t : 액층이 두께

(a) 광분석의 원리

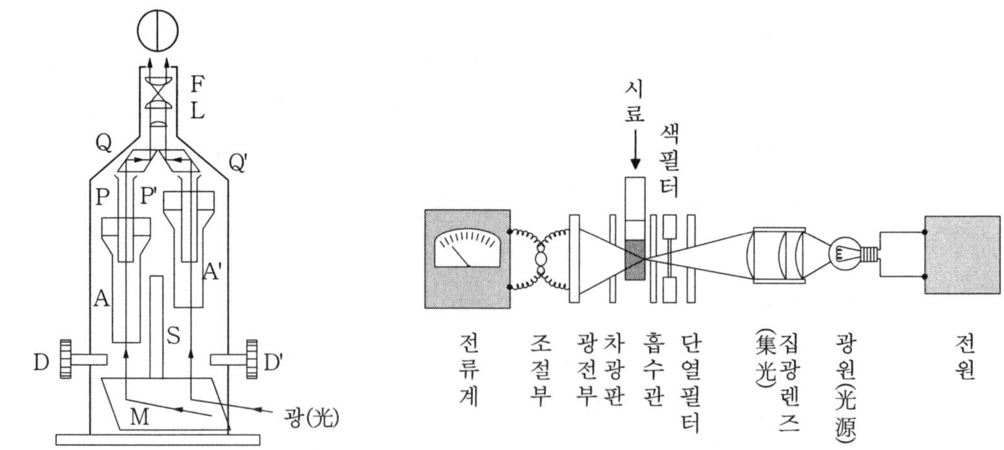

(b) 듀보스크 비색계의 구조

(c) 광전비색계의 구조

1-7-1. **광분석의 원리와 듀보스크비색계 및 광전비색계의 구조**

광전비색계에 의한 비색법은 여러 종의 표준용액의 투과율 또는 흡광도을 측정하고 이로부터 그래프를 그려놓고, 같은 방법으로 처리한 시료의 농도를 이 검량선(檢量線)에서 구하는 비색법이 흡광측정법이라고 한다. 흡광측정에 사용되는 장치에는 광전비색계(光電比色計), 분광광도계(分光光度計; 분광측정기) 등이 있다. 이들은 용액의 투과성을 광전자 또는 광전관에 비쳐서 그 강도를 전류의 크기로 바꾸어서 증폭하고 전류계를 읽는다. 이 방법은 육안비색계(肉眼比色計)에 비해서 신속하게 미량의 성분을 정확히 측정할 수가 있고 또 가시광선 이외의 적외선 및 자외선까지 이용할 수 있으므로 아주 널리 이용하는 분석법이다. 특히 분광광전광도계(分光光電光度計 : photoelectric spectrophotometer)를 사용해서 측정하는 **분광광전광도법(分光光電光度法)**은 분석감도가 높고 미량성분이나 다성분계(多成分系)의 비색분석에 대표적으로 이용되는 정성 및 정량분석법이다.

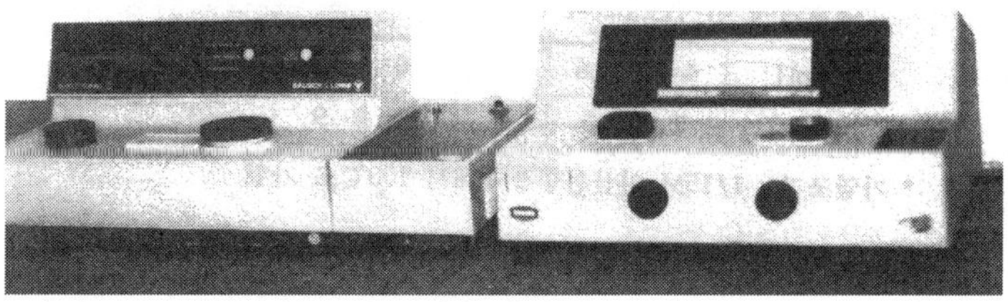

(a) 광도계

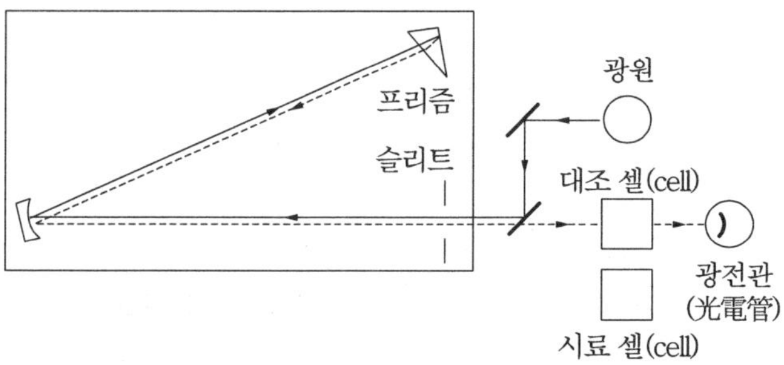

(b) 가시부 · 자외부 분광광도계의 광학계

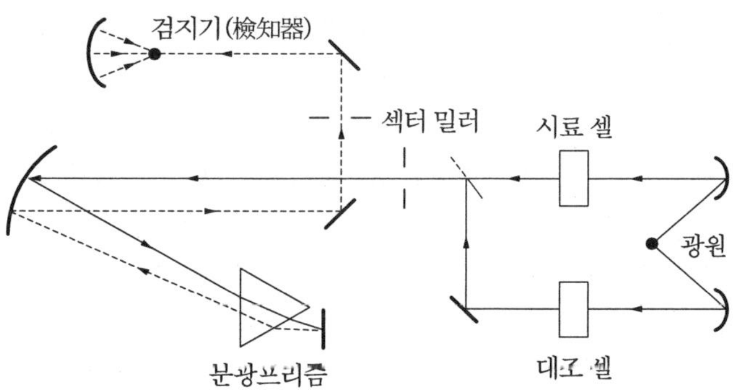

(c) 적외분광광도계의 광학계

그림 1-7-2. **분광광전광도계**(Spectrophotometer)

2-2. 형광광도계와 탁도계에 의한 정량분석

1) 형광광도분석과 비탁분석의 정의와 분류

식품 중에 측정하려고 하는 시료의 성분이 고농도일 때에는 비색 등에 의해서 정량할 수 있다. 그러나 함유량이 적은 시료의 분석에 있어서는 형광분석(螢光光度計)이 바람직하며 또는 현탁액 등은 탁도계(濁度計)를 사용하여 측정하는 것이 바람직하다.

식품, 의약품, 농약 등에는 형광을 발하는 형광물질이나 형광물질로 변할 수 있는 것들이 많이 존재한다. 형광광도계(螢光光度計, fluorophotometer)는 이러한 형광물질을 분석하고 정량하는 기기인데 이것의 원리는 형광물질을 포함하고 있는 시료에 자외선 또는 가시광선을 발사하여 발생하는 형광(螢光)을 광전관에 받아서 이것의 광도를 전기적으로 측정하고, 이것으로부터 함유량을 알게 된다.

형광분석은 Vitamin B_1, Vitamin B_2, Vitamin B_6의 정량에 사용되고 있다. 이들은 알칼리성에서 산화하거나 또는 광분해하면 이 비타민들이 형광을 발하기 때문에 여기에 자외선을 조사하여 발광하는 형광의 강도를 측정하여 함량을 구한다. 조작법은 광전비색계와 비슷하므로 여기에 준해서 하면 된다.

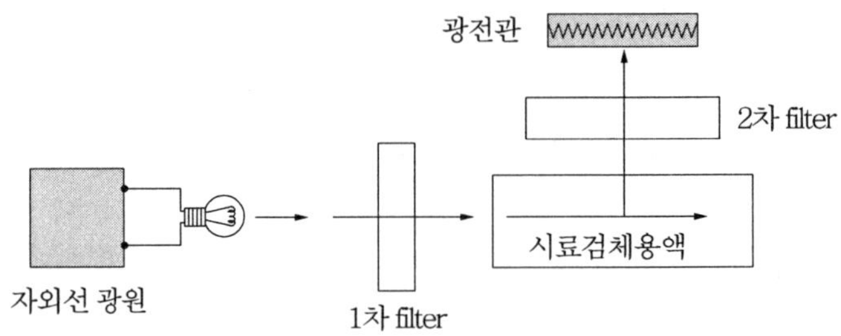

그림 1-7-3. **형광광도계의 원리**

탁도계에 의한 **비탁분석(比濁分析)**은 피정량물질의 탁도에서 혼탁물질이 산란하는 빛을 이용하여 그 함량을 측정하는 방법이며, 혼탁물질이 산란하는 빛을 광로와 직각의 각도에서 측정하는 방법 및 적분구를 사용하여 산란광을 모아서 측정하는 방법이 있다.

그 밖에 광분석법에는 염광광도계(flame photometer)를 이용한 **염광분석법(炎光分析法)**, 파장이 0.1Å~100Å까지의 영역을 이용한 **X선분석법**, 그리고 이들을 혼합한 **형광X선법**, 방사능을 이용하여 방사선이 물질에 작용하여 일어나는 현상(형광 등)을 이용해서 검출하는 방사능측정기에 의한 **방사능분석법** 등이 있다. 이들은 원소나 특정미량성분 등을 분석한다.

2) 분광광전광도법과 흡수곡선

분광광전광도법(分光光電光度計)은 분광광전광도계를 사용해서 측정하는 방법이다. 분광광전광도계는 광전비색계의 필터대신 단색광기(monochrometer)라는 것을 사용하고 또 수광은 광전관에 투과광을 조사하여 측정하는 장치이다. 이것에는 Coleman형과 Beckman형이 있고 근년에는 광전류를 자동적으로 기록하는 장치도 있다. 광원에서 나온 빛을 모노크로미터를 통해서 단색광으로 분광하고 시료에 보내어 흡수시키고 투과광의 강도를 광전관을 사용해서 전류로 변환시켜 측정 또는 기록시키는 방법을 **분광광전광도법**이라 한다. 그 측정에는 분광광전광도계(photoeletric spectrophotometer)를 사용한다. 최대 흡수를 나타내는 파장을 사용해서 측정할 수 있으므로 분석감도가 높고 미량성분·다성분계의 비색분석에 적용되며, 또한 흡수곡선을 측정함으로써 물질의 정성에 널리 응용된다.

3. 크로마토그래피(Chromatography)

크로마토그래피(chromatography)는 물질을 분리하는 방법의 하나이다. 그 원리는 다공질의 고정상 사이에 이동상을 유입하여 물질이 두 상 사이에 분배하는 차이를 이용해서 서로 성질이 유사한 물질을 상호 분리하려고 하는 것이다. 이동상으로서는 액체 또는 기체가 사용된다.

3-1. 크로마토그래피(chromatography)분석법의 종류

1906년 폴란드 M. S. Tsvet이 식물의 색소(chlorophyll a와 b 등)를 흡착·분리하는데 성공한 이래, 1945년 A. J. P. Martin 등에 의해 여지를 고정상으로 하는 종이(페이퍼) 크로마토그래피가 시험에 이용되었고 생화학연구에 널리 이용되기 시작하였다.

크로마토그래피는 그리스말에서 '색깔(chroma)을 기록(graphos)한다'는 뜻에서 연유되었지만 이 방법은 혼합물에서 각 물질의 특성 차이를 이용하여 여러 가지 성분을 분리하는 방법의 하나이다. 즉, 그 원리는 다공질(多孔質)의 고정상(固定相 : fixed phase, stationary phase)사이에 이동상(移動相 : mobile phase)을 유입하여 각 물질이 두 상 사이에 분배 또는 흡착 등에 의한 물질의 이동속도 차이를 이용해서 서로 성질이 유사한 물질을 상호 분리하여 시험하는 방법이다. 이동상으로는 액체 또는 기체가 사용된다.

크로마토그래피를 특성적으로 분류하면 다음과 같이 세 분야로 나누어 볼 수 있다.

① 분배 크로마토그래피: 종이(페이퍼) 크로마토그래피(paper chromatography), 박층 크로마토그래피(thin layer chromatography, TLC)

② 흡착 크로마토그래피: 액체 크로마토그래피(liquid chromatography, LC), 이온교환 크로마토그래피(ion exchange chromatography)

③ 가스 크로마토그래피(gas chromatography, GC)

다른 분류방법 중에는 이동상의 차이에 따라 기체를 이동상으로 하는 가스 크로마토그래피(GC)와 액체를 이동상으로 하는 액체 크로마토그래피(LC)로도 나눈다. 더 나아가 액체 크로마토그래피는 칼럼 크로마토그래피(column chromatography), 박층 크로마토그래피(thin layer chromatography) 및 종이 크로마토그래피(paper chromatography) 등으로도 나눈다.

3-2. 종이 크로마토그래피의 요점

이 방법은 밀폐용기 중에서 시료용액을 여과지[sheet형(넓은 형태), strip형(길고 가느다란 형태), disc형태의 종이]의 원점 상에 spot하여, 건조 후 적당한 전개용매(展開溶媒)를 사용하여 상승법(上昇法 : ascending method)이나 하강법(下降法 : descending method) 및 수평법(水平法 : horivontal method)을 이용하여 전개한다. 또한 전개는 방법에 따라 한 방향으로 1회만 전개하는 1차원법(one-dimensional method)과 넓은 여과지를 사용하여 1차 전개 후 직각 방향으로 돌려 제2의 용매로 전개하는 2차원법(two-dimensional method)이 이용된다. 그리고 여과지 위에 전개 분리한 각 성분의 위치를 화학적, 물리적 또는 생물학적으로 검출하고 시료 중에 함유되는 각 성분의 정성을 행할 수 있다.

여과지 종이는 순수한 cellulose로서 극히 일부 Cu와 무기물이 있고 lignin은 없다. 그리고 전개되는 용매에는 유기물 분리에 사용되는 용매로서 ① n-butanol·acetic acid·물(4 : 1 : 2) 혼합용액(이하 같다), ② phenol·물, ③ collidin·물, ④ pyridine·butanol 물(3 : 4 : 7), ⑤ 2차원용용매 등이 있다. 무기 ion용매로는 ① acetone·conc HCl·물, ② butanol dil. HCl용액이 사용되고 있다.

이 방법은 장치나 조작방법이 간단하고 시료도 적게 들며, 유기물이나 무기물의 성분을 분리, 검출하는데 널리 이용된다. 식품 분석에서는 아미노산의 검출은 물론 당, 유기산, 색소 등의 정성분석에 적용범위가 매우 넓다. densitometer 등의 측정기를 사용하면 성분의 정량을 할 수도 있다.

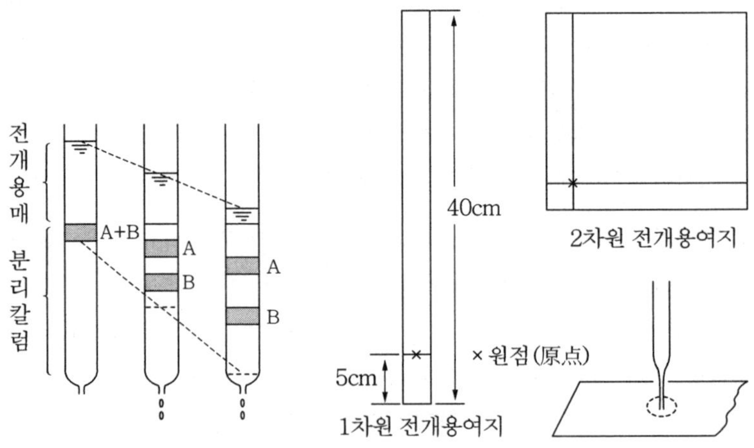

(a) 크로마토그래피의 원리 (b) 페이퍼 크로마토그래피용 여지

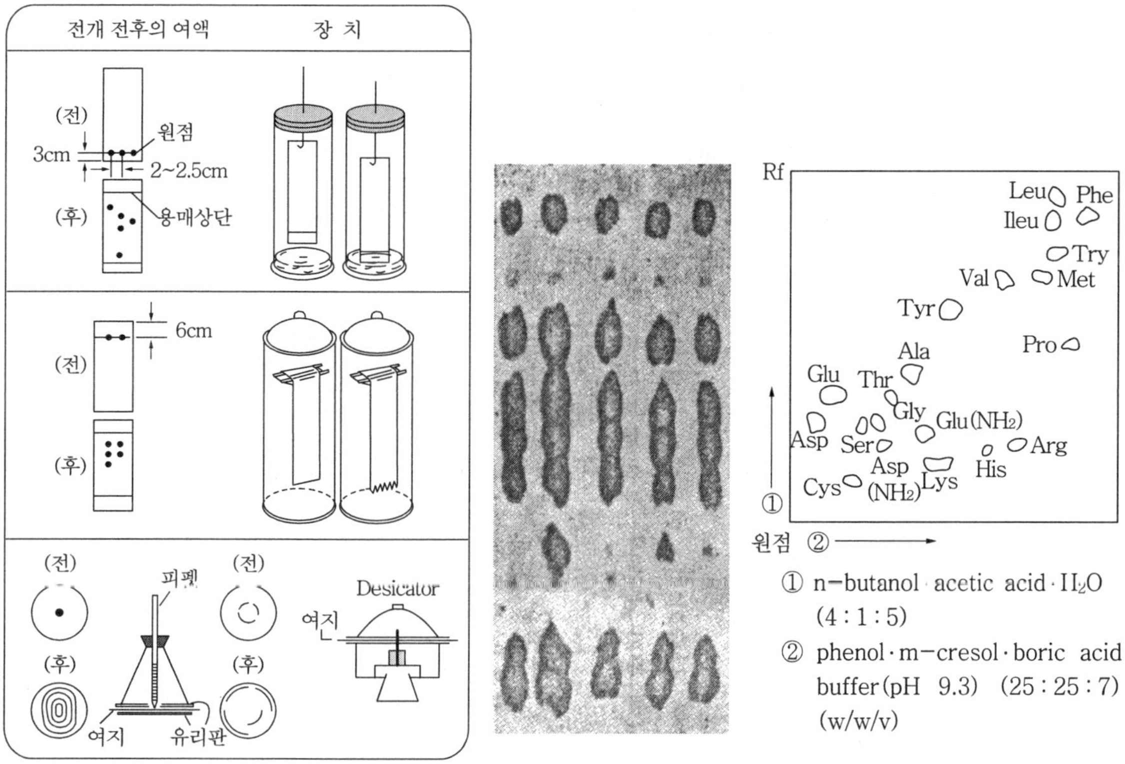

(c) 상승, 하강, 수평식 페이퍼 크로마토그래피 (d) (e) amino산의 2차원 크로마토그래피

그림 1-7-4. **종이 크로마토그래피**

3−3. 박층 크로마토그래피(thin layer chromatography : TLC)의 요점

박층 크로마토그래피(Thin layer chromatography, TLC)는 1938년 Izmaiov가 최초로 발표하고 1956년 E. Stahl에 의해 시작, 보급시켰으며 전개장치, 전개조건은 paper chromatography와 원리로는 같으나 사용하는 여과지 대신 유리판에 alumina, silica gel 등을 얇은 두께 층으로 도포한 것을 사용하는 것이 다르고 전개시간이 짧고 분리능력도 좋은 특징을 가지고 있으나 박층 크로마토그래피 판(chromato plate)을 만들어 사용해야 한다.

박층 크로마토그래피는 고정상으로서 사용되는 분말과 물을 혼합한 현탁액을 평평한 유리판 위에 일정한 두께의 박층으로 넓힌 다음 여분의 수분을 건조하여 제거한 것을 고정상으로 사용하고 이동상의 액체를 박층에 스며들게 하는 방법으로 전개 분리를 행한다.

박층 크로마토그래피는 steroid, alkaloid, carotene류나 xanthophyll류 등의 색소 등 미량분석에 널리 응용되고 있다. 주로 정성용이지만 spot를 응용하여 정량분석을 할 수도 있다. 조작 방법은 종이 크로마토그래피를 참조한다.

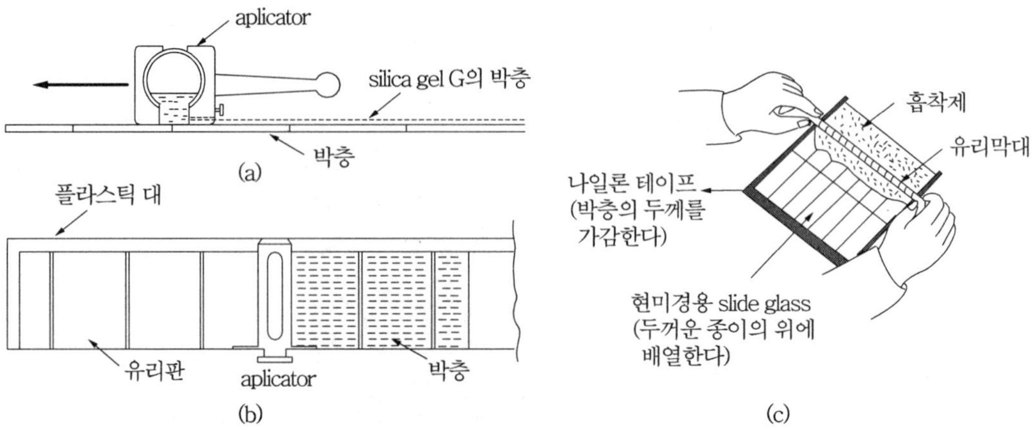

그림 1-7-5. **박층 크로마토그래피 plate 만드는 법**

3-4. 액체(고속) 크로마토그래피(liquid chlomatography : LC or HPLC)의 요점

액체 크로마토그래피(liquid chromatography)는 컬럼(column)을 사용하여 전개용매인 액체를 흘려보내기 때문에 통상 **컬럼 크로마토그래피(column chromatography)**라고도 한다. 이 LC는 고정상으로는 유리관 등에 흡착제를 채운 분리 column을 사용하고 이동층으로서는 전개용매인 액체를 사용한다.

전개용매로는 석유 ether, chloroform, benzene, acetone, 사염화탄소(CCl_4), cyclohexane, pyridine, alcohol 등이 단독 또는 혼합액으로 사용된다.

그 원리는 그림 1-7-6과 같이 분리 column의 상단에 성분 A와 B의 혼합시료를 올려놓고 이동상의 액체를 유하시킴으로써 성분 A와 B의 흡착제에 대한 피흡착성의 강약의 차이에 의해서 일어나는 분리 column 위에서의 이동 속도의 차를 이용해서 성분 A와 B를 분리하는 것이다. 이 경우에 충분한 양의 용매를 유하시켜 각 성분을 column으로부터 용출시키는 용출법과 각 성분이 column 위에서 분리한 band상태로 된 곳에서 조작을 끝내는 흡착 band법의 두 가지가 있다. 현재 흡착밴드법은 색소 등에 사용될 뿐이고 일반적으로는 용출법이 널리 사용되고 있다. 용출액의 각 부분을 시험관에 분취하기 위해 각종의 작동식 fraction colletor가 만들어지고 있다.

또 **고속 액체크로마토그래피(high performance liquid chromatography : HPLC)**는 시료의 신속 · 정확한 분석을 목적으로 특별한 장치를 이용한 컬럼 크로마토그래피의 일종이다. HPLC는 1971년 Kirkland가 화학결합형 충진제를 개발한 이후로는 시료의 분석에 극성용매를 사용함으로써 그 이용범위가 매우 넓어졌다.

시료 분리 면에서 GC는 단순히 시료와 충전제의 관계만 고려하면 되지만 분리인자가 2종류로 한정되어 제한을 받게 된다. 그러나 HPLC는 시료, 충진제, 용매의 3자간의 물리화학적 상호작용을 고려하여 복잡하지만 기계부품이나 컬럼기술 등의 발달로 분자량이 큰 유기화합물 시료를 비롯하여 다양한 성분을 분석하고 있다.

다시 말해 다양한 충진 **column(분리관)**의 종류와 용매에 따라 식품성분의 분석은 다양하다. column은 구멍이 있는 튜브형 stainless steel 소재가 주를 이루며 길이는 약 10~30cm정도이고 내경의 범위는 1~5mm로서 4.6~5mm인 칼럼을 많이 사용한다. 충전물의 입자는 5~10 μm가 많이 사용되고 있다.

그리고 HPLC는 시료가 상온에서 용해가 불가능하여 가온할 필요가 있는 경우를 제외하고는 온도와 관계없이 용매에 용해되는 시료에는 모두가 분리가 가능하다. HPLC는 대부분 용출법으로 하며 여러 가지 검출기(detector)를 이용하여 각 peak 별로 면적이 기록되면 그 면적을 비교, 검토할 수 있다.

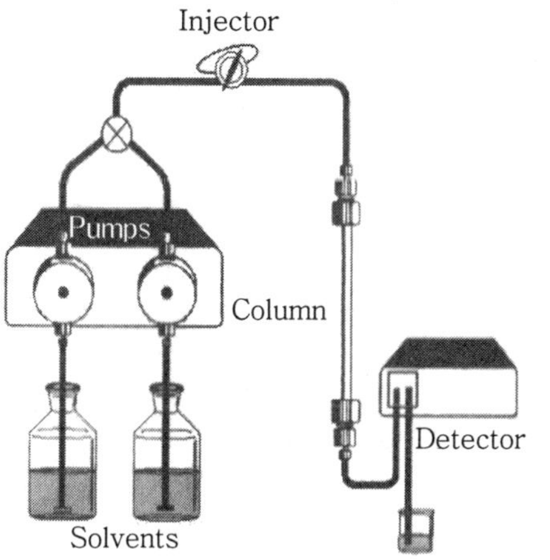

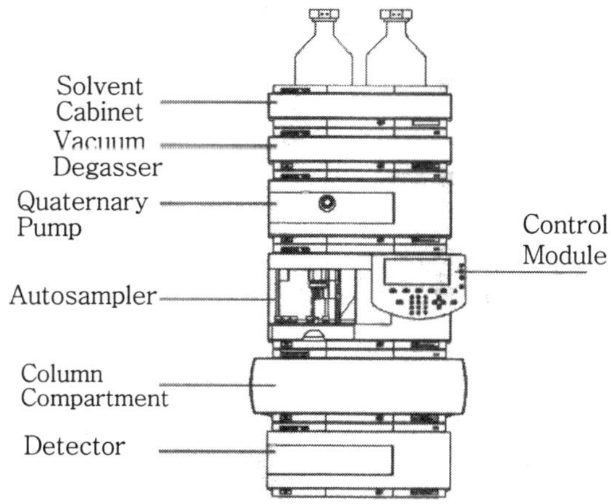

그림 1-7-6. **고속액체 크로마토그래피의 구조도형**

3-5. 가스 크로마토그래피(gas chromatography : GC)의 요점

가스크로마토그래피(Gas chromatography, GC)는 1952년 A, J. P. Martin 등에 의해 처음 발표된 이래 화학분석에 획기적인 발전을 가져왔다. 그 후 급속히 발전하여 많은 화학분야에서 가장 유력한 분석수단이 되었다.

가스 크로마토그래피의 원리는 종래의 액체크로마토그래피(LC)와 같지만 액체크로마토그래피가 이동상(전개제)으로서 액체를 사용하는데 대해 기체를 사용하는 점이 다른 특징이다. 그러므로 분석소요시간이 대폭 단축할 수가 있으나 기화(氣化)하기 어려운 물질에 응용하려면 전처리를 필요로 하고 또 기체상태에 있는 성분을 검출하지 않으면 안되므로 자동기록식의 분석장치를 사용하여야 하나 미량의 향기성분을 검출할 때에는 인간의 코를 사용하기도 한다.

활성탄이나 alumina와 같은 흡착제를 충전한 column이나 celite와 같은 담체지지체(支持体 : support)에 고정상이 되는 액체를 함유한 충전 column 또는 모세관 column을 사용하여 칼람의 입구에 시료를 주입한다. 운반기체는 He가스, H_2가스, N_2가스, Ar_2가스 등 불활성가스를 column에 이동시켜 유출시킨다. 시료성분은 흡착 또는 분배되어 있는 비율에 따라 이동속도에 차이가 생겨 각 성분은 분리되어 column으로부터 유출되고 열전도도 검출기 등에 전달, 검출되면 선택에 따라 성분은 정성과 정량으로 분석된다.

GC의 구조는 이동상인 기체와 시료액을 주입하는 injection port, 분리가 일어나는 column, 분리된 성분을 검출하는 detector 및 검출을 전기적 신호로 변환하는 recorder 등으로 이루어졌다.

GC에 의한 식품분석은 지방산 등 다양한 많은 성분을 검출할 수 있다.

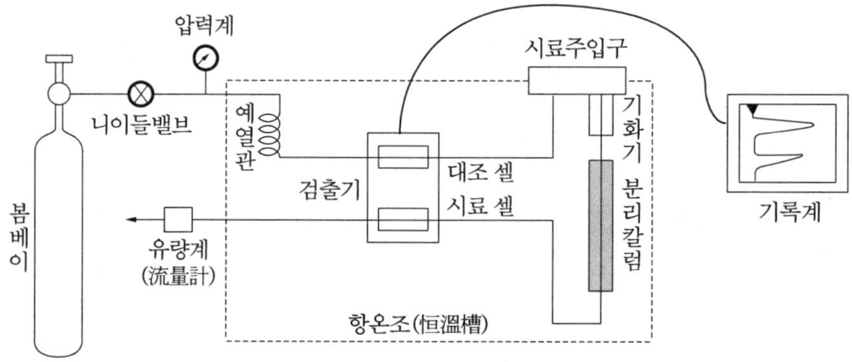

그림 1-7-7. 가스 크로마토그래피

Food Analysis

&

Hygiene Experimentals

제 2 편

식품의 일반성분시험

Food Analysis
& Hygiene
Experimentals

일반성분시험법은 식품 중에 일반적으로 대부분 함유되어 있는 성분에 관한 시험으로 식품규격, 순도의 검사 및 영양가를 평가하기 위하여 수분, 회분, 조단백질, 탄수화물(당질, 조섬유) 조지방, 미량의 각종 비타민과 각종 무기질(mineral)의 시험방법과 열량계산법에 대하여 기재한 것이다. 일반적으로 당질은 시료 100g 중에서 수분, 조단백질, 조지방, 조섬유 및 회분의 양을 감하여 얻은 양으로서 표시하거나 당질 단독으로 분석하기도 하고 식품이나 음식물 중의 일반성분의 시험결과는 일반적으로 백분율(%)로 표시한다. 그리고 더 나아가 구체적으로 어떤 구성성분을 추적하려면 조단백질의 분해산물인 20여종의 아미노산(amino acid) 등, 조지방의 분해산물인 20여종의 포화지방산(S. fatty acid)과 10여종 이상의 불포화지방산(Uns. fatty acid) 등, 당질의 경우는 포도당(glucose), 과당 등 10여종의 단당류 등의 저분자 성분들을 분석하여 얻을 수 있다. 그 외에도 수많은 특수 성분들을 볼 수 있으나 여기서는 주요 일반성분시험법 이외에는 생략한다.

Chapter 1 원료의 시료채취와 시료의 조제 및 식품성분표

1. 원료의 시료(검체)채취와 조제

1-1. 원료의 시료채취

식품분석에 사용되는 원료의 **시료(검체, sample)**는 분석하려는 식품전체를 대표(代表)하는 것이라야 한다. 소량의 시료를 채취하여서는 전체를 대표할 수 없으니 그 선택에 유의하지 않으면 안된다. 그 이유는 개체에 있어서 성분상의 차이도 있지만 동일 개체에서도 부분적으로 성분의 차이가 심한 경우도 있기 때문이다. 이들 차이를 적게 하기 위하여 어느 범위 내에서 다량의 시료를 채취할 것이 요구된다. 요는 분석에 사용되는 시료는 가능한 한 많은 부분에서 소량씩 취하여 잘 혼합시킬 것이다.

이는 특히 식품성분표 작성에서 더욱 그렇다. 천연식품에서는 성분조성이 여러 요인에 따라 크게 변동된다. 보기를 들면 과일이나 채소류의 당분, 산소와 수분량은 품종, 성장기의 일조시간, 토양, 기후, 풍토 혹은 저장 등의 여러 조건에 따라 크게 달라진다. 또 어패류도 어획시기에 따라서 그 조성이 달라지기 때문이다.

보통 한 성분을 한번 정량에 사용하는 시료의 양은 1~10g 정도이다. 그런데 분석하고자 하는 시료의 양은 많으므로 소수의 예외를 제외하고는 시료의 일부만이 실제 분석에 사용된다. 이렇게 일부의 시료는 적당한 방법으로 채취하는 것을 시료의 추출(抽出)과 축분(縮分)이라 한다.

1) 사과를 시료로 채취하는 경우

먼저 사과상자 전체를 대표하는 몇 개의 사과를 골라낸다. 그 숫자는 사과 개개의 조성의 차이, 분석 정밀도에 따라 통계학적으로 규정한 일이다.

만약 8개의 사과를 시료로 채취한다면 상자의 한 쪽 모퉁이에서 8개 전체를 끄집어낸다는 것은 비합리적이므로 그림 2-1-1과 같이 상자의 내용을 1~8까지 8부위로 구분하고 거기서 각각 한 개씩 임의의 위치로부터 취할 것이다.

이 선택된 8개의 사과 전체를 마쇄해서 사용하면 좋겠으나 그 양이 너무 많기 때문에 개개의 사과에서 이 부분씩 취하는 것이 합리적이다. 그 방법은 일정하지 않으나 개개의 사과에서 일부분씩 취하는 것이 합리적이다. 그 방법은 일정하지 않으나 한 개로부터 1/4씩을 취하는 경우는 그림 2-1-1의 (b)와 같이 상하가 서로 엇갈리게 축분하여 부위에 의한 편차를 작게 할 것이다.

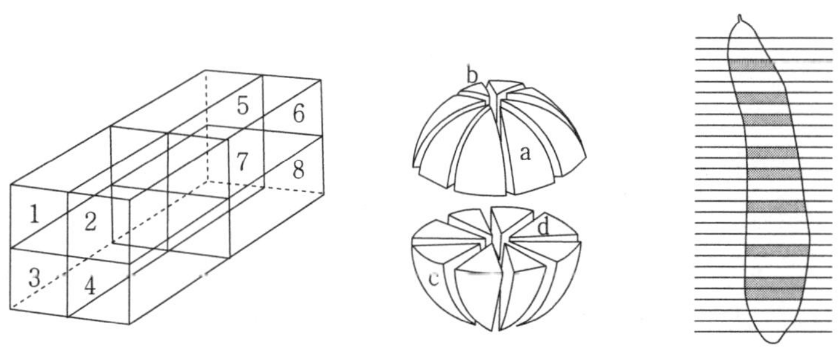

(a) 사과상자에서 사과 채취 (b) 사과의 절단 (c) 무, 생선의 절단

그림 2-1-1. **과일이나 채소의 시료 채취**

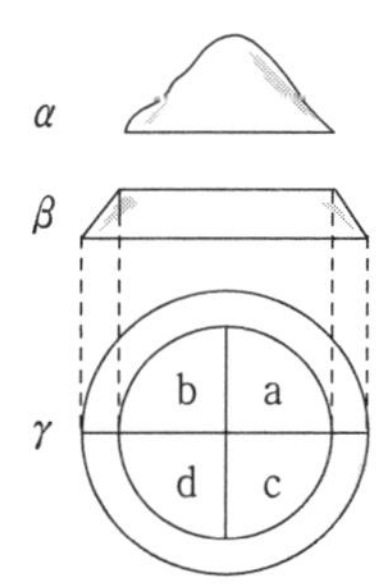

그림 2-1-2. **원뿔 4분법**

2) 모양이 길거나 평평한 것(무)

근채류나 생선 등은 그림 2-1-1의 (c)와 같이 두께에 관계없이 일정한 간격으로 평행하게 절단하여 취할 것이다.

3) 곡류, 두류, 종실, 녹차

이와 같이 불균일한 작은 입자의 혼합물로부터 일부분을 취할 때는 원뿔사분법 또 교번시약스푼법이 적용된다.

원뿔사분법은 시료를 먼저 그림 2-1-2의 α와 같이 원뿔모양으로 원추형으로 쌓은 다음 β처럼 상부를 평평하게 하고 이것을 γ와같이 a, b, c, d로 네 구분한다. 여기서 대각선상의 a, d 부분을 취하여 혼합하고, 다시 이와 같은 조작을 2~3회 계속 반복하여 시료의 양을 축소시킨다.

교번시약스푼법은 적당한 크기의 용기나 큰 스푼으로서 순차적으로 시료를 취하여 일정 회수의 것만을 모아 혼합하고 이러한 조작을 반복하는 방법이다. 이리하여 한번에 처리하는데 알맞은 양은 100~300g의 축분된 시료를 얻은 다음, 이 중에서 다시 일부분을 실제 분석에 사용하기 위하여 전량을 균질하게 할 필요가 있다.

1-2. 시료의 조제

일부분의 시료가 전 시료의 평균조성을 대표하기 때문에 시료가 균일(均一)하여야 할 것이 필수조건이다. 액상이나 미분상의 시료는 적당하게 혼합하면 균질하게 된다. 그러나 그 형상, 입도, 경도, 비중 등이 불균일하게 분포되어 있는 고형시료는 먼저 분쇄나 마쇄할 필요가 있다.

1) 분 쇄

분쇄에는 막자사발(유발)나 수동식 또는 동력식 분쇄기, ball mill 등이 사용되며, 경우에 따라서는 가정용 mixer도 사용할 수 있다. 시료의 종류로나 분석방법에 따라 적당한 것을 사용한다. 분쇄는 처음에는 거칠게 분쇄하고 점차 가늘게 분쇄한다.

분쇄된 입자의 크기는 840~500μ정도로 할 것이다. 이때 사용되는 체는 표준체로 할 것이고 (표 1-2-8), 체 위에 남은 것은 다시 분쇄하여 전부가 통과하도록 한다. 이것도 한꺼번에 많이 통과시키는 것보다 조금씩 통과시키는 것이 좋고 체 위에 남은 것을 따로 모아 두었다가 한꺼번에 분쇄하는 것이 능률적이다. 분쇄기는 그때 그때 기계를 해체하여 남아 있는 시료를 브러시나 붓으로 쓸어 모아 체질한다. 최후에 체 위에 남은 것은 막자사발에 빻아서 체질한다.

체를 통과한 시료는 스푼으로 균일하게 혼합시키고 시료병에 넣는다. 그런데 500μ체를 통과시킨 것이라도 시료에 따라 개개의 입자의 비중과 형태가 같지 않기 때문에 잘 혼합하여도 병에 옮길 때나 병으로부터 일부를 취할 때 가벼운 입자가 상부로 분리되는 수가 많으니 병을 잘 흔들어 주어야한다.

2) 마 쇄

수분이 많은 야채, 과실, 육류, 어류 등이나 각종 가공식품과 조리식품의 대부분은 마찰하거나 잘게 빻아서 균질화할 필요가 있다. 마쇄에는 막자사발, 자동식 약절구, homogenizer, mixer 등이 사용된다. homogenizer나 mixer의 원리는 비슷하나 회전하는 금속제 날개가 시료를 절삭하여 분쇄한다.

3) 식품별 시료의 조제

(1) 곡 류

① 쌀 보리 기타 잡곡류 및 압맥, 건면(비교적 수분이 적은 것)

먼지, 모래, 흙 등의 협잡물을 풍구나 체로 제거시킨 것을 그대로 빻거나 분쇄하여 분석에 사용한다. 분쇄기는 동력 또는 수동식 분쇄기, 막자사발 혹은 mixer 등이 쓰인다. 분쇄된 것은 35호체로 체질하고 체 위에 남은 것은 다시 분쇄하여 체질한다. 사별된 시료는 약숟가락이나 유리막대기로 균일히 섞어 시료병에 넣는다.

시료병에는 시료명, 채취시기, 채취장소, 기타사항과 제조년월일, 제조법, 조건 등을 상세히 명기하여야 한다. 분쇄기를 사용한 후는 해체하여 청소, 정비를 잘 하여야 한다. 분쇄기를 사용할 때는 소량씩 시료를 넣어 처음은 거칠게 갈고 점차 세게 가는 것이 능률적이다.

② 밥, 식빵, 떡, 된장, 두부(비교적 수분이 많은 것)

이러한 시료는 이대로 분석에 사용하는 경우와 일단 건조시켜 분석에 사용하는 수가 있다. 전자의 경우는 시료를 가능한 한 잘게 하여 혼합하는 것이 보통이다. 경우에 따라서는 유발이나 육만기 등을 사용하여 혼합 분쇄시킬 때도 있다.

건조하여 분석할 경우는 적당량의 시료를 천칭 또는 상명천칭으로 칭량한 후 큰 자제접시, 샤레 또는 밧드에 엷게 펴고 1~2시간 실내에서 풍건시키고, 다시 칭량하여 앞에서와 같이 분쇄, 체질한다. 건조가 곤란하여 부패나 변질의 우려가 있을 때는 시료를 칭량하여 60~80℃의 건조기에서 건조시키고 다시 1~2일간 실온에서 방치하여 대기 중의 습도와 평형에 달하게 한 후 전기와 같이 칭량, 분쇄하여 체질을 한다. 여기서 실온에 방치하여 흡습되는 것은 건조후 곧 분쇄 체질한다. 이 중량 감소치로부터 수분량을 알 수 있고 이것을 건조, 분쇄, 체질하여 시료의 수분량을 합산하면 신선물의 수분량이 산출된다. 이는 다음 식으로 계산하면 좋다.

$$X(\%) = \frac{W_2}{W_1} \times \frac{Y}{S} \times 100$$

X : 신선물에 대한 % Y : 정량한 성분의 중량 W_1: 신선물의 중량
W_2 : 건조한 량의 중량 S : 건조물로부터 정량하기 위하여 평취한 시료의 중량

(2) 종실류

종실류는 직접 분쇄기를 사용하여 분쇄하면 지방이 나오는 수가 많으니 조쇄하여 mixer로 지방의 손실이 없게 분쇄하여야 한다. 경우에 따라서는 다음과 같이 하여 대부분의 지방을 제거하여 분쇄한다.

즉 적당량의 시료 50~100g을 칭량하여 막자사발로 조쇄하여 비커나 큰 샤레에 넣고 60~80℃에서 약 1~2시간 건조시킨 후 약 1 ℓ 의 플라스크에 옮긴다. 막자사발은 소량의 ether로 2~3회 씻고 세액은 전분 시료를 넣은 플라스크에 가한다. 또 여기에다 200~300㎖를 더 가하여 진탕하고 병마개를 하여 1일간 정치 후 ether 만을 1~2 ℓ 메스플라스크에 옮기고, 남은 시료는 미리 칭량하여 둔 큰 여과지에 가능한 적은 양의 ether로 씻어낸다. 약간의 여액을 시계접시에 취하여 수욕 위에서 증발 건고시켜 잔재의 유무를 확인하면 좋다.

여과지와 잔재는 처음에 실온에서 다음은 건조기에서 건조시키고 다시 실내에서 1~2일간 방치하여 칭량한다. 이 중량으로부터 여과지의 중량을 빼면 기름기가 빠진 시료의 중량이 된다. 다음 시료를 여과지로부터 깨끗이 털어내고 전술의 쌀, 보리와 같이 분쇄, 체질한다.

한편 플라스크의 것은 ether를 가하여 일정 용량으로 하고 잘 혼합하여 50㎖를 미리 건조, 칭량한 칭량병에 넣고(Soxhlet 장치면 더욱 좋다) ether로 증류한다. 다음 50℃정도의 수욕 위에서 ether를 증발시킨 후 150℃의 건조기에서 2시간 건조한다. 다음 데시케이터에 옮겨 냉각

후 칭량한다. 다시 항량이 될 때까지 건조하고 냉각, 칭량을 반복하여 칭량치의 최저값을 취한다. 이로부터 칭량병의 중량을 빼면 시료에서 용출된 지방량이 된다. 이와 같이 하여 처음 시료에서 지질을 제하고 분쇄, 체질한 것의 지질 정량치와 합산하면 원 시료의 지질 함량을 구할 수 있다.

(3) 사탕류

벌꿀과 같이 사탕입자가 뭉쳐있는 시료는 병에다 넣고 마개를 하여 더운물 중에서 침출시키고 50℃ 이하로 가온한다. 때때로 교반하여 사탕의 결정을 녹여 잘 혼합한 후에 식혀 이의 일정량을 취하고 분석에 사용한다. 물엿, 당밀과 같이 협잡물이 있을 경우는 전기와 같이 가온하여 보온 깔때기로 여과할 것이다.

(4) 채소, 과실류

이들은 부분에 따라서 성분의 차이가 있으므로 수분의 손실에 유의하여 mixer나 막자사발로 갈아서 펄프상으로 한다. 곧 분석에 사용되지 않을 때는 보존 중 발효나 부패가 일어날 우려가 있으니 0℃ 근처에서 냉장보관 한다.

(5) 버터, 마아가린 등의 유지류

이들은 전량 또는 각 부분에서 소량씩을 취하여 공전광구병에 넣는다. 40℃ 이하의 수욕에서 때때로 뒤흔들면서 내용물을 35℃정도로 녹인다. 이와 같이 연화시킨 후 병을 진탕하여 혼화시키고 곧 이의 일부를 취하여 분석에 사용한다.

(6) 과자류

크래커, 비스킷과 같이 수분이 적고 마쇄하기 쉬운 것은 막자사발로 분쇄하여 혼합시킬 것이다. 생과자, 양갱 등과 같이 수분이 많은 것은 그대로 가루로 하기 어려우니 작은 조각으로 하여 막자사발로 갈아 충분히 혼합한다.

(7) 어 류

① 생선물, 젓갈, 훈제품 등은 불가식부를 깨끗이 제거한 후 육만기에 3차에 걸쳐서 혼합한다. 육만기가 없을 때는 막자사발이나 mixer도 사용된다. 이상과 같이 신설물 상태의 것을 분석할 때는 문제가 되지 않으나 곧 분석이 되지 않고 분석하는데 시간을 많이 요하게 될 때는 혼합시료를 증발접시에 넣고 수욕상 또는 건조기 내에서 낮은 온도로 빨리 건조 후 분쇄 혼합하여 분석에 사용한다.

② 냉동어는 먼저 해빙시켜야 하고 해빙은 물중에서 하지 않아야 하며 두꺼운 얼음이 부착된 것은 이를 떼어 내거나 융해시켜 제거하고 이것이 시료에 혼입되지 않게 주의한다.

③ 멸치류 같은 것은 8호체로 2분간 기름을 거르고 마쇄 혼합한다.

④ 소금절임한 것은 소금을 떼어내고 필요에 따라 포화 식염수로 부착된 결정염을 씻어내고 약 2분간 염절하여 전기와 같은 방법으로 처리한다.

(8) 조수육류 및 가공품

생육은 가능한 한 뼈를 제거하고 육만기나 유발로 갈아 잘 혼합한다. 변질 우려가 있을 때는 −5℃로 냉동시킨다.

(9) 난 류

전란을 분석할 때는 알을 깨뜨려 껍질을 제거한 후에 충분히 혼합하면 된다. 그러나 난황과 난백을 나누어 분석하려면 전란을 칭량 후 알껍질을 2등분으로 깨뜨려 비커 위에서 2등분한 계란껍질 중에서 내용물을 서로 옮기면 난백은 비커 중에 흘러내리고 껍질 속에는 난황만 남게 되므로 다른 비커에 옮긴다. 그러나 오래된 알은 난황막이 깨뜨려지기 쉬우니 알껍질을 작은 칼이나 작은 가위로 구멍을 내고 구경이 큰 피펫을 꽂아 난황막이 깨뜨려지지 않게 빨아 올려 비커에 옮긴다. 분리된 난황과 난백을 칭량하여 잘 교반 혼합한다. 칼라와 난황막을 꺼즈로 흡인 여과하여 제거한다. 또 알의 분석은 전란을 열탕 중에서 삶은 후에 껍질을 벗기고 육만기 등으로 잘 혼합시켜 다시 45℃에서 건조 분쇄하여 분석에 사용한다.

(10) 유류 및 가공품

① 생유: 유즙을 정치하면 크림이 분리되어 상하층의 성분이 다르게 되니 분석할 때는 잘 혼합하여야 한다. 혼합은 교반기를 사용하면 좋으나 그렇지 못할 때는 두 개의 용기에 시료를 넣고 서로 옮겨서 균일히 혼합시킬 수 있다. 만약 크림이 덩어리가 된 것이라든지 표면이 건조 고화되어 있으면 40℃에서 5~10분간 지방을 녹여 잘 혼합한 후 실온에서 방냉시킨다. 우유 같은 것은 쉽게 변성되니 빨리 분석한다.

② 우유: 개봉한 내용물을 교반 혼합하여 분석에 사용한다. 특히 가당우유는 설탕의 결정이 병의 밑바닥에 침전되어 있을 수 있으므로 병을 30~35℃ 온수 중에서 약 15분간 두어 연화시켜 병을 개봉한다. 이와 같이 하여 우유를 그대로 시료에 사용하며 농축유 등의 경우는 우유에 가까운 정도로 희석하여 분석하는 수도 있다. 이런 경우는 20g을 취하여 온탕으로 희석하고 100㎖ 플라스크에 넣어 냉각 후 표선까지 물을 가한다.

③ 분유: 분유는 흡습성이 있으므로 습기가 많은 날에는 특히 주의할 것이다. 따라서 개관하여 빨리 시료를 채취한다.

(11) 해초류

신선상태의 것은 필요에 따라서 3%정도의 식염수로 씻어 모래와 흙을 제거한다. 다음 풍건하여 불가식부를 제거하고 엽부를 약 1㎠이하로 절단하여 시료로 한다. 이때 엽면에 석출된 mannite, 염류가 손실되지 않게 주의할 것이다.

(12) 차 및 커피

이들은 필요에 따라 50~60℃로 건조하여 쌀, 보리와 같이 처리한다. 침출액을 분석할 때는 일정량을 온방 및 열방 등으로 침출하여 시료용액으로 한다. 보기를 들면 엽차는 3g의 잎을 100㎖의 온탕에, 홍차는 15g의 잎을 100㎖의 온탕에, 커피는 12g의 분말의 180㎖의 열탕 중에 3분간 침출한다.

(13) **맥주와 같이 탄산가스를 함유한 음료수**

탄산가스를 제거하고 분석에 사용한다. 즉 플라스크에 반량을 채우고 플라스크 입을 손으로 누르고 상하로 흔들어 압력감이 느껴지지 않을 때까지 계속하여 건조여과지로 여과한다.

(14) **과실주 류**

이들은 침전이 없으면 잘 혼합하고 그대로 시료로 하거나 때로는 여과하여 투명한 여액을 분석한다.

1-3. 조제시료의 보존

조제된 시료는 그대로 보존해도 좋으나, 이때 적절한 처리를 못하면 보존 중에도 성분의 변화가 생긴다. 특히 수분의 함량이 많은 시료가 더 큰 영향을 받지만 대체로 다음과 같은 요인에 의한다.

① 수분의 증발 또는 흡수　　② 공기에 의한 산화
③ 효소에 의한 영향　　④ 미생물에 의한 침해

수분의 변화를 막기 위하여 조제된 시료를 밀폐된 용기 중에 보존한다. 한편 공기산화를 방지하기 위하여서는 시료를 담은 용기내의 공기를 제거하고 여기에 질소 등의 불활성 가스를 넣어 두는 방법이 좋으나 이것도 완전한 효과를 거둘 수 없다. 실제적으로는 공기와 접촉하는 표면적을 적게 한 상태로 밀폐하여 보존하는 정도이다. 한편 저온에 보존하여 산화반응의 속도를 느리게 하는 것도 효과적인 방법이다.

그리고 효소와 미생물의 영향을 방지하기 위하여 냉장 또는 건조시키거나 방부제 등을 첨가하기도 한다. 냉장은 가장 일반적인 방법이다. 조제시료의 수분함량이 많은 경우에는 비타민류의 분해와 단백질 또는 당분의 변화를 정지시키지 못한다. 물론 어느 정도의 효과는 있지만 식품 자체가 가진 효소의 작용을 완전히 불활성화 시키기에는 −40℃정도의 온도가 이상적이다.

건조는 시료의 보존성에는 냉장의 경우보다 우수하나 시료의 성질, 상태, 그리고 건조 조건에 따라서는 성분이 크게 변하는 수도 있다. 건조는 될 수 있는 대로 저온에서 빨리 하지 않으면 안된다. 따라서 감압건조, 통풍건조가 상압고온 건조보다 우수하다. 그리고 건조된 시료를 저온에 보존하면 더욱 좋다.

2. 주요 식품성분의 일람표

우리나라는 각종 식품의 성분을 농촌진흥청에서 1970년 초판이래 1981년부터는 5년주기로 개정판을 종합적으로 검토, 수록한 「**식품성분표**」(Food Composition Table)를 이용하여 성분함량 및 영양 등을 판정한다.

표 2-1-1. 주요 식품성분표(농촌진흥청, 1996)

식품명(영명)	에너지 (kcal)	수분 (%)	단백질 (g)	지질 (g)	탄수화물(g)		회분 (g)	무기질(mg)		비타민	
					당질	섬유소		칼슘	나트륨	A(RE)	C(mg)
현미(논벼)(brown rice)	354	11.2	6.4	2.7	75.0	3.4	1.3	1	2	0	0
백미(논벼, 일반미) (well-milled rice)	348	15.6	6.5	1.1	76.2	0.2	0.4	5	5	0	0
백미쌀밥(well milled, cookes rice)	148	65.0	2.6	0.5	31.7	0.1	0.1	2	2	0	0
밀가루(wheat flour, medium)	367	13.3	10.4	1.1	74.6	0.2	0.4	12	(2)	0	0
콩(soybean, yellow)	400	9.7	36.2	17.8	25.7	5.0	5.6	245	2	0	0
감자(potato, raw)	80	78.1	1.5	0.2	18.5	0.5	1.2	3	(3)	0	18
비스킷(biusit, hard)	450	2.5	6.6	12.9	76.7	0.1	1.2	30	270	3	0
라면(ramen)	381	8.2	8.6	14.1	61.4	0.5	7.2	16	1005	69	0
곰보빵(bread, duck marked)	376	20.5	8.8	13.2	56.1	0.4	1.0	36	231	29	0
건빵(biscuit for mjlitary)	415	6.6	8.7	9.4	73.5	0.3	1.5	21	464	0	0
배추(chinese cabbage, raw)	13	94.3	1.3	0.2	2.4	0.7	0.6	51	5	9	46
무우(Koran radish, root)	18	94.3	0.8	0.1	3.8	0.6	0.4	26	13	8	15
당근(carrot, raw)	34	89.5	1.1	0.1	7.8	0.8	0.7	40	30	1270	8
토마토(tomato, raw)	14	95.2	0.9	0.1	2.9	0.4	0.5	9	5	90	11
사과(후지)	50	86.4	1.4	0.3	10.3	1.4	0.2	4	2	0	4
표고버섯(Lertinus edodes mushroom, dry)	272	10.6	18.1	3.1	57.0	6.7	4.5	19	25	0	0
[축산식품]											
쇠고기 (한우, 등심육, beef, loin)	218	63.8	21.0	14.1	0.2	0	0.9	11	54	12	1
돼지고기(등심육, pork, loin)	236	61.6	21.1	16.1	0.2	0	1.9	7	58	5	2
닭고기(정육, chicken, raw)	217	65.4	19.8	14.1	0.1	0	0.6	12	(57)	45	0
계란(chicken's whole-egg)	158	74.9	12.5	10.7	0.9	0	1.0	39	130	159	0
우유(milk, raw)	60	88.6	2.9	3.3	4.5	0	0.7	100	50	29	2
햄(ham, loin)	131	70.0	16.5	4.2	5.9	0	3.4	5	1080	0	0
[수산식품]											
조미(맛)김 (laver, seasoned, toasted)	265	5.5	37.8	2.3	41.1	1.8	11.5	230	(1938)	3450	70
미역(sea mustard,dried)	203	16.0	20.0	2.9	33.9	2.4	24.8	(959)	(6100)	555	18
건멸치(anchovy, medium ,boiled, dry)	232	35.0	38.9	5.1	4.8	0	16.2	1290	(869)	0	0
고등어(mackerel, raw)	183	68.1	20.2	10.4	0	0	1.3	26	(75)	23	1

Chapter 2 수분의 정량분석

1. 수분정량의 종류와 개요

수분은 영양소는 아니지만 우리 인체에 없어서는 안될 필수적인 구성성분이다. 그리고 식품의 품질평가에 있어서 가장 기본적인 항목으로 고체 또는 반고체의 식품에 대해서는 고형분 또는 건물량으로 나타냄으로써 성상을 보여주는 항목이다. 식품 중에 함유되는 수분에는 적어도 세 가지의 다른 존재형태가 있다.

① 당류, 염산 및 산 같은 물질을 녹이는 용매로서의 물

② 고체성분의 표면에 흡착되어 있으나 미세한 모세관 내에 있는 물

③ 식품성분으로 화학적 결합상태로 있는 물.

예를 들면 단백질과 다당류 등의 고분자화합물과 수소결합을 하여 겔 구조의 일부로 되어 있는 물이 있다. 상기 ①과 ②는 자유수(**유리수**), ③은 **결합수**라고 고려된다.

현재 '식품공전'에 수록되어 있는 수분 정량법으로는 건조감량법(상압가열건조법, 감압가열건조법), 증류법 및 칼피셔법이 있다. 그 외의 적외선수분측정법 등 여러 가지가 개발된 바 있다. 식품은 종류가 많고 각각의 특성이 있으므로 정확한 수분함량측정을 위해서는 그것에 적당한 방법을 사용해야한다. 식품중의 수분함량은 미생물의 발육과 관계가 깊고 저장성에서 중요한 요인의 첫 번째이다. 여기에서 수분의 측정은 **건조감량**을 이용한 **상압가열건조법**, **감압가열건조법**에 대해서 기술하고, **증류법** 및 **칼피셔법** 등에 대해서는 원리의 요점만 요약하고 자세한 시험방법은 '식품공전'을 참조하기 바란다.

2. 상압가열건조법(常壓加熱乾燥法)

2-1. 분석방법의 원리

시료를 물의 비점보다 약간 높은 온도 105℃에서 상압 건조시켜 그 감소되는 양을 수분량으로 하는 방법으로서 가열에 불안정한 성분과 휘발성을 많이 함유한 식품에 있어서는 정확도가 낮은 결점이 있으나 측정원리가 간단하여 여러 가지 식품에 있어서 많이 이용된다.

2-2. 공전상 시험방법

이 시험법은 식품의 종류, 성질에 따라서 가열온도를 ① 98~100℃ ② 100~103℃ ③ 105℃ 전후(100~110℃) 및 ④ 110℃ 이상으로 한다. 즉 ①은 동물성 식품과 단백질 함량이 많은 식품, ②는 자당과 당분을 많아 함유한 식품, ③은 식물성식품, ④는 곡류 등의 신속법으로 쓰인다.

1) 기 구

① 칭량접시

상부직경 55mm, 하부직경 50mm, 높이 25mm 또는 상부직경 75mm, 하부직경 70mm, 높이 35mm로서 뚜껑이 있으며 중량은 전자가 약 25g, 후자가 약 35g의 알루미늄으로 만들어진 것을 사용한다.

② 유리봉

정제해사 20g을 칭량 접시 옆으로 삽입했을 때 적어도 1.5cm 이상 해사로부터 나와 있어야 하며 뚜껑을 닫을 수 있을 정도의 길이일 것

③ 자동조절기가 달린 건조기: 적어도 ±1℃ 이내의 온도조절이 가능해야한다.

2) 조작법

미리 가열하여 항량으로 한 칭량 접시에 시료 3~5g을 정밀히 달아(건조가 어려운 시료인 경우는 20메쉬 정제해사 20g과 유리봉을 넣어 항량이 되게 하고 이에 시료를 넣어 잘 섞은 후 유리봉은 그대로 넣어둔다. 뚜껑을 약간 열어 놓고 각 식품마다 규정된 온도의 건조기에 넣어 3~5시간 건조한 후 데시케이터 중에서 약 30분간 식히고 무게를 단다. 다시 칭량 접시를 1~2시간 건조하여 항량이 될 때까지 같은 조작을 반복한다. 일반적인 것은 1회에 4시간(우유 및 유제품 등은 3시간)건조하여 수분량을 측정한다.

3) 계산방법

$$수분(\%) = \frac{W_1 - W_2}{W_1 - W_0} \times 100$$

W_0 : 칭량병의 무게(g)
W_1 : 시료와 칭량병의 무게(g)
W_2 : 건조 후의 시료와 칭량병의 무게(g)

2-3. 공전상 방법의 해설

① 상압가열건조법은 일반적으로 넓게 사용되는 방법으로 일정온도에서 가열한 후 감량한 수분량을 측정하는 방법이다. 시료중의 수분을 가능한 한 완전하게 제거하기 위하여 고온으로 장시간 건조할 필요가 있는 식품도 있지만 이런 조건 하에서 산화 등의 반응이 생겨 중량변화가 발생하기 쉽다. 본 방법으로는 처음 중량으로부터 수분 외에 건조 중에 손실되는 휘발성물질을 제외한 중량의 차이를 수분량으로 한다.

② 상압가열건조법은 시료 채취 후 즉시 측정을 하지 않는 경우는 부패로 인한 수분량의 변

화를 없애기 위해 밀폐된 용기에 넣어 냉장고 등에 주의하여 보관한다.

③ 단백질, 수분이 많은 식품, 예를 들면 유음료, 장류 등의 경우는 해사(海沙)를 가하여 수욕상에서 대부분의 수분을 증발시킨 후 98~100℃의 건조기에서 항량으로 한다.

④ 당분이 많아 캐러멜화가 되기 쉬운 식품인 물엿, 시럽 등은 필요하면 소량의 물을 가하여 유리봉으로 균질하게 한 후 해사를 가하여 수욕 상에서 습기가 없어질 때까지 건조하고, 100~103℃의 건조기 중에서 약 10시간정도 건조하여 항량으로 한다.

⑤ 일반식품에는 105℃에서 건조하는 방법이 사용된다.

⑥ 110℃ 이상의 고온에서 이루어지기 위해서는 열에 안전한 식품으로 제한된다. 특히 곡류에 적합하다.

⑦ 종래에는 유리제의 칭량 접시가 사용되었으나 유리제는 외측에 증발한 수분이 부착하는 경우가 있으므로 이를 보완하기 위하여 열전도가 양호한 알루미늄제 칭량 접시를 사용하고 있다.

⑧ 정제해사(海沙)는 시판되는 것으로 한다. 이의 사용목적은 증발면적을 넓게 하기 위한 것이다.

⑨ 자동조절기가 부착된 건조기에서 기내의 온도분포 차이를 피하기 위하여 온도계의 부근에 놓는다. 그러나 순환식 열풍건조기를 이용하는 경우에는 상관이 없다.

⑩ 시료에서 시료채취량, 건조온도, 건조시간은 표 2-2-1을 참조한다.

⑪ 통상 칭량 전후의 차이가 0.3mg 이하가 되면 항량한 것으로 본다.

⑫ 1회에 4시간 건조하는 것은 고물(팥소)을 많이 함유한 것, 캐러멜, 생선 등이 이것에 포함된다.

⑬ 우유 및 유제품 등은 3시간 건조하면 완전하게 항량되지는 않으나 어느 정도는 항량이 된다.

표 2-2-1. 시료채취량, 건조온도, 건조시간

식품류	시료채취량 (g)	건조온도 (℃)	시간	식품류	시료채취량 (g)	건조온도 (℃)	시간
곡류, 건면 건과류	2	135	3	밥, 생면	3		
종실류	2~4	130	2	벌꿀, 시럽류	2		
곡분, 전분	2	135	1~2	야채 ,과실, 해초류	10		
두류	4	135	2	야채통조림 제품	5~10		
탈지대두, 두유	2	130		건조야채, 향신료	2~5		
생육 및 가공품	3~5	100~105			2~5		
생어 및 가공품	5~10			생란, 삶은 란	2		
유류	5	120~150					

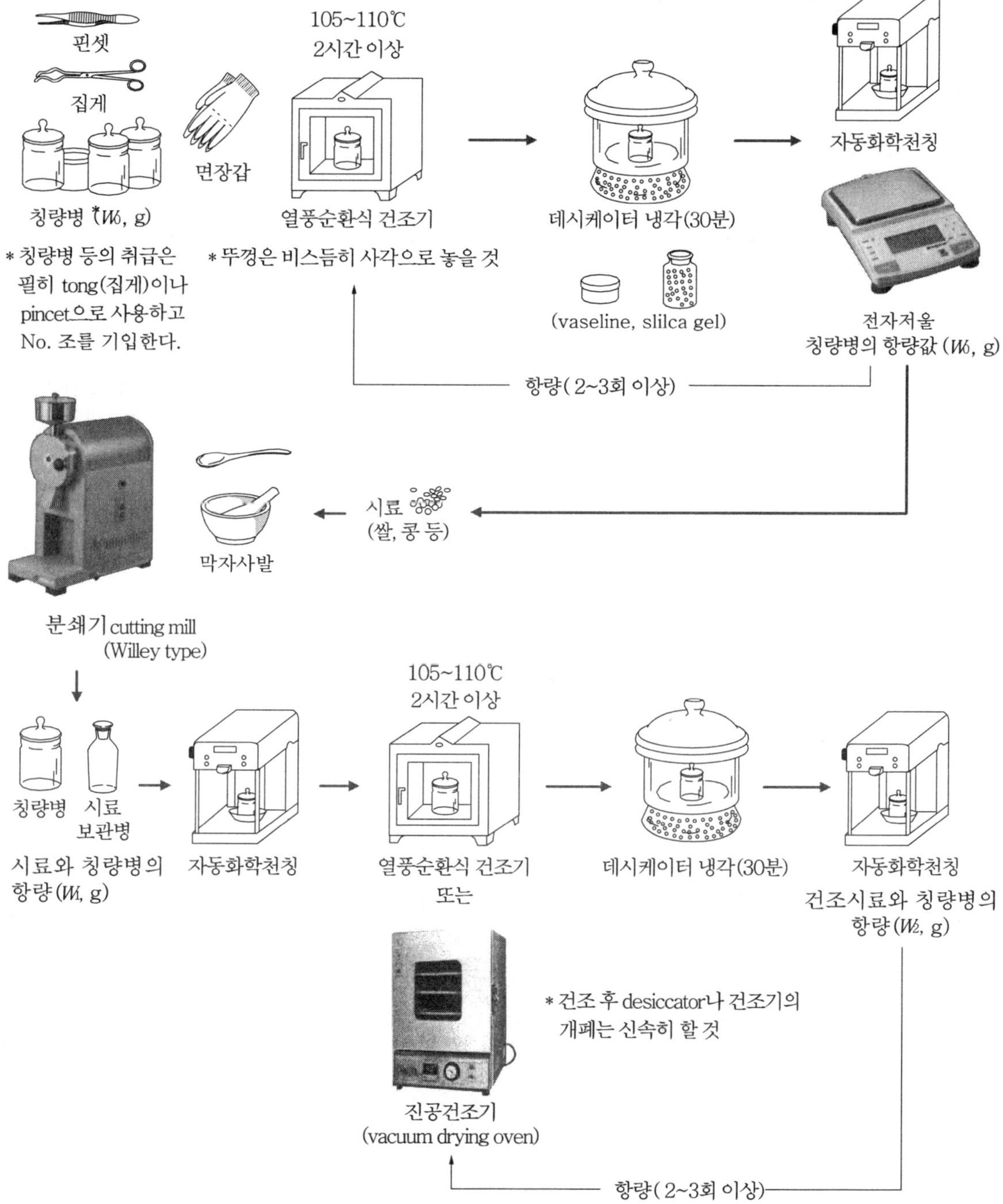

그림 2-2-1. **수분 정량을 위한 항량과 가열건조 조작**

3. 감압가열건조법(減壓加熱乾燥法)

3-1. 분석방법의 원리

진공건조법(vacuum oven method)이라고도 하며 여러 나라에서 각종 식품의 수분정량의 기준법으로 사용하는 가장 표준적인 방법이다. 이 법은 감압(減壓)함으로써 100℃ 이하의 건조온도에서도 시료 중의 수분을 완전히 제거시킬 수 있는 동시에 공기의 산화와 열분해를 최소로 막을 수 있고 아울러 균일화시킨 시료에 대해서는 정확도와 재현성을 갖고 있다. 특히 가열온도를 높이면 분해 또는 변화를 일으킬 가능성이 있는 식품에 대해서는 이 방법이 가장 신뢰할 수 있는 방법 중의 하나이고 원리이다.

또한 건조법을 활용함에 있어 성질이 각각 다른 여러 가지 식품에 대하여 표 2-2-2의 수준정량 조건을 참조하는 것이 바람직하다.

3-2. 공전상 시험방법

1) 기 구

① 칭량접시 : 앞의 Chapter 2장 2의 2-2의 1)기구와 같은 것을 사용한다.

② 자동조절기가 붙은 감압건조기(진공건조기) 또는 수욕식 감압건조기

2) 조작법

00~110℃로 건조하여 항량으로 한 칭량병에 시료 2~5g을 정확히 달아 넣고 일정온도로 조절하여(일반적으로 98~100℃) 감압건조기에 넣어 일정 분압으로 감압하여 약 5시간 건조한다. 다음 세기병(황산) 또는 제습장치를 통하여 습기를 제거한 공기를 건조기 중에 넣어 기내가 상압으로 되었을 때 칭량병을 꺼내어 데시케이터에서 식힌 다음 무게를 단다. 다시 칭량병을 감압건조기에 넣고 1시간 건조하여 항량이 될 때까지 같은 조작을 반복한다. 단, 국수, 식빵 등은 미리 건조하여 가루로 한 다음 실시한다. 연유, 생계란 등은 해사와 유리병을 넣은 칭량병을 수욕 상에서 미리 건조한 다음 실시한다. 유지류는 120~125℃에서 건조시간은 1시간으로 하여 전후 2회의 칭량에 있어서 중량의 차가 3mg 이하가 되었을 때 항량이 된 것으로 한다.

3) 공전상 방법의 해설

① 미국에서는 AOAC법에 따라 사용되고 있다.

② 시료의 분말이 급속한 탈수와 함께 날아 올라가기 때문에 또 표면의 수증기를 급속히 잃기 때문에 뚜껑은 조금 비키어 올려놓는 것이 좋다.

③ 식품별 건조온도 및 분압은 표 2-2-2와 같다.

표 2-2-2. **식품별 건조온도 및 분압**

식품명	건조온도(℃)	분압(mmHg)
과자빵, 조리빵, 꿀, 물엿, 생과자, 양갱, 아메 등의 과자류, 된장, 간장, 삶은 콩을 발효시킨 식품, 유부, 기호음료	70	50이하
감자류, 야채류, 과실류, 잼류, 해초류, 건조야채류	70	100이하
곡류 및 가공품, 전분, 주사위 모양으로 썬 떡을 튀겨서 맛을 들인 과자, 쎈베, 비스킷 등의 과자류, 콩류, 알류, 마요네즈	98~100	25이하
종실류, 수조육류, 어패류, 분유, 연유, 치즈, 차	98~100	100이하
유지류	120~125	100이하

④ 필요에 따라 세절한 시료를 적당량 무게를 달아 대형 샤알레 등에 얇게 펴 실온에서 건조하고, 무게를 측정한 후 분쇄해 20mesh체에 통과시킨다. 이것을 **건조시료**라 한다.

$$X(g/100g) = \frac{1}{W_1}(W_1 - W_2 + \frac{W_2 x}{S}) \times 100 = (1 - \frac{W_2}{W_1} + \frac{W_2 x}{W_1 S}) \times 100$$

X : 생시료에 대한 수분 W_1 : 생시료의 중량 x : 정량한 수분의 중량

W_2 : 건조시료의 중량 S : 정량에 사용한 건조시료의 중량

⑤ 유지류는 가열에 따라 산화로 중량이 증가하기 때문에 무게를 재기 전후의 차가 3mg이 되지 않을 수도 있다.

4. 수분의 증류법, 칼피셔법, 적외선수분측정기법 등 요점

1) 수분의 증류법(distillation method)

수분의 증류법은 시료를 수분과 혼합되지 않은 유기용매 중에서 가열하면 시료중의 수분 또는 수분과 용매의 혼합증기가 증류된다. 그 증기를 냉각시켜서 그림 2-2-2와 같이 눈금이 있는 냉각관에 모아서 용매와 분리된 물의 부피를 측정하여 시료중의 수분을 정량하는 방법이다.

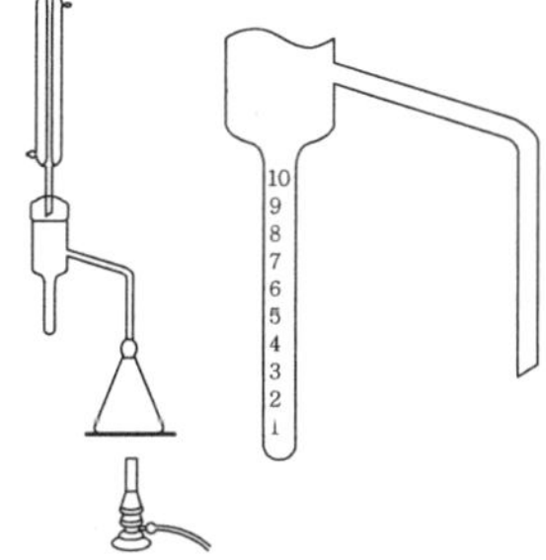

그림 2-2-2. **수분정량 장치**

2) 칼피셔법(Karl-Fisher method)

칼피셔법에 의한 수분정량은 물의 화학반응을 응용한 적정법으로서 피리딘(pyridine) 및 메탄올(methanol)의 존재 하에 물이 요오드(I_2) 및 이산화유황가스(SO_2)와 다음 식과 같이 정량적으로 반응하는 것을 이용하여 칼피셔 시액으로 시료의 수분을 정량하는 방법이다. 따라서 전체의 반응은 다음과 같이 된다.

$$H_2O + I_2 + SO_2 + 3C_5H_5N + CH_3OH \rightleftarrows 2(C_5H_5N^+H)I^- + C_5H_5N^+H)O^-SO_2 \cdot OCH_3$$

3) 적외선수분측정기법(Infrared drying moisture method)

또 수분정량의 가장 간단한 간편법으로는 적외선수분측정기법이 있으며 아래 그림 2-2-3과 같이 볼 수 있다. 이 방법은 적외선램프를 가열원(加熱源)으로 하며 정밀도가 높은 수평천칭을 갖추고 있으므로 물의 증발을 바로 읽을 수 있도록 고안된 장치이다. 특히 적외선은 복사열과 직진성으로 인해 시료를 가열하고 효율적으로 수분을 증발시켜 이 때의 건조감량을 수분감량으로 한다. 우리나라에서 벼 수매시 등급을 정하는데 이 측정법을 사용해 왔다. 단점으로는 일반적으로 가열건조법에 비해 정밀도는 떨어지지만 일점편차의 범위에 의한 수분함량을 신속하게 측정하고자 할 때 매우 편리한 방법이다.

그 밖에 최근 전위차법에 의한 휴대간편용도 있다.

(a) 적외선수분측정기/저울 (독일제)

(b) 적외선수분분석기로 수분함량 0.1 ~99.9%의 곡물·사료·식품 등을 IR방법으로 측정

(c) 전위차법수분분석기로 식품·사료 등 곡물 및 분체의 수분함량을 신속히 6초 이내에 측정 (휴대용으로 현장사용 가능)

그림 2-2-3. **적외선수분측정기 등 분석기들**

계산예 콩을 분쇄한 후 시료량으로 1.1084g을 달고 108℃에서 건조하여 항량이 된 칭량병의 무게가 21.3543g이었으며 시료가 들어있는 칭량병을 건조하여 항량을 구하니 22.3291g이었다 이 때의 수분함량은 얼마인가?

(1) 칭량병 항량의 측정

2시간 10분 건조, 30분 방냉 : 21.3542g

1시간 건조, 30분 방냉 : 21.3543g

(2) 시료 채취량 : 1.1084g

(3) 칭량병 + 시료병 : 22.4627g(W_1)

2시간 10분 건조, 30분 방냉 : 22.3289g

1시간 건조, 30분 방냉 : 22.3291g(W_2)

(4) 계 산:

$$콩의\ 수분(\%) = \frac{W_1 - W_0}{S} \times 100$$

$$= \frac{22.4627 - 22.3291}{1.1084} \times 100 = \frac{0.1336}{1.1084} \times 100$$

$$= 12.05\%$$

실험 7호 식품중의 수분 정량실험

(강의계획서 9째 주)

1. 실험 시간 ; 이론 1시간, 실습 2시간

2. 시료, 시약, 기구 등의 준비와 조제 – ➡ ☻ (학과 조교님 준비 및 확인)

1) 시료 : 수분함량이 적은 식품의 예; 백미, 현미, 콩, 팥, 옥수수, 표고버섯, 라면, 비스킷, 건빵, 멸치, 김, 육포, 미수가루 등 다만 시간관계 상 수분함량이 적은 식품을 골라 실험한다.

2) 기구 및 용기 : 스푼(각조 1개), 핀셋(각조), 전자저울(3~4대, 0점 조정 등), 막자사발과 유봉(각조, 1개) 및 분쇄기(필요 시 선택), 칭량병(각조 1개, 예비 2개), 열풍건조기나 진공건조기의 작동상태 점검(2대, 온도 105℃ 등, 고장 여부 등), desiccator(2개, 뚜껑의 그리스상태, 내부선반의 청소, 건조제의 상태), 집게(각조 1개), 면장갑(각조 1개), grease, silica gel, 중성세제와 비누, 브러시(각조, 대·중·소) 등의 모든 준비와 청결상태

3. 조작 : 식품을 상압가열건조법에 의해 수분측정

4. 실험점 준비사항

Chapter 3 회분의 정량분석

1. 회분정량의 종류와 개요

식품분석에 있어 **회분(灰分; ash)**이란, 식품을 태우고 남은 재를 말하는 것으로 대체로 무기질의 양이라고 정의할 수 있다. 그러나 대다수의 식품에서 무기질인 염소는 그 일부 또는 대부분이 회화(灰化)할 때 소실된다. 또한 두류, 채소류, 해조류 등의 회분에는 본래 유기질이라고 볼 수 있는 탄산이 다량 함유되어 있기 때문에 실제로 식품을 태워서 남은 재를 순전히 무기물 자체라고 인정할 수 없다.

이와 같이 잔회(殘灰)의 성질은 식품의 종류와 회화의 조건에 따라서 변하며 일정한 것이 아니다. 예를 들면 누류나 채소의 회분은 500~550℃에서의 회화에 있어서는 다량의 탄산염을 함유하지만 650~700℃로 가열하면 이산화탄소(CO_2)를 방출하여 중량의 일부가 감소된다. 탈지대두분에 있어서는 550℃ 회화의 회분량은 6.24%이지만 700℃ 회화의 회분량은 5.92%로 변화된다.

따라서 무기질의 정량은 어려우며 다만 식품의 회분은 무기질과 거의 같다는 관념을 가질 수밖에 없다. 회화처리 후의 재의 표면이 백색이어도 속에 탄괴 등이 남아 있어서는 안된다. 완전히 회화되면 보통 회백색을 띄나 Fe가 많으면 갈색, Mn은 청록색, Cu는 미청색을 띠는 경우가 있다.

2. 직접회화법

2-1. 분석방법의 원리

이 시험에서 회분은 식품의 유기물을 태우고 잔류하는 무기물질의 총량을 말한다. 시료를 회화용기에 넣고 550~600℃에서 완전히 회화(灰化)처리했을 때의 회분의 양을 말한다. 즉 식품을 550~600℃로 가열하면 유기물은 산화, 분해되어 많은 가스를 발생하고 타르(tar)모양으로 되며 점차로 탄화(炭化)한다. 탄소는 더욱 산화되어 탄산가스(CO_2)로 되어 방출되지만 인산이 많은 시료에서는 강열하면 양이온과 결합하지 않고 용융상태로 되며, 또한 산소의 공급이 불충분하게 되어 오히려 회화의 진행이 어렵게 된다. 일부의 식품에서는 무기질의 염소이온(Cl^-)등 휘발성 무기물은 휘산되기도 하고, 양이온의 일부는 공존하는 음이온과 반응하여 인산염, 황산염 등으로 되기도 하며, 유기물 기원의 탄산염으로 되기 때문에 **조회분**((粗灰分; crude ash)이라고 한다.

2-2. 공전상 시험방법

1) 기 구

① 회화용기 : 자제증발접시, 뚜껑 달린 자제도가니

② 전기회화로 : 적당한 크기의 것, 또는 가스버너도 좋다.

③ 천칭 등 : 자동전자저울(작동 확인), 데시케이터, 도가니집게(대소), 면장갑

2) 시험조작

① 회화용기의 항량

깨끗한 회화용기를 전기로 또는 가스버너에서 600℃ 이상으로 여러 시간 강하게 가열한 후 데시케이터에 옮겨 실온으로 식힌 다음 곧 화학천칭으로 칭량한다. 다시 2시간 강하게 가열하여 건조 칭량하고 이 조작을 항량이 될 때까지 반복한다.

② 검사의 전처리

시료를 회화용기에 정밀히 달아 넣고 필요하면 회화에 앞서 다음의 전처리를 한다.

㉠ 전처리가 필요하지 않은 시료

곡류, 두류, 기타 ㉡ 이하의 항에 포함되지 않은 것

㉡ 미리 건조하여야 하는 시료

수분함량이 많은 동·식물성식품은 건조기 내에서 될 수 있는 대로 건조시킨다. 액상식품과 액상음료는 수욕 상에서 증발 건조시킨다.

㉢ 예비 탄화시켜야할 시료

회화할 때 팽창하는 시료로서 당류 및 당함량이 많은 식품, 정제전분, 계란의 흰자위 및 일부의 어육이 이에 속한다. 이들 시료는 버너의 약한 불로 주의하면서 탄화하든가 또는 열판 상에서 적외선램프를 조사하면서 300℃이하에서 탄화한다.

③ 연소시켜야할 시료

유지류는 가급적 수분을 제거하고 이것을 가열 또는 점화하여 불꽃이 약해질 때까지 연소시키고 적당한 뚜껑을 덮어 불을 끈다.

3) 회화(灰化)

위와 같이 전처리가 끝나면 용기를 그대로 전기회화로나 또는 가스버너에 옮겨 550~600℃에서 여러 시간 가열하여 백색~회백색의 회분이 얻어질 때까지 계속한다. 회화가 끝난 후, 가열을 그치고 그대로 식혀, 온도가 200℃로 되었을 때 데시케이터에 옮겨 실온이 될 때까지 식힌 후 칭량한다.

만일 회화에 있어서 대량의 탄소가 남아 회백색의 회분을 얻을 수 없는 시료일 경우 얻은 흑회색의 회분을 식힌 다음 약 15㎖의 물을 가하여 탄 덩어리를 유리봉으로 부수어 수욕 상에서 잘 가온하여 가용분을 침출시킨 후 정량여과지로 작은 비이커에 여과하고 잔류물은 다시 물

로 씻어 씻은 액은 비이커에 넣는다. 여과지 상의 잔류물은 회화한 먼저의 회화용기에 옮겨 건조후 550~600℃에서 회화시킨다. 비이커의 액은 수욕 상에서 농축하여 잔류물을 회화한 먼저의 회화용기에 옮기고 소량의 물로 비이커를 씻고 씻은 액도 회화용기에 넣는다. 다시 회화용기를 수욕 상에서 증발 건조하고 500~600℃에서 2시간 가열하면 탄소가 함유되지 않은 회분을 얻는다. 회화한 다음 데시케이터에 옮겨 식히고 실온으로 되면 곧 칭량하여 시료의 회분량(%)을 다음 식에 따라 산출한다.

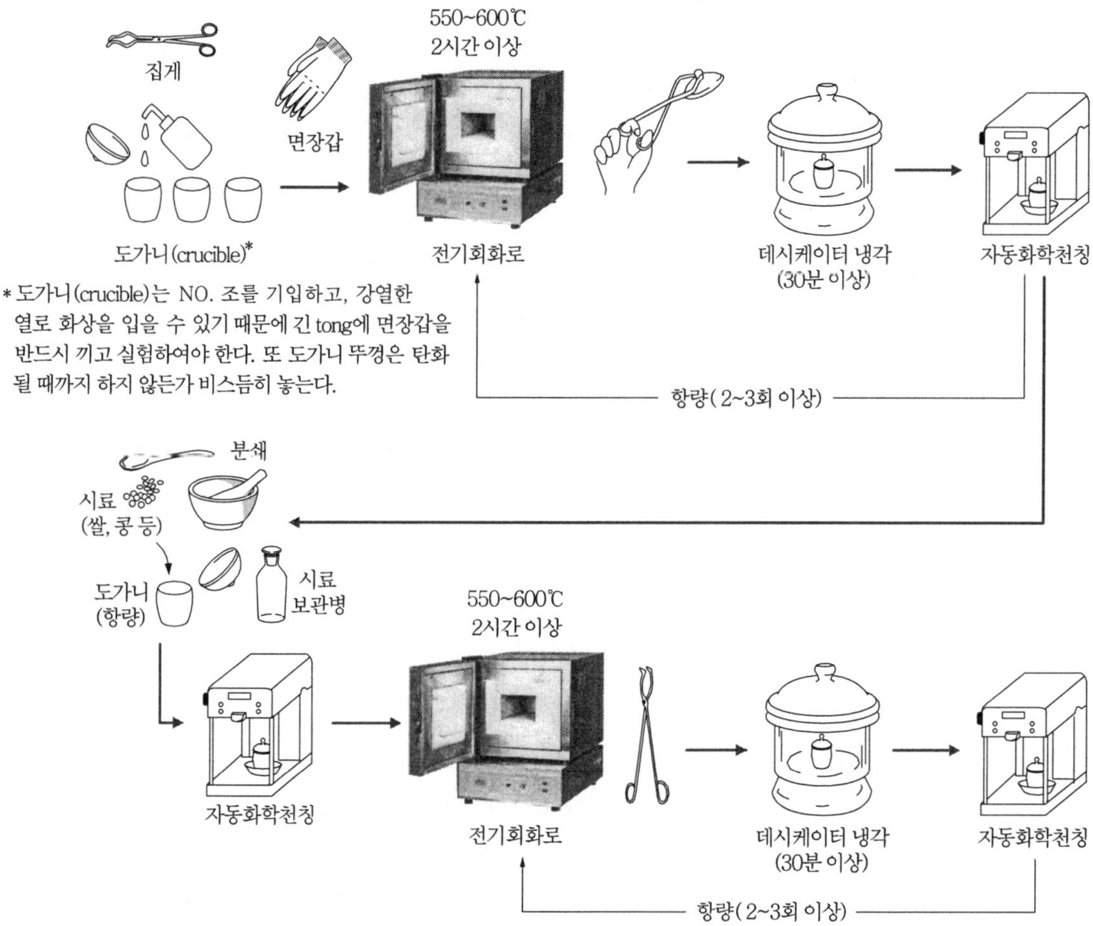

그림 2-3-1. **회분의 정량**

4) 계산방법

$$회분(\%) = \frac{W_1 - W_0}{S} \times 100$$

W_0 : 항량이 된 회화용기의 무게(g)
W_1 : 회화 후의 회화용기와 회분의 무게(g)
S : 검체의 채취량(g)

2-3. 공전상 시험방법의 해설

① 직접회회법에서 말하는 회분은 진정한 무기물질의 총량과는 반드시 일치하지는 않는다. 예를 들어 식품중 무기물질인 염소, 요소, 인, 황의 일부는 회화에 따라 소실되어지고, 반대로 유기물질로부터 유래하는 탄소가 이산화탄소로 되어 휘산하지 않고 탄산염의 형태로 회분 중에 남아 있는 경우가 있다. 이것들의 정도는 시료의 성질과 동시에 회화온도나 시간에 따라 달라진다. 따라서 이와 같은 점에서 회분이라는 것은 일정한 약속된 조건 하에서 얻어진 무기물질에 가장 가까운 값이라 생각할 수 있다.

② 회화용기는 10% HCl중에 2시간 방치 후 물에 씻고 건조하여 사용한다. 세정할 때는 강산이나 연마분(닦는데 쓰는 가루)의 사용은 피한다.

③ 자제증발접시는 백금, 석영제의 용기를 특별히 사용할 필요는 없다. 식품의 회화에는 증발접시를 사용하는 방법이 공기공급도 좋고 회화도중 생기는 부풀어오름이 생겨도 넘치지 않고 좋다.

④ 뚜껑달린 자제도가니는 가스버너로 회화할 때는 재의 종류에 따라 날리는 것도 있기 때문에 뚜껑이 있는 도가니를 사용하는 것이 안전하다.

⑤ 회화용기의 항량에서 자기용기는 미량의 수분을 포함하고 있는 것도 있고 센 열로 감량한 것도 있다. 새로운 용기를 사용할 때는 주의가 필요하다.

⑥ 검체의 전처리에서 시료채취량은 표 2-3-1을 참고한다. 시료의 종류에 따라서는 즉각 강한 열을 주면 팽화하거나 날아서 흩어지는 경우도 있어 전처리가 필요하다.

표 2-3-1. 각종 식품의 시료 채취량

시 료	채취량(g)	비 고
곡류 및 제품	3~5	생우동, 밥 등 수분이 많은 것은 적당히 양을 늘린다
종실류, 콩류, 해초류	2~5	해초 중에는 철을 많이 함유한 것이 있으므로 주의 필요
감자류, 야채류	10~20	건조한 식품에 대해선 적당히 양 줄임
과실류, 버섯류		송이버섯 등 칼슘이 특히(비상하게)적음
어패류, 수조육류	5~10	다랑어 가다랑어 등은 다른 고기에 비해 칼슘 특히 적음
알류		흰자의 경우는 조금 큰 증발접시 사용하고 노른자는 습식회화가 좋다
우유 및 유제품류	5~10	
사탕류, 과자류	5~10	설탕류, 단과자류, 기유우히(求肥, ぎゅうひ): 찹쌀가루 쪄서 조청, 설탕 섞어 반죽한 것)등의 과자는 조금 큰 증발접시가 좋음
조미료	5~10	
기호음료	5~10	

⑦ 수분이 많은 동식물성식품은 채소, 과일, 수육, 어육 및 그 가공품 등

⑧ 액상식품은 간장, 소스, 식초 등

⑨ 액상음료는 술, 과즙 등

⑩ 수욕상에서 증발 건조시킬 시, 간장, 우유 등의 경우는 많은 양의 시료를 취하는 경우 간장에서는 식염의 결정, 우유에서는 지방이 표면에 모여 피막이 되어 증발을 방해한다. 이와 같은 경우에는 건조기를 이용하여 105℃에서 건조한다.

⑪ 캐러멜, 잼 등 당분을 다량 함유한 시료는 탄화 중 부풀어 오르거나 튈 수 있다. 이것을 방지하기 위해 탄화 전 순수 올리브유를 수 방울 넣어 놓으면 좋다.

⑫ 다랑어, 가다랑어, 오징어, 새우 등은 회화할 때 팽창하는 경향이 강하므로 예비탄화시켜야 한다.

⑬ 당류 및 당함량이 많은 식품, 정제전분, 계란의 흰자위 및 일부의 어육은 내용물이 넘치지 않도록 주의하고 가능하면 약한 불에서 가열한다. 시료는 격렬하게 팽창되지 않게 되면 회화를 한다.

⑭ 유지류는 가급적 수분을 제거하고 약한 불로 주의하며 행한다.

⑮ 수분을 제거한 유지류는 점화했으면 버너에 의한 가열은 멈춘다.

⑯ 회화는 저온에서 서서히 행한다. 특히 버너로 회화하는 경우에는 주의할 필요가 있다.

⑰ 550~600℃에서 여러시간 가열하여 회화가 끝났다 하더라도 회백색의 재를 얻지 못할 수도 있다. 예를 들어 시료 중에 Cu, Fe, Mn이 포함된 경우엔 각각 미청색, 갈색, 청록색을 나타낸다. 또한 표면이 백~회갈색을 하고 있어도 내부에 탄소조각이 남아있는 경우도 있기 때문에 주의를 요한다. 시료의 회분이 다량의 인산 알칼리염 또는 규산 알칼리염을 함유한 경우에는 회화의 마지막 단계에 $Ba(OH)_2$, $Mg(CH_3COO)_2 \cdot 4H_2O$ 등의 회 용액을 더해 증발건조 시킨 뒤 회화한다. 계산에 대해선 첨가한 것에 상당하는 산화물의 중량을 전체 회화량에서 빼준다.

⑱ 회화 후 냉각한 알칼리성 회분은 흡습하기 쉬우므로 칭량을 특히 재빠르게 행한다.

⑲ 다량의 무기염류, 예를 들어 석영을 함유한 소금에 절여 저장한 물고기 조림류 등이나 인산을 함유한 계란 노른자, 쌀겨, 효모 등의 경우에는 다량의 회분이 남아 완전 회화하기가 어렵다. 그러므로 식힌 회분을 약 15㎖의 물을 가하여 탄 덩어리를 부수어 수욕상에서 잘 가온하여 가용분을 침출시킨다.

⑳ 가용분을 침출시킨 가용성 염류는 제거해 회화를 용이하게 한다.

㉑ 회분의 계산에서 정량용 여지의 회분의 보정을 행하는 경우에는 다음 식에 따른다. 회분이 없는 종이를 사용한 경우에는 회분의 보정은 필요 없다.

$$\text{회분}(\%) = \frac{W_1 - (W_0 + W_2)}{S} \times 100$$

W_0 : 항량이 된 회화용기의 무게(g) W_2 : 정량용 여지의 회분의 무게(g)

W_1 : 회화 후의 회화용기와 회분의 무게(g) S : 검체의 채취량(g)

3. 초산마그네슘 첨가 신속회화법 등

신속회화법은 회화온도 600℃에서 쌀, 보리, 옥수수, 메밀 등의 곡류 및 이들의 1, 2차 가공품에 적용된다. 밀가루와 같이 인산이 많이 함유되어 있는 산성식품의 시료를 완전히 회화시키는 데에는 시간이 걸린다. 일반적으로 제분, 제빵 공장에서 회분정량을 신속히 하기 위하여 시료에다 일정량의 $Mg(CH_3COO)_2$ 또는 $Mg(NO_3)_2$를 가하여 재를 염기성으로 하면 재의 용융(熔融)을 방지하면서 신속히 회화시킬 수 있다. 그 밖에 식품을 회화시켜서 식품의 산도(酸度)와 알칼리도를 알 수 있다. 즉 식품 100g을 연소시켜서 얻은 재를 중화하는데 필요한 0.1N HCl 또는 0.1N NaOH의 ㎖수를 알칼리도(alkalinity) 또는 산도(acidity)라고도 한다.

계산예 도가니 회화용기를 600㎖에서 5시간 작열 후 방냉하여 항량이 된 무게는 17.3567g이었고, 코을 분쇄한 시료 채취량은 1.021g이었다. 그리고 항량이 된 도가니에 시료를 넣고 회화시킨 후의 도가니 항량은 17.391g이었다. 이 때 콩의 회분함량은 얼마인가?

(1) 도가니의 항량 측정
　3시간 작열, 35분 방냉 : 17.3567g
　2시간 작열, 35분 방냉 : 17.3567g

(2) 시료 채취량 : 1.1021g

(3) 도가니 칭량병 + 시료량 : 18.4683g
　3시간 작열, 35분 방냉 : 17.3967g
　2시간 작열, 35분 방냉 : 17.3920g
　2시간 작열, 35분 방냉 : 17.3918g

(4) 계 산:

$$\text{콩의 조회분}(\%) = \frac{W_1 - W_0}{S} \times 100$$

$$= \frac{17.3918 - 17.3567}{1.1021} \times 100 = \frac{0.0351}{1.1021} \times 100$$

$$= 3.18\%$$

실험 8호 식품중의 조회분 정량실험

(강의계획서 10째 주)

1. 실험 시간 ; 이론 1시간, 실습 2시간

2. 시료, 시약, 기구 등의 준비와 조제 – ▣ ☻ (학과 조교님 준비 및 확인)▸

1) 시료 : 수분정량실험 시의 지정재료를 사용한다.

2) 기구 및 용기 : 스푼(각조), 핀셋(각조), 황산지, 자동전자저울(3~4대, 0점 조정 등 점검), 도자기 칭량병(각조 1개 예비 2개), 전기회화로(내부 청소, 온도 전기점검), 도가니집게(대, 소. 각조 1개), 면장갑(각조 1개), 데시케이터(2대 준비, 내부 선반 청소, grease, silica gel의 상태), 중성세제 등 준비

3. 실험전 준비사항

Chapter 4 단백질 등의 정성과 정량분석

1. 단백질 정성분석

1-1. 단백질의 용해성과 침전반응

1) 난백의 용해성

난백을 난황이나 껍질이 혼합되지 않게 분리시켜 비이커에 취하고 5~6배의 물을 가하여 교반하면 백탁이 된다. 여기에 교반하면서 소량의 식염을 가하기 시작하면 백탁은 소실되어 액은 투명하게 된다(a).

2) 젤라틴의 용해성

젤라틴 분말 0.5g을 비이커에 취하고 찬물 50㎖를 가하여 교반하여도 용해하지 않는다. 이것을 천천히 가열하면 용해한다(b).

3) 중금속염 용액에 의한 단백질의 침전

단백질용액(a, b로 조제한 용액) 3㎖를 시험관이나 소용량 비이커에 취하고 황산동용액(1%)을 적가한다. 황산동용액 대신에 초산연(1%), 질산은용액(1%), 염화제2수은용액(1%)을 떨어뜨려도 된다. 그러면 단백질은 침전한다.

4) 유기침전 시약에 의한 단백질의 침전

시험관에 단백질 용액(a, b로 조제한 용액) 3㎖를 취하고 20% sulfosalicylic acid를 떨어뜨린다. 10% trichloroacetic acid(3염화초산)를 떨어뜨려도 된다. 그러면 단백질은 침전한다.

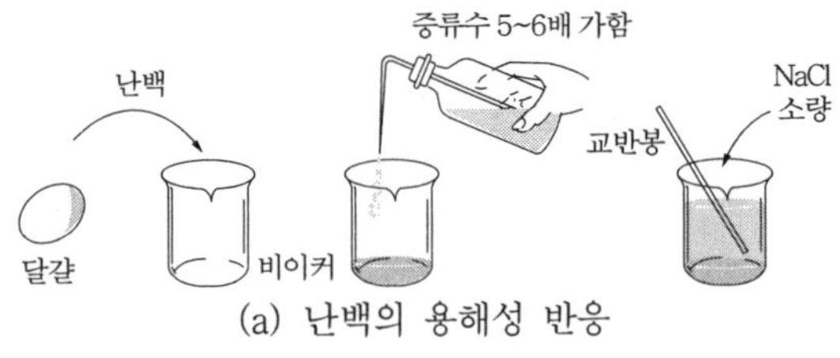

(a) 난백의 용해성 반응

(b) 침전반응

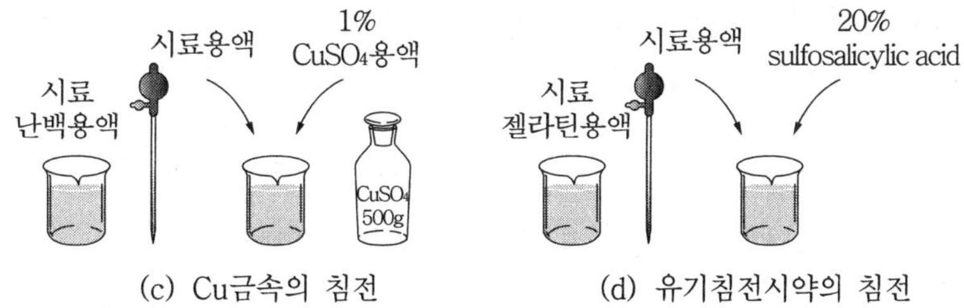

그림 2-4-1. **단백질의 정성분석 중 용해성 반응과 침전반응들**

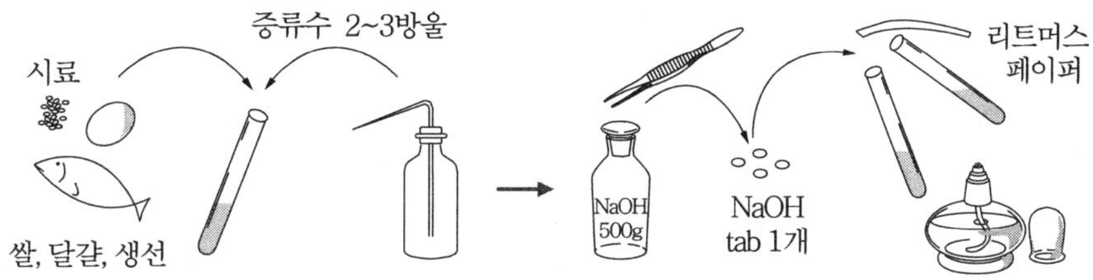

그림 2-4-2. **단백질의 간이검출**

1-2. 단백질의 반응

1) 단백질의 간이 검출

쌀, 계란의 흰자위, 생선 등을 시험관이나 소용량 비이커에 소량 취하고 2~3방울의 물을 가한 다음 팥알 크기 정도의 수산화나트륨(NaOH) 고체를 하나 넣는다(수산화나트륨을 손으로 직접 집어서는 안 된다). 시험관을 가열하고 물에 젖은 적색 리트머스 종이를 관 벽에 닿지 않도록 하면서 관에 넣어 발생하는 기체에 접촉시킨다(청변).

2) 난백 용액과 젤라틴용액의 비교

단백질의 용해성으로 조제한 난백용액과 젤라틴용액에 대하여 다음 반응을 비교해 본다. 또 우유와도 비교해 보자.

① 시료용액 3㎖를 시험관에 취하고 2N 묽은 수산화나트륨용액 또는 10% NaOH를 2㎖씩 가하여 알칼리성으로 하고, 1% 묽은 황산동용액을 가해 보면 자색으로 나타난다. 이 반응을 **Biuret반응**이라 한다. 이 뷰렛반응은 -CO-NH-를 갖는 화합물에서 NH_2-CO-NH-CO-NH_2CO(Biuret)가 생성되기 때문에 tripeptide 이상의 것에서 나타나는 정색반응으로, peptide 결합이 Cu^{2+}와 착염을 형성되기 때문이다.

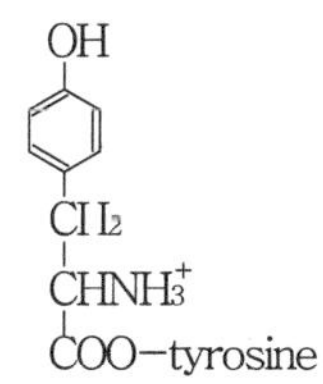

② 난백용액 2㎖를 시험관 또는 소형 비이커에 취하고 여기에 진한 질산(conc. HNO_3)을 한 방울 가한다(침전). 그 시험관을 가열하고(황변), 다음에 수산화나트륨용액(NaOH 또는 암모니아수)을 가하여 질산을 중화하고 다시 알칼리성으로 한다(오렌지색). 이 반응을 **Xanthoprotein반응**이라 한다. 젤라

틴용액에 관해서도 동일한 방법을 사용하여 조사해 본다. 이 Xanthoprotein 반응은 benzene 핵을 갖는 화합물에서 일어난다. tyrosine, tryptophan 등의 방향족 아미노산이 nitro화되기 때문이다.

③ 난백용액 2㎖를 시험관 또는 소형 비이커에 취하고 여기에 40% 수산화나트륨(NaOH)용액 1㎖와 1% 초산연(초산납)용액을 몇 방울 가해 끓인다(흑갈변). 이 반응을 **단백질의 유황반응**이라 한다. 젤라틴 용액에 관해서도 동일하게 행하여 조사해 본다.

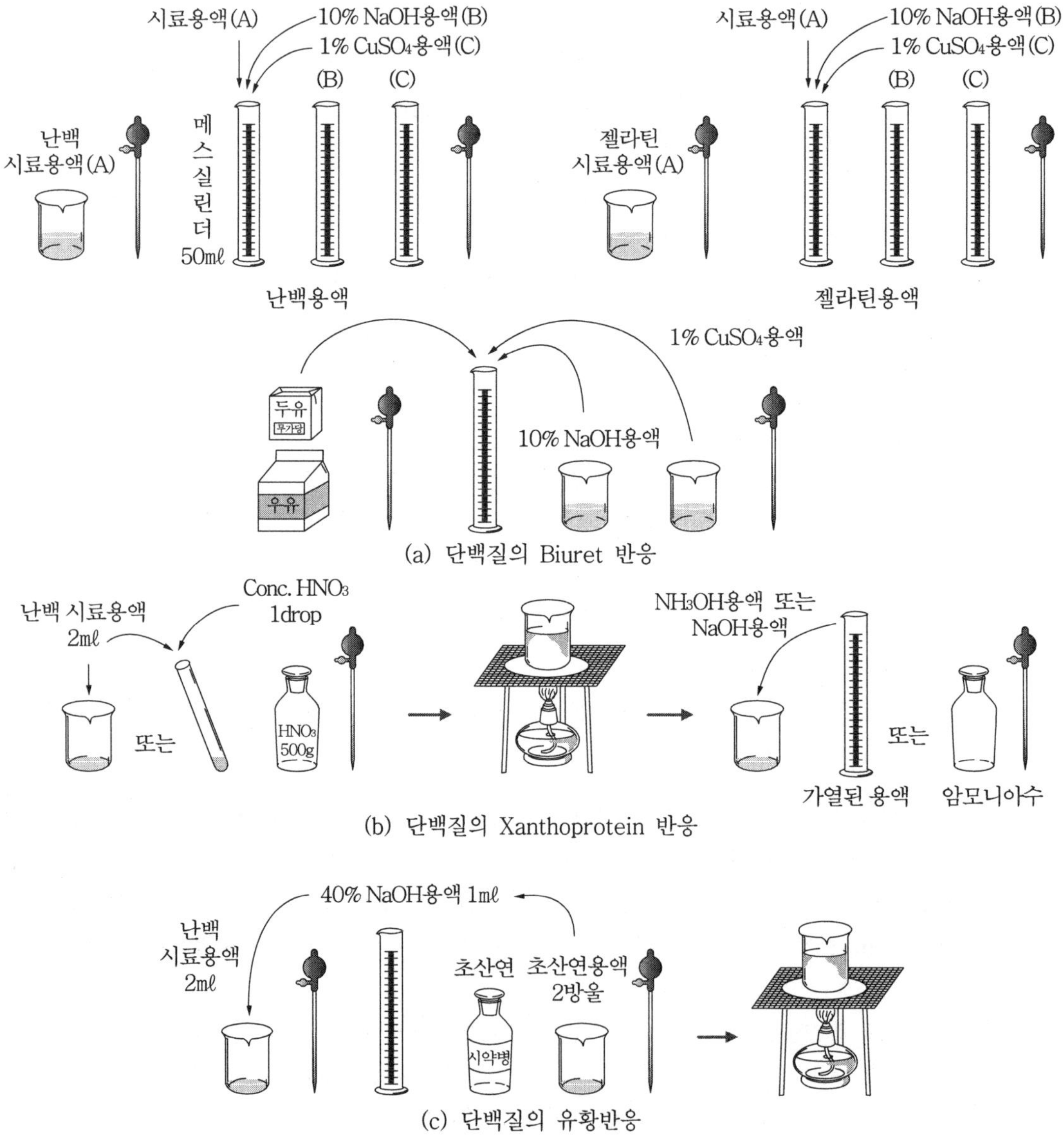

그림 2-4-3. **단백질의 정성분석 중 정색반응들**

1-3. 아미노산의 자동분석기와 고속액체크로마토그래피에 의한 정성, 정량분석 요점

아미노산의 자동분석은 이온교환크로마토그래피에 의해 상호 분리된 아미노산을 닌하이드린(ninhydrine) 발색시약으로 발색 후 440nm와 570nm에서 흡광도를 자동적으로 기록하고 각 아미노산의 용출시간, 또는 흡광도의 비교에 의한 정성분석과 peak면적에 의하여 정량을 하는 정량분석방법이 있다.

고속액체크로마토그래피에 의한 정성 및 정량도 아미노산 자동분석기에 의한 정성 및 정량에서와 같이 시험용액을 준비한다. 각각의 고속액체크로마토그래피에서 주어진 조건에 맞추어 유도체를 만든 후 시료와 동일조건하에서 조제한 아미노산 표준용액의 peak면적과 함량으로부터 검량조건을 작성하고 시험용액에서 얻어진 peak면적으로 시험용액 중의 아미노산 함량을 계산한다.

2. 단백질의 정량분석

2-1. 단백질 정량의 개요

식품중의 질소화합물로는 단백질, 핵산, 아미노당 함유다당, 질소함유지질, 비타민, 햄골격, 생체아민, 요소, 암모니아 등 여러 가지로 되어 있지만 대부분의 질소는 단백질에 함유되어 있다. 그러므로 총 질소로부터 역으로 단백질량을 추정하는 것이 가능하다. 식품 중의 단백질은 탄소 약 52%, 수소 약 7%, 산소 약 23%의 각 원소 외에 일정량의 비율로 질소가 약 16%를 함유하고 그 이외 유황 약 2%, 인, 미량금속 등을 함유하고 있다. 그러므로 단백질의 질소화합물은 평균 16%로부터 총 질소량에 **단백질환산계수(질소계수)**100/16 = 6.25를 곱하면 대략의 단백질량이 구해진다. 이렇게 구해진 단백질량을 **조단백질**(crude protein)이라 하고 식품중의 단백질량으로서 영양가 판정에 이용된다. 그러나 정확히는 식품개개에 구해진 개별의 계수를 사용하는 것이 바람직하다. 표 2-4-1의 식품별 질소계수를 이용한다. 이 표에 없는 식품에 대해서는 질소계수 6.25를 이용한다.

표 2-4-1. **조단백질을 산출하는 질소계수**

식 품 명	질소계수	식 품 명	질소계수
소맥분 [중등질 경질 연질 수득률(100~94%)]	5.83	소맥분 [중등질 수득률(93~83%) 또는 그 이하]	5.70
쌀	5.95	보리, 호밀, 귀리	5.83
메밀	6.31	국수, 마카로니, 스파게티	5.70
낙화생	5.46	콩 및 콩제품	5.71
밤, 호두, 깨	5.30	호박, 수박 및 해바라기 씨	5.40
유(乳,) 유제품, 마아가린	6.38	위 이외의 모든 식품	6.25

$$조단백질(\%) = N(\%) \times 질소계수$$

그리고 유기물질인 식품중의 단백질을 진한 황산과 촉매하에 Kjeldahl flask 분해병에서 분해되고 모든 단백 질소는 증류과정에서 황산암모늄[$(NH_4)_2SO_4$]으로 전환되며, 이 황산암모늄을 알칼리(NaOH)로 적정 또는 colorimetric method 등에 의해 정량분석된다. 그리고 분해에는 용량에 따라 micro Kjeldahl 분해플라스크 등에 의한 용량으로 10~30mℓ 범위가 사용되고 semi-micro Kjeldahl 분해플라스크에는 50~150mℓ(통상 100mℓ 사용)을, macro Kjeldahl 분해플라스크에는 200~800mℓ(통상 250mℓ, 300mℓ, 500mℓ)의 3가지로 구분하여 사용된다. 우리나라는 '식품공전'에 semi-micro Kjeldahl 분해법을 수록 사용하고 있다.

2-2. 조단백질의 세미 마이크로 킬달정량법(semi-micro kjeldahl method)

1) 분석방법의 원리

킬달법의 원리는 함질소 유기물을 촉매의 존재하에서 H_2SO_4로 가열 분해하면 질소는 NH_3로 변한다. 계속하여 NaOH를 가하여 알칼리성으로 하고 유리된 NH_3를 수증기로 증류하여 희황산으로 포집한다(증류). 이 포집액을 NaOH로 적정하여 NH_3양을 구한다(적정). 우리나라에서 '식품공전'에 수록되어 사용되는 것은 세미마이크로 킬달법이 있으며 다음과 같다.

2) 공전상의 시험방법

(1) 장치 및 시약

① 장 치

그림 2-4-4와 같은 장치를 쓴다. 전체가 경질유리를 사용하여야 하며 접속부위는 갈아 맞춘 것으로 하여도 좋다. 장치에 쓰는 고무는 수산화나트륨시액 속에서 10~30분간 끓이고 다음에 물에서 30~60분간 끓인 다음 물로 충분히 씻어서 쓴다(단, 동 시험법의 원리를 이용한 기타의 장치 또는 자동 및 반자동기기를 사용할 수 있다).

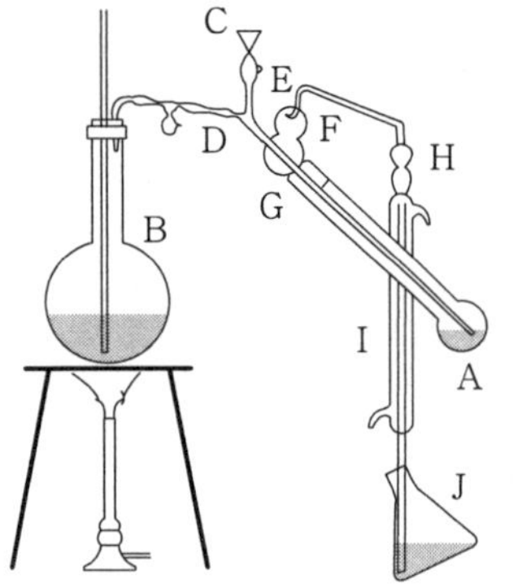

A : 킬달플라스크 세미마이크로킬달 장치(100mℓ)
B : 수증기 발생기로서 황산 2~3방울을 넣은 물을 넣고 갑자기 끓는 것을 피하기 위하여 비등석을 넣는다.
C : 알칼리용액을 넣는 깔때기
D : 수증기유도관
E : 내용물이 튀어 올라오는 것을 막는다.
F : 작은 구멍(관의 안지름과 거의 같다)
G, H : 갈아 맞춘 접속부위
I : 냉각기(바깥지름 200mm, 안지름 350mm, 아래끝은 약 5mm)
J : 흡수용 플라스크

그림 2-4-4. 세미마이크로 킬달장치

② 시 약

분해촉진제 : $CuSO_4$, K_2SO_4(1 : 4)

부런스위크(Brunswik)시액 : 메틸레드 0.2g 및 메틸렌블루 0.1g을 에탄올 300㎖에 녹여서 여과하여 사용하고 갈색병에 보존한다.

(2) 조작법

① 시료의 분해

㉠ 통상적으로 질소 함량이 2~3mg에 해당하는 양의 시료를 정밀히 취하여 킬달플라스크에 넣고 여기에 분해촉진제 약 0.5g을 넣은 후 플라스크 내벽을 따라 황산 3~5㎖를 넣은 다음 플라스크를 흔들어 주면서 30% 과산화수소수용액 1㎖를 조금씩 조심하여 넣는다.

플라스크를 금망상에서 천천히 가열하고 시료의 탄화물이 보이지 않을 때까지 온도를 높여 끓이고 분해액이 투명한 담청색이 되면 다시 1~2시간 가열을 계속한다. 분해액을 냉각시킨 후 물 20㎖를 주의하여 가한 후 이 플라스크를 증류장치에 연결한다.

질소(N) 함량이 2~3㎎에 해당하는 양의 시료를 계산하는 방법으로는 다음과 같다.

$$\text{시료량(g)} = \frac{(0.002 \sim 0.003) \times \text{단백질질소계수}}{\text{조단백질 함량}} \times 100$$

㉡ 비교적 많은 시료(예 : 건소된 식품류)를 취할 필요가 있는 경우에는 질소함량이 약 20~30mg에 해당하는 양의 시료를 정밀히 취하여 250~300㎖ 킬달 분해플라스크에 넣고 이에 분해촉진제 1~2g 및 황산 20~30㎖를 가하여 가열 분해시킨다. 분해액을 냉각시킨 후 물 약 100㎖를 가하고 200㎖ 메스플라스크에 옮겨서 냉각 후 물을 가하여 전량을 200㎖로 채워 그 20㎖를 세미마이크로 킬달분해플라스크에 취하여 증류장치에 연결한다.

㉢ 질소(N)함량이 적어서 다량의 시료(예 : 사탕류, 엿류 등)를 취할 필요가 있는 경우에는 질소함량 2~3mg에 해당되는 시료를 정밀히 취하여 상기 ㉡의 조작과 같이 가열 분해하고 냉각 후 물 20㎖를 주의하여 가하고 킬달분해플라스크를 증류장치에 연결한다.

② 증류 및 적정

증류장치의 흡수플라스크에 0.05N 황산 10㎖를 취하여 이에 브런스위크 시액 2~3방울을 떨어뜨려서 냉각기의 끝 부분을 액면 밑에 담그고 작은 깔때기로부터 30% 수산화나트륨용액 25㎖를 가한다. 다음에 수증기 발생기로부터 수증기 증류를 하여 증류액 약 100㎖를 받은 후 냉각기의 끝을 액면에서 조금 떼어 다시 유액 수 ㎖를 유취하여 다시 냉각기의 끝을 소량의 물로 수기 내에 씻어 넣는다. 수기 내에 들어 있는 유액을 0.05N 수산화나트륨액으로 부런스위크 시액이 녹색으로 변할 때까지 적정한다. 따로 같은 방법으로 공시험을 한다.

0.05N 황산 1㎖ = 0.7003mgN

(3) 계 산

$$\text{시료중의 질소}(\%) = 0.7003 \times (a-b) \times \frac{100}{\text{검체의 채취량(mg)}}$$

a : 공시험에서 중화에 소요된 0.05N 수산화나트륨액의 mℓ수

b : 본시험에서 중화에 소요된 0.05N 수산화나트륨액의 mℓ수

계산식은 시료의 분해액을 전부 사용해서 적정했을 때의 식이므로 분해액의 일부를 사용할 때는 그 계수를 곱한다. 여기서 얻은 질소량에 표 2-4-1에 의한 질소계수를 곱하여 조단백질의 양으로 한다.

3) 공전상 시험방법의 해설

① **세미마이크로킬달법**은 가장 일반적인 총질소정량법이다. **킬달법**은 1883년에 킬달(Kjeldahl)에 의해 고안된 유기화합물 중의 총 질소정량법으로 다양한 개량이 장치와 시약에서 이루어져 현재에도 신뢰성이 인정되는 방법이다. 킬달법에는 marco법, 세미마이크로법, 마이크로법이 있지만 대다수의 식품은 불균일한 많은 성분의 혼합체이므로 식품분석의 목적에는 시료를 지나치게(너무) 마이크로화 하는 것은 좋지 않다. 즉 macro Kjeldahl에는 시료를 1~5g 사용하고 semi-micro Kjeldahl에는 시료를 100~500mg으로, micro Kjeldahl에는 시료를 10~50mg의 범위로 통상 사용된다. 따라서 본 시험법에서는 '일국십일' 에 채용되고 있는 장치로 기본적으로는 차이는 없으므로 어느 쪽을 이용하여도 좋다. 각종의 자동 킬달 장치도 시판되고 있다.

킬달법의 원리는 함질소유기물을 촉매의 존재 하에서 H_2SO_4로 가열 분해하면 질소는 NH_3로 변한다(분해). 계속하여 NaOH를 가하여 알칼리성으로 하고 유리된 NH_3를 수증기 증류하여 희황산으로 포집한다(증류). 이 포집액을 NaOH로 적정하여 NH_3양을 구한다(적정).

② 분해촉진제에서 분해에 사용되는 촉매로는 Se, Hg, Cu 등이 있다. Hg는 Cu보다도 유효하므로 AOAC에서는 Hg와 HgO를 이용한다. 그러나 본 시험법에서는 독성을 고려하여 Cu를 채용하였다. 충분히 가열을 하면 수은제와 동등한 결과를 얻을 수 있다. K_2SO_4는 황산의 비점을 높여 분해를 빨리하기 위해 가한다. 시판되는 분해 촉진제를 사용하면 분해시간을 단축할 수 있다.

③ 부런스위크(Brunswik) 시약에서 적정 지시약은 메틸레드, 메틸렌소프루 혼합시약(pH 5.2 이하에서는 자적색, pH 5.4 부근에서는 무색, pH 5.6 이상에선 녹색)을 이용한다.

④ 질소함량의 시료는 곡류와 두류 그 가공품으로 건조상태인 것은 곱게 분쇄하여 충분히 혼합하여 시료를 한다. 생선, 육류, 육제품은 으깨어 혼합하고 과실, 야채류는 믹서랑 호모게나이저로 마쇄 혼합하는 것이 좋다. 시료 중의 질소함량은 한국 식품표준 성분표 등으로부터 산출한다.

⑤ 산화제인 H_2O_2를 가하면 분해시간이 짧아지고 분해액의 거품이 일어나는 것도 줄인다. H_2O_2용해는 분해 액을 반드시 냉각한 후 가하지 않으면 위험하다.

⑥ 분해플라스크는 금망상 위에 비스듬히 세워 가열한다. 시료 액의 탄화에 의해 생성되는 탄소는 H_2O_2를 환원하여 SO_2와 CO_2를 생성한다. SO_2는 시료의 탄화에 발생하는 수소와 같이

시료중의 질소를 환원하여 NH_3로 변하고 SO_3로 되어 휘산한다. CO_2의 휘산과 함께 분해액은 투명하게 되지만 투명하게 되어도 질소화합물이 전부 NH_3로 된 것은 아니므로 가열을 계속할 필요가 있다.

⑦ 비교적 많은 시료에서 성분이 불균일한 시료에서는 부정확한 결과가 얻어지므로 비교적 다량의 시료를 분해하고 그 일부에 대해서 측정한다.

⑧ 흡수플라스크에 황산을 취할 때 유출한 NH_3와 포집액이 충분히 냉각되면 NH_3 흡수에는 반드시 강산의 용액을 필요로 하는 것은 아니다. 일국십일에서는 포집액에 boric acid(1→25)를 사용하고 0.01N황산으로 직접 증류하는 방법이 이용되고 있다. 미정량을 필요로 하는 경우에는 확산법(2.12.1-2)에 의해 NH_3를 포집하고 정량하는 것도 가능하다.

⑨ 수증기 증류 시 수증기 발생기의 물에 NH_3를 포함한 경우에는 H_2SO_4를 몇 방울 가한다. 수증기 증류가 격렬하면 증류액의 NaOH가 포집액으로 이동할 수 있다.

⑩ 계산식은 시료의 분해액을 모두 사용하여 적정한 경우의 식이므로 분해액의 일부를 사용한 경우는 그 희석배수를 곱한다.

⑪ 쌀의 질소계수에서 현미, 익힌 것, 정백미도 질소계수 5.95를 적용한다.

⑫ 유 · 유제품 · 마가린의 질소계수는 식물성, 동물성 마아가린 및 버터를 포함한다.

⑬ 그 밖의 질소계수에서 나무열매 중 아몬드는 5.18을, 코코넛(외피제거), 밤(생것, 건조한 것), 그 외의 나무열매는 5.30을 질소계수로 적용한다.

2-3. 킬달 질소정량법(Kjeldahl 窒素定量法)

1) 시약 기구 등

① 시약 : 분해촉진제[혼합촉매, $CuSO_4(1)+K_2SO_4(9)$], Conc H_2SO_4(98%, 비중1.84, 20~25 mℓ), Zn 분말, 30% NaOH용액, 0.1N NaOH, 0.1N H_2SO_4, methyl red(Brunswik 시액)

② 기구 : 막자사발 또는 분쇄기, 자동화학천칭, Kjeldahl 분해병 250mℓ이나 300mℓ 및 500mℓ, Kjeldahl 분해장치와 세팅과 배기함(draft실), meas flask 250mℓ, 깔대기, 삼각 flask, cylinder, filler, pipet 25mℓ, Kjeldahl 증류장치, buret 50mℓ, 증류수병, 황산지나 파라핀지, 핀셋 등

2) 조작법

(1) 시료의 채취와 분해

시료는 분해플라스크에 맞는 적당량의 시료 즉 질소량 10~25mg(단백질 함량 5~150mg) 상당하는 양을 정확히 취해야 한다. 시료 채취량의 계산은 다음과 같다.

질소 정량에 있어서는 알맞은 양의 시료를 채취하여 분해하는 것이 매우 중요하다. 그러므로 실험 전에 식품성분표나 다른 여러 문헌을 통하여 대략의 질소(N)량을 조사하고서 계산에 의

해 채취량, 희석량을 구하여 둘 필요가 있다. 일반적으로 질소정량에서는 수기에 H_2SO_4 용액을 10~20㎖ 취하므로 증류할 때 그의 반량은 $(NH_4)_2SO_4$가 된다. 즉 H_2SO_4의 소비량이 5㎖ 내외가 되도록 하는 것이 이상적이다.

수기의 H_2SO_4가 0.01N이면 그의 1㎖는 질소 0.14mg에 상당하므로 H_2SO_4 소비량 5㎖는 0.14mg× 5 =0.7mg으로 된다. 이는 증류 시에 채취한 시료분해 희석용액 10㎖ 중에 0.7mg의 질소가 함유되어야 한다는 것을 의미한다. 예를 들면, 식품성분표상 단백질 함량이 20%이고 분해 후 250㎖로 정용하여 그의 10㎖를 취하여 증류하였다면 시료의 취하는 양 χg은 다음과 같다.

$$\chi(g) = 0.7 \times \frac{250}{10} \times \frac{100}{20/6.25} = 0.7 \times 25 \times \frac{100}{32} = 546.87mg \fallingdotseq 5.47g$$

즉 시료 500mg 정도로 정확히 취하여 분해하고서 250㎖로 정용하면 된다.

한편, 채소의 경우 단백질 함량이 1.0%라면

$$\chi(g) = 0.7 \times \frac{250}{10} \times \frac{100}{1.0/6.25} = 10937.5mg \fallingdotseq 10.94g$$

으로서 시료량이 많아서 분해가 어려울 때는 시료량을 반으로 줄이고 분해하여 정용을 250㎖로 하지 말고 100㎖로 하면 좋다.

고체시료와 분해촉매는 긴 목의 Kjeldahl 분해병에 묻지 않도록 질소를 함유하지 않은 여과지, 황산지 및 파라핀왁스지, 폴리에틸렌 필름 등에 싸서 넣으면 좋다. 액체 시료는 소량의 물로 씻어 넣는다.

그리고 유기물 분해에 필요한 conc. H_2SO_4의 양은 약 20~25㎖를 넣고 가볍게 분해병을 흔들어 시료와 황산이 잘 혼합되도록 하고, 배기함 분해대에 비스듬히 고정시켜서 draft 실내에서 분해시킨다. 분해가 시작되면 용액이 검게 되고 거품이 대부분 부글부글 끓어오른다. 이 때는 가열을 약하게 하다가 가열온도를 높여 정상적인 온도로 조정하여 가열하여 보통 3~5시간 끓인 후 방냉한다. 이 과정에서 반응물질의 색은 흑갈색 → 다갈색 → 청색~황록색(드물게 백색)의 투명한 액으로 변화된다. 방냉한 Kjeldahl flask에 증류수 약 50㎖를 가하면서 흔들어 석출된 염류를 녹이고 흐르는 물 중에서 냉각한다. 이 분해액에 증류수를 가하는 까닭은 다음 증류 직전 30% NaOH 용액을 가할 때 급격한 비등을 막기 위한 것이다.

그리고 황산의 첨가량에 대하여 유기물 분해에 필요한 conc. H_2SO_4의 소비량은 탄수화물과 단백질의 경우는 시료 1g당 약 6㎖, 지방질은 약 12㎖이므로 시료량에 따라 황산 첨가량을 증감하여야 한다. 또 소금은 conc. H_2SO_4와 직접 반응하므로($2NaCl+H_2SO_4 \rightarrow Na_2SO_4+2HCl$) 김치, 젓갈류 등을 분해할 때는 소금의 양만큼 황산을 더 가해주어야 한다.

또 거품의 방지에서 전분, 당분, 지방분이 많은 시료는 거품 발생이 심하므로 아연분말(조각)이나 paraffin 조각을 넣으면 거품을 방지할 수 있다.

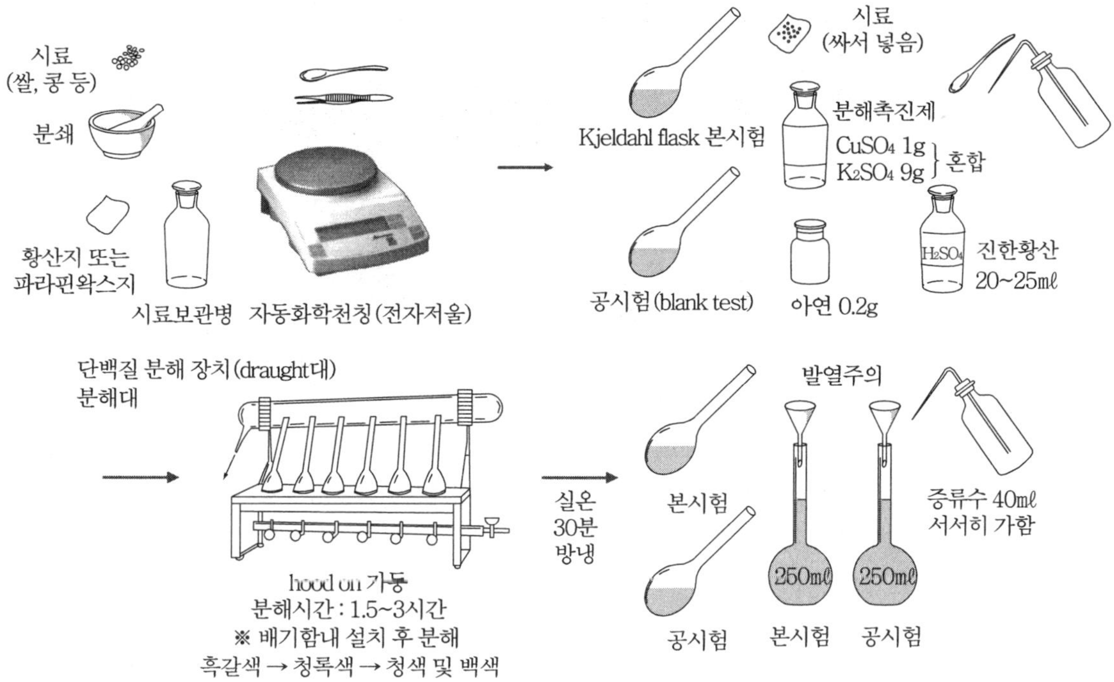

(a) 시료의 준비와 분해(digesting)

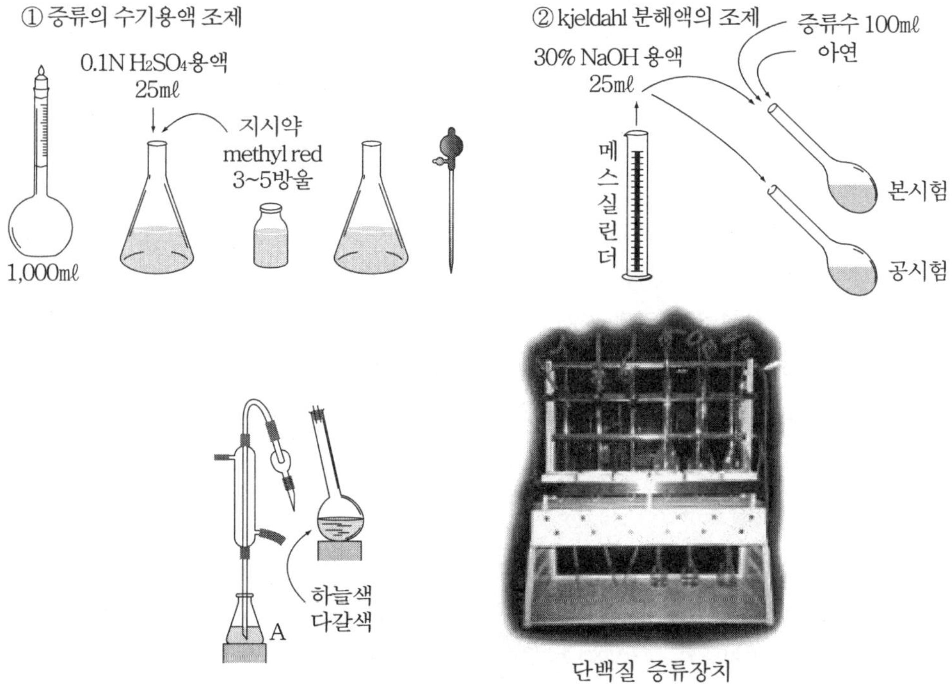

(b) 증류(distilling)

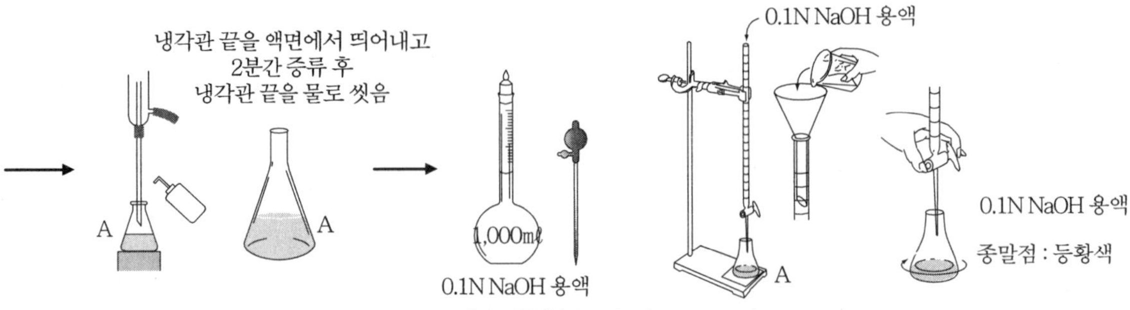

(c) 적정(titration)

그림 2-4-5. 킬달질소정량법의 분해조작(a), 증류조작(b), 적정조작(c)

(2) 증 류

분해가 완료되면 semi-micro Kjeldahl 증류장치에서 같은 증류장치를 쓸 수 있으나 그림 2-4-5의 증류장치도 이용할 수 있다(원리는 동일). 증류에는 수증기 증류와 직접식 증류의 2가지 방법이 있다. 여기서는 수증기 증류식을 이용하며 그림 2-4-5와 같이 한다.

우선 1차로 증류의 수기(受器)인 삼각플라스크에 0.1N H_2SO_4 용액을 20~25㎖을 넣고 지시약(MR.)3~5방울 떨어뜨려 용액을 제조한 후 증류장치 하단에 세팅한다. 두 번째로 분해된 Kjeldahl 분해병에 증류수 100㎖, 아연분말의 비등석 그리고 증류수 장치 옆에서 30% NaOH 용액을 신속히 붓고 재빨리 마개로 닫고 증류장치에 연결된 수돗물 꼭지를 열어 냉각관에 냉각수를 흘려보낸다. 그리고 증류장치의 전원스위치를 ON으로 하여 가열판을 가열시킨다. 증류시간은 30~45분 증류한다. 증류과정에서 수기의 황산용액에 암모니아(NH_3)가스가 약간의 거품이 생기는 것을 확인하는 것도 좋다.

(3) 적 정

암모니아에 의하여 중화되고 남은 과잉의 0.1N H_2SO_4를 0.1N NaOH(factor도 구해야 함) 표준용액으로 중화적정한다. 색이 변할 때를 종말점(end point)으로 하며 혼합지시약의 색상인 경우는 처음 산성에서 약간 어두운 적자색(赤紫色) → 자적색(紫赤色) → 중화된 종말점에서는 청록색에서 회색으로 변한다. 적정눈금 v_1의 소비 ㎖를 읽는다. 같은 방법으로 시료 없이 전과정을 조작하여 blank test를 병행하여 적정눈금 v_0의 blank 소비 ㎖을 읽는다.

3) 계 산

(1) 시료중의 질소량(N) 계산식

$$N(mg) = 1.4 \times (v_0 - v_1) \times f$$

$$N(mg\%) = \frac{1.4 \times (v_0 - v_1) \times f}{S \times 1,000} \times 100$$

v_0 : blank test의 0.1N NaOH 소비 ㎖수

v_1 : 본 시험에 필요한 0.1N NaOH 소비 mℓ수
f : 0.1N NaOH 표준용액의 factor
S : sample 채취량
D : 희석 배수
N : 질소 환산 계수(6.25)

0.1N H_2SO_4 1mℓ에 상당하는 질소량 1.4에 대하여 Kjeldhal법 중의 중화반응 H_2SO_4(98.08) +$2NH_3$(34.06) → $(NH_4)_2SO_4$로부터 1N H_2SO_4 1ℓ는 49.04g의 H_2SO_4를 함유하므로 0.1N H_2SO_4 1mℓ는 4.9mg의 H_2SO_4를 함유하고, 또 0.01N H_2SO_4 1mℓ는 0.49mg의 H_2SO_4를 함유하므로 98.08 : 34.06 = 4.9mg : χ 에서 χ =1.7mg(NH_3)이 된다.

즉 0.1N H_2SO_4 용액 1mℓ는 1.7mg의 NH_3와 반응을 한다. NH_3 1.7mg은 질소량으로 1.4mg이고, NH_3 0.17mg은 질소량으로 0.14mg(정확하게는 0.14008mg)이 된다.

(2) 조단백질량의 계산식

$$\text{조단백질}(\%) = \frac{0.0014008 \times (v_0 - v_1) \times f \times D \times \mathrm{N}(6.25)}{S} \times 100$$

아울러 최근에는 그림 2-4-6과 같이 자동분해장치, 자동증류장치, 자동적정장치가 개발되어 다량분석이 가능해졌다.

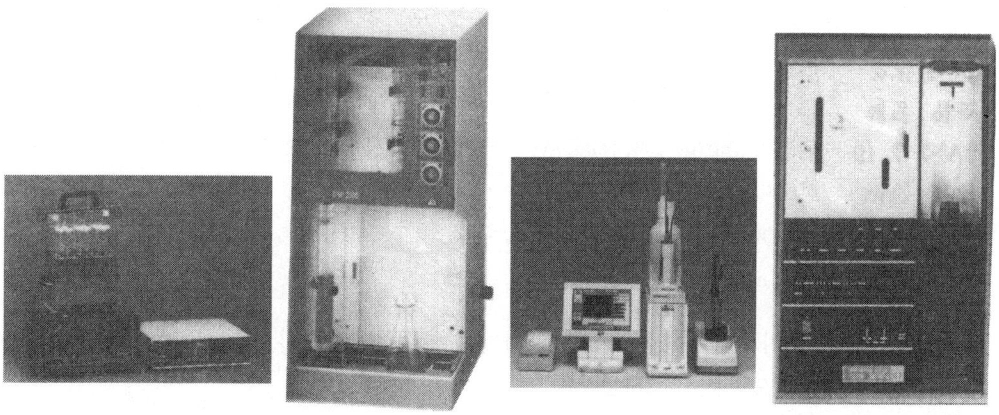

분해장치 증류장치 자동적정장치 자동증류와 자동적정기기

그림 2-4-6. **단백질의 정량자동분석**

계산예 미세하게 분쇄한 콩시료를 2.0053g을 칭량하여 분해촉진제와 함께 킬달분해플라스크에 진한 H_2SO_4 20mℓ를 가하여 4시간 동안 draft실에서 분해하였다. 분해액에 메스등근플라스크 100mℓ에 희석하여 그 중 20mℓ를 채취하여 킬달증류장치에서 35분간 증류하였다. 그리고

0.1N H_2SO_4 표준용액 채취량은 20㎖이었고, 0.1N NaOH의 적정치는 11.05㎖이었다. 한편 blank test의 적정치는 22.14㎖이었으며 NaOH 표준용액의 factor는 0.9283이었다. 아울러 이 실험에 사용된 산과 알칼리 표준용액은 20㎖ H_2SO_4 = 22.14㎖ NaOH에 상응된다.

$$\text{조단백질}(\%) = \frac{0.0014008 \times (v_0 - v_1) \times f \times D \times N(6.25)}{S} \times 100$$

$$v_0 = 22.14\text{㎖},\quad v_1 = 11.05\text{㎖},\quad f = 0.9283,\quad D = \frac{100}{20} = 5,\quad S = 2.0053\text{g}$$

$$\text{조단백질}(\%) = \frac{0.0014008 \times (22.14 - 11.05) \times 0.9283 \times 5 \times 6.25}{2.0053} \times 100 = 22.41\%$$

따라서 콩의 조단백질 함량은 22.41%가 측정되었다.

2-4. 아미노산 질소와 아미노산 자동분석기에 의한 정량 요점

아미노산 질소의 분석법으로는 반스라이크법, 홀몰적정법(Sǒrensen법)이 '식품공전'에 수록되어 있으므로 그곳에서 참고하길 바라며 여기에서는 생략한다. 아미노산 자동분석기에 의한 정량 요점은 다음과 같다.

1) 아미노산의 적용 개요

단백질의 영양가는 필수아미노산 함량에 의해 결정된다. 최근 단백질의 영양가 평가는 번거로운 생물학적 실험이었으나 간편한 화학적 분석에 의해 구해진 필수아미노산 함량으로부터 평가하는 방법이 주류가 되었다. 화학적 평가방법으로 얻어진 결과는 생물학적 평가와 잘 합치된다. 각 식품의 단백질 영양가 산정에는 각 필수아미노산 함량(mg/g단백질)을 대응하는 아미노산 평점 단백치(mg/g 단백질)로 나누어 %로 표시하고 그 중에서 가장 수치가 낮은 아미노산을 **제1제한아미노산**이라 하고 그 %를 **아미노산스코아**라고 한다. 이 수치가 단백질의 영양가를 표시한다. 100이상의 경우는 100으로 한다.

2) 분석방법의 원리

아미노산 자동분석은 상기 1-3. 아미노산 자동분석기와 고속액체크로마토그래피에 의한 정성·정량분석 요점을 참조바랍니다.

실험 9호 식품중의 조단백질의 정량실험(분해과정)

(강의계획서 11째 주)

1. 실험 시간 ; 이론 1시간, 실습 2시간(분해시간 2시간 정도)

2. 시료, 시약, 기구 등의 준비와 조제 – ➡ ☻ (학과 조교님 준비 및 확인)▸

1) 시료 : 수분의 정량실험 시의 일관된 시료(보관병 시료)로 한다.

2) 시약 : 분해촉진제($CuSO_4 : K_2SO_4$), 비등석(아연 또는 파라핀 조각), conc. H_2SO_4

3) 기구 및 용기 : 전자저울(3~4대, 0점 조정 등), 스푼(각조), 핀셋, 황산지, Kjeldahl분해플라스크(250㎖, 각조 1개, 예비 2개, 공시험용 1개), 장갑, 세척병(각조), 배기함내 분해장치(코일, 전기, 배기 등 점검, 코일도 2개 준비), desiccator(2대, 안의 선반 청소, grease 점검)

3. 조 작

1) 시료의 분해 : 1주는 시료 등을 킬달분해플라스크(이하 킬달병)에 넣고 배기함에서 약 2시간 이상 분해하여 배기함의 전기를 끈 후 일주일 후 다음 시간에 분해물을 사용한다.

4. 실험전 준비사항

실험 10호 식품중의 조단백질의 정량실험(증류과정과 적정과정)

(강의계획서 12째 주)

1. 실험 시간 ; 이론 1시간, 실습 2시간(증류시간 약 40분)

2. 시약, 기구 등의 준비와 조제 – ◘ ☻ (학과 조교님 준비 및 확인)▸

1) 시약 : NaOH 500g, conc. H_2SO_4 500g, methyl red.
   ① 0.1N H_2SO_4(100㎖ 용액조제, 3회용) 25㎖
   ② 30% NaOH(100㎖ 용액조제) 25㎖
   ③ 0.1N NaOH 100㎖ 조제

2) 기구 및 용기 : 메스등근플라스크100~250㎖(각조), 깔때기(각조), 세척병(각조), 킬달병(각조, 예비 2개), 피펫 25㎖(각조), 300㎖삼각플라스크(각조, 예비 2개), 뷰렛 50㎖ 등의 준비와 점검

3. 조 작

1) 단백질 분해액의 증류 : 지난 주에 분해된 시료를 다시 킬달플라스크에 일정량 취하여 30% NaOH용액을 넣고 증류하여 0.1N H_2SO_4용액 수기로 받는다. 단 주의할 점은 0.1N H_2SO_4용액을 우선 조제, 세팅하고 그 다음 조제된 30% NaOH용액을 킬달병에 신속히 넣고 최대한 신속히 증류장치의 고무마개로 세팅 즉시 막는다.

2) 중화적정 : 0.1N NaOH용액으로 0.1N $(NH_4)_2SO_4$용액에 적정을 실시한다.

4. 실험전 준비사항

Chapter 5 지방의 정성과 정량분석

1. 지방 정성분석

1) 식기에 붙은 지질의 검출

식기에 버터 옐로우(butter yellow) 0.1% 알코올 용액을 떨어뜨리고, 식기를 흔들어서 전면에 엷게 퍼지게 한다. 5~10분 잠시 방치한 다음 가볍게 물을 부어 여분의 색소를 씻어낸다. 유지가 붙어 있는 부분은 황색으로 물들어 있다.

2) 지방의 Acrolein반응

두 개의 깨끗한 시험관을 준비하고 그 하나에 글리세린 몇 방울, 다른 하나에 유지 약 1㎖를 취하고 각각의 시험관에 0.5g의 산성황산칼륨($KHSO_4$)을 가하여 약한 불로 서서히 가열하면 (약 230℃) 흰 연기가 발생한다.

3) 유지의 화학구조 중 불포화결합(지방산)의 유무 판별

① 두 개의 시험관을 준비하고 한 개에 콩기름 또는 채종유 약 1g을 취하고 또 한개에 지방 약 1g을 취한다.

② 각각에 1㎖의 4염화탄소를 가하여 흔들고 잘 용해시킨다.

③ 다시 취소(Br)의 4염화탄소 용액을 서서히 가하여 흔들고 취소의 색이 없어지는 정도나 유지의 상태변화를 비교한다. 대두유, 채종유에서는 취소의 4염화탄소용액을 가하면 취소가 흡수되어서 색이 소실한다. 취소의 색이 소실하지 않을 정도까지 가하여 4염화탄소를 제거하면 뿌옇게 혼탁되어 불투명하게 되어 기름이 된다. 유지에서는 취소가 거의 흡수되지 않아 취소의 색이 소실되지 않는다.

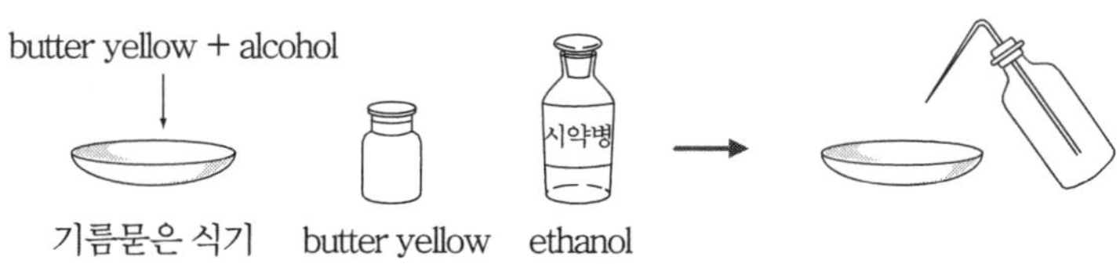

(a) 식기에 붙은 지질의 추출

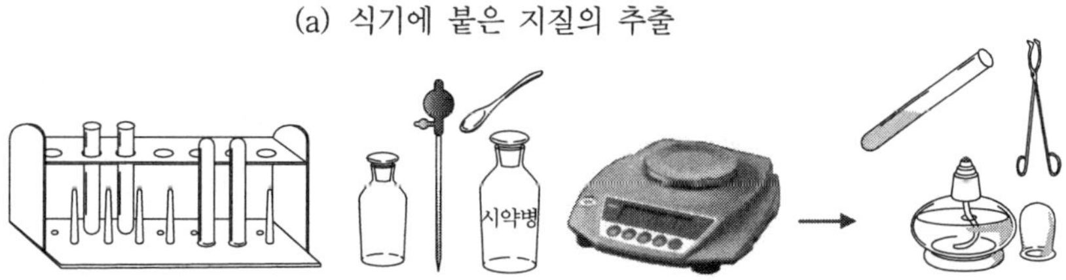

(b) 지방의 acrolein 반응

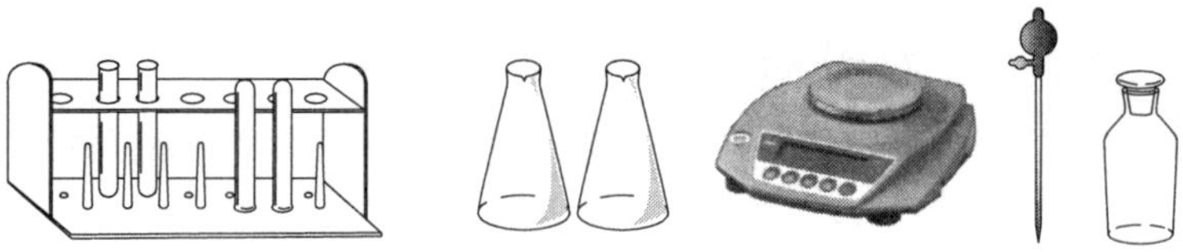

(c) 불포화지방산의 유무판별

그림 2-5-1. 지방의 정성분석 반응들

2. 지방의 정량분석

2-1. 지방정량의 개요

지방은 물에 녹지 않고 ether, 석유 ether, chloroform, acetone 등의 유기용매에 녹는 유기화합물이다. 식품의 지방질은 일반적으로 Soxhlet 지방추출기 또는 이와 유사한 연속식 지방추출기를 사용하여 ether로 추출하여 정량한다. 그러나 에테르에 녹는 것은 순수한 지방만이 아니고 시료중의 색소(chlorophyll, carotenoid), wax, alkaloid, 유기산, 지용성 vitamin 등도 용출된다. 따라서 이 방법으로 정량되는 것을 **조지방(粗脂肪, crude fat)** 또는 **에테르추출물(ether extract)**이라 한다. 한편 우유와 유제품의 지방질은 Gerber법이나 Rose-Gottlieb법이 일반적으로 사용되고 있으며 난류, 마요네즈, 유제품 및 치즈의 지방질은 Rose-Gottlieb변법이라 할 수 있는 산분해법에 의해 정량하고, 식용유, 버터의 지방질은 ether불용물을 칭량해서 정량한다.

2-2. 조지방의 에테르추출 정량법

1) 분석방법의 원리

이 방법은 가장 일반적인 **에테르 추출법**이며 Soxhlet 지방추출기를 사용하며 **Soxhlet 추출법**이라고도 한다. 곡류, 종실류, 두류 등의 분말이 쉬운 식품, 식용유 등 주로 중성지질로 구성된 식품에 적용한다. 다만, 가열 조리 등의 가공과정을 거치지 않은 식품에 적용된다. 시료를 추출관에 넣고 에테르를 지방병(지방칭량병, 受器, 받는 그릇)에 넣어 가열하면 에테르는 증발되어 위의 냉각기에서 응축되어 원통여지의 시료 중에 떨어져 침지되며 사이폰(siphon)작용에 의하여 수기에 떨어진다. 가열에 의해 수기의 ether은 또 기체가 되어 올라가고 냉각되어 다시 돌아와 연속적으로 추출된다. 추출물에서 에테르를 휘발시킨 후 그 건조물의 중량을 달아 조지방 양으로 한다.

2) 공전상 시험방법

(1) 장 치

① Soxhlet지방추출기

② 원통여지

(2) 시 약

(di)ethyl ether 또는 benzene

(3) 시험조작

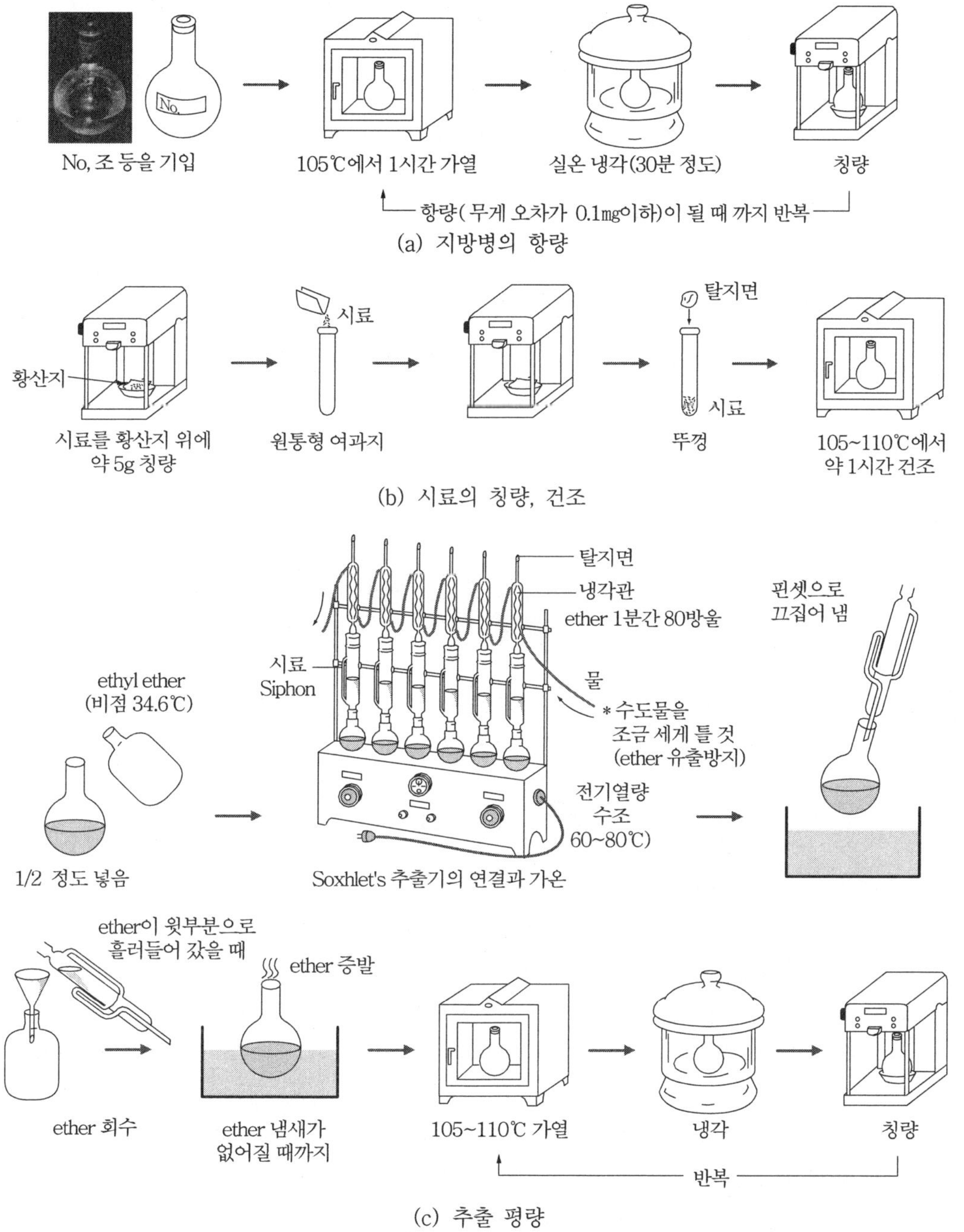

그림 2-5-2. 조지방 정량을 위한 지방병의 칭량 및 항량과 시료의 에테르 추출 조작

필요한 경우 미세한 분말로 한 시료 2~10g을 정밀히 달아 원통여과지에 넣고 시료 위에 탈지면을 가볍게 충전하여 이를 적당한 용기에 담아 100~105℃의 건조기에서 2~3시간 건조한 후 데시케이터에서 식히고 Soxhlet 추출기의 추출관에 넣는다. 지방병(받는 그릇)에 무수에테르를 약 1/2용량을 넣어 장치하고 8시간 추출한다.

추출이 끝난 후 냉각기를 떼고 추출관속의 원통여과지를 핀셋으로 꺼내고 다시 냉각기를 모두 추출관에 연결하여 수욕 상에서 가온하여 지방병(받는 그릇)중의 에테르가 전부 추출관에 옮겨지면 받는 그릇을 떼어 수욕조(水浴槽, 水槽) 중에서 에테르를 완전히 증발시킨다.

지방병의 바깥을 거즈로 깨끗이 닦은 후 98~100℃의 건조기에 넣어 약 1시간 항량이 될 때까지 건조한 다음 데시케이터에서 식히고 칭량한다.

(4) 계산방법

조지방의 양은 다음 식에 따라 산출한다.

$$\text{조지방}(\%) = \frac{W_1 - W_0}{S} \times 100$$

W_0 : 지방병(받는 그릇)의 무게(g)

W_1 : 조지방을 추출하여 건조시킨 받는 그릇의 무게(g)

S : 검사의 채취량(g)

$$\text{지방}(\%) = \frac{\text{지방무게}}{\text{시료무게}} \times 100 = \frac{\text{추출후의 지방병무게} - \text{지방병무게}}{\text{시료와 황산지의 무게} - \text{황산지무게}} \times 100$$

계산예 시료+황산지 무게 5.2362g, 황산지의 무게 0.2281g, 지방병의 무게 26.1639g, 추출후의 지방병의 무게 27.0912g일 때, 콩의 지방은 얼마인가?

$$\text{지방}(\%) = \frac{27.0912 - 26.1639}{5.2362 - 0.2281} \times 100 = 18.5\%$$

3) 공전상 시험의 해설

① 원통여지의 지름은 추출관의 내경보다 2~4mm 작은 것이 적당하다.

② 시료의 채취량은 추출물의 중량이 0.05~1g 정도가 얻어지는 것이 적당하다. 이 양이 적으면 추출이 완전히 이루어지지 않고, 항량에 도달하는 시간도 길어지며 결과가 부정확하게 된다.

③ 원통여과지 입구를 막는 것은 시료가 날지 않도록 하기 위하여 탈지면을 사용한다.

④ 탈지면을 충전한 시료를 충분히 건조하지 않으면 디에틸에테르 추출물 중에 당류 등의 수용성 물질이 혼입되어 측정오차의 원인이 된다.

⑤ 받는 수기에 미리 비등석 여러 개를 항량하여 넣어둔다.

⑥ 무수에테르는 ④번과 같은 이유이다.

⑦ 수기 외측을 거즈로 닦는 이유는 수기의 외측에 먼지, 수욕에서 부착될 수 있는 물과 광

물질, 또는 손에 의해 오염물 등이 부착될 수 있으므로 이것들을 제거하기 위함이다.

⑧ 항량이 될 때까지 건조하는 것은 용매와 수분이 완전히 휘발한 시점에서의 중량, 즉 최초에 측량한 최저 중량을 항량치로 한다. 가열을 계속하게 되면 유지의 산화 등에 의해 중량이 오히려 증가하는 경우가 있다.

⑨ 데시케이터 내에서의 방냉 시간은 항상 일정하게 한다.

2-3. 산분해법

산분해법은 전분류, 지질함량이 적지 않은 종실류, 대두 이외의 전분함량이 많은 두류, 버섯류, 조리가공식품 등에 적용이 가능하다.

1) 공전상 시험방법

(1) 장 치

뢰니히관, 마조니어관

(2) 시험조작

이 법은 물에 녹지 않고 산분해에 의해서 액상으로 되는 식육, 어육 및 수산식품, 소맥분 빵류, 마카로니 등 곡류가공품과 기타 다른 방법에 적용되지 않는 식품에 적용한다.

① 난류 및 마요네즈

전란은 약 3g, 노른자위는 약 2g, 흰자위는 약 5g, 마요네즈는 약 1g을 작은 비이커에 정밀히 달아 넣고, 염산 10㎖를 소량씩 가하여 섞어 70℃의 수욕중에서 약 30분간 가온한 다음 5분마다 흔들면서 30분간 끓인다. 이에 물을 가하여 약 20㎖로 하고 식힌 다음 내용물을 뢰리히관에 옮기고 비이커는 에테르 25㎖로 씻어 뢰리히관에 넣고 흔든 다음, 석유에테르 25㎖를 가하여 이하 뢰제 곳트리법에 따라 시험한다.

② 어육 및 수산식품

검체 약 8g을 작은 비이커에 정밀히 달아 넣고 염산 2㎖를 가하여 유리봉으로 덩어리를 부

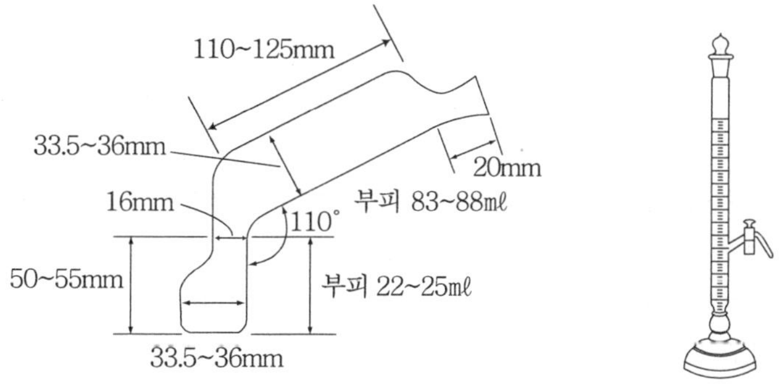

(a) Mojonnier관 (b) Röhrig관

그림 2-5-3. 마조니어(Mojonnier)관과 뢰리히(Röhrig)관

수고 염산 6㎖를 가하여 섞은 다음 수욕 중에서 때때로 흔들면서 90분간 가열한다. 식힌 후 내용물을 뢰리히관에 옮기고 에탄올 7㎖로 비이커 및 유리봉을 씻은 다음 에테르 25㎖로 씻는다. 이하 앞의 ①에 따라 시험한다.

③ 소백분, 빵류, 마카로니 및 조미료

검체 약 2g을 작은 비이커에 정밀히 달아 넣고 에탄올 약 2㎖를 가하여 잘 섞는다. 다음 염산(25→36) 10㎖를 가하여 잘 섞고 70~80℃의 수욕상에서 때때로 흔들면서 20~40분간 가온한다. 액체추출기 다음 에탄올 10㎖를 가하고 식힌 후 내용물은 뢰리히관에 옮기고 이하 앞의 ①에 따라 시험한다.

2-4. 액상검체의 추출법

1) 공전상 시험방법

(1) 장 치

① 액체 추출기(그림 2-5-2)

② 일반법에 사용하는 장치

(2) 시험조작

이 법은 주스, 간장 등 시료를 증발 건조하기 어려운 식품에 적용한다. 액체추출기의 추출관에 시료 30~50g을 정밀히 달아 넣고 아래쪽에 구멍이 있는 중관을 넣어 그 위쪽에 냉각관에서 에테르가 떨어질 수 있게 냉각관을 접속하고 이하 ether 추출법인 일반법에 따라 시험한다.

2) 공전상 방법의 해설

① 주스와 간장 등은 액상시료를 증발건조하는 것이 쉽지 않으므로 이 방법으로 분석한다.

② 액체추출기는 그림과 같은 장치를 사용하여도 좋다.

2-5. 지방의 특수법, 뢰제 곳트리부법(Roese-Gottlieb method) 요점

이 **지방의 특수법**은 점질상으로서 분말로 하기 어렵고 또한 당분이 많아 함유된 밀크캐러멜 등의 식품에 적용한다. 페링황산동 용액을 NaOH용액에서 중화하여 생성하는 $Cu(OH)_2$에 의해서 단백질, 지질이 같이 침전되고 이 침전 중의 지질을 디에칠에테르로 추출하여 정량하는 방법이다. 이 법도 '식품공전'에 수록되었으므로 참조하기 바란다.

뢰제 곳트리브법은 유제품 중 비교적 지방질의 함량이 많은 액상 및 우유와 같은 식품 또는 물을 가하여 액상 및 우유와 같은 모양으로 할 수 있는 식품에 적용한다. 시료 1~10g을 정밀히 달아 뢰리히관, 마조니어관 또는 그의 지방 추출관에 넣어 물을 가하여 약 11㎖로 하고 40~50℃로 가온한 후 흔들어 완전히 혼화한 후 암모니아수 1.5㎖(액이 산성인 경우 2.0㎖)를 가하여 혼화한 후 알코올 10㎖를 가하여 잘 섞는다.

다음 에테르 25㎖를 가해 가볍게 섞고 마개를 열어 에테르 증기를 날려 보낸 후 다시 마개를 닫고 1분간 세게 흔든다. 필요하면 냉각 후 석유에테르 25㎖를 가하고 다시 1분간 격렬히 진탕한다. 이를 600rpm에서 원심분리하거나 방치하여 상층액이 완전히 투명하게 되면 상층액을 미리 항량으로 한 삼각플라스크에 옮기고 관내의 남은 액에 에테르 및 석유에테르 각 15㎖씩을 가하여 위와 같은 조작을 한다.

다시 석유에테르 및 에테르 15㎖씩으로 3회 추출한다. 다음 관의 마개 유출구 및 깔때기를 에테르 석유에테르의 같은 양의 혼액으로 깨끗이 씻고 여액 및 씻은 액을 삼각플라스크에 합쳐 수욕 상에서 용매를 날려 보낸 후 100±2℃의 건조기에 넣고 항량이 될 때까지 건조하고 조지방의 함량을 산출한다.

아울러 최근에는 자동화 추출시스템이 개발되어 다량의 시험에 이용되고 있다.

실험 11호 식품중 조지방의 정량실험

(강의계획서 13째 주)

1. 실험 시간 ; 이론 1시간(추출은 9시간 이상, 수업 외 7시간은 조교관리), 실습 2시간

2. 시료, 시약, 기구 등의 준비와 조제 – ➡ ☻ (학과 조교님 준비 및 확인)

1) 시료 : 수분 정량실험 시의 시료에 준한다.

2) 시약 : methyl ether 또는 (di)ethyl ether(500g, 3병)

3) 기구 및 용기 : 스푼, 핀셋, 황산지, 자동전자저울(0점 조정, 접시 등), 열풍항온 건조기(온도 조정 및 청결상태와 전기점검), 도가니 집게, 데시케이터(2대, 내부 선반의 청소, grease 점검), 지방병(각조, 청결상태, ether을 병의 1/2 정도), 탈지면 솜 원통여지(각조, 시료 투입과 탈지면 솜으로 마개), Soxhlet장치(각조, 원통여지 투입)와 냉각관(수도물을 연결하여, 적정 주입하였는지 등 배출 조정) 그리고 지방병 연결 셋팅, 항온수조(수도물 적정 주입, 항온유지의 전기 점검), 항온 건조기, 비등석, ether시약병(시약으로 쓰고 난 빈병은 버리지 말고, 사용되고 남은 ether 회수, 재사용할 수 있음)
본 저자의 경험에 비추어 볼 때 항온 수조(水槽) 대신 직열판 위에서 ether 지방병의 가열은 위험하므로 사용하지 않는 것이 바람직하다.

3. 실험전 주의사항

ether은 휘발성 인화물질(35℃로 沸點이 낮음)이기 때문에 성냥, 라이터, 담배불 등의 불(火)과의 접촉에 주의가 매우 요망되고, 실험할 때 추출 시 ether가 잘 날아가므로 항시 보충해 주어야하므로, 학생이나 조교는 항상 주시하고 실험 주위에서 대기하여야 하는 것을 특히 명심하여야 한다.

Chapter 6 탄수화물의 정성과 정량분석

1. 탄수화물 정성분석

1-1. 전분의 정색반응

1) 전분용액의 정색반응

① 멥쌀과 찹쌀을 증발접시에 담거나 전분 6㎖를 시험관에 취하여 요오드용액을 소량(1~2 방울)씩 가하면 청색으로 변한다. 그러면 탄수화물의 다당류인 전분(starch)이 존재하는 것을 알 수 있다. 요오드용액 대신에 옥도정기를 사용해도 된다.

② 전분액 3㎖을 별도의 시험관에 취하여 그것을 가열하면 청색이 소실되고, 다음에 비커에 들어 있는 냉수에 담가서 냉각시켜 보면 다시 청색으로 변한다.

③ 남아 있는 절반의 3㎖용액에 묽은 2N 수산화나트륨용액(2N NaOH)을 스포이드로 떨어뜨려 보면 청색이 소실된다. 다음에 그것을 묽은 2N 황산(H_2SO_4)을 떨어뜨려 보면 다시 청색으로 변한다.

2) 포도당, 자당, 전분의 Fehling 반응 비교

① 포도당, 자당, 전분의 용액을 약 3㎖씩 별도의 시험관에 취하고 펠링액(Fehling solution) 2㎖를 가하여 가열해 본다. 펠링액은 사용에 앞서서 A액*과 B액*을 같은 용량으로 혼합해서 진한 청색의 용액으로 한 것이다(A액과 B액을 계량하는 피펫은 각각 별개의 것을 사용한다).

액을 가열할 때에는 시험관을 약간 기울여서 흔들지 말고 액의 표면에 가까운 곳을 약한 불로 가열한다. 색의 변화가 액면(液面)으로부터 나타난다. 그렇게 되면 시험관을 흔들어서 액 전체를 가열하면 적갈색의 침전이 생성된다. 자당용액 · 전분용액에서는 펠링 반응은 일어나지 않는다.

*A액 : 정제한 $CuSO_4 \cdot 5H_2O$ 4g을 뜨거운 물 100㎖에 녹인 다음 냉각시키고, 물을 가해 1,000㎖로 한다.

*B액 : sodium citrate 173g과 무수 Na_2CO_3 100g을 600㎖의 뜨거운 물에 녹이고 냉각하여 850㎖로 한다. 또는 주석산칼륨나트륨(Rochelle염, $C_4H_4O_6KNa \cdot 4H_2O$) 200g과 NaOH 150g을 물에 녹여 정량을 1,000㎖로 한다.

② 자당용액 : 전분용액을 약 1㎖씩 별도의 시험관에 취하고 각각에 묽은 황산(H_2SO_4)용액 1㎖씩을 가하고 갑자기 끓지 않도록 약한 불로 5분간 가열한다. 냉각시킨 다음 무수탄산나트륨의 분말을 조금씩 가하여 거품(CO_2)이 나오지 않을 때까지 가한다. 그 일부를 취하여 요오드

용액을 가해보면 청색으로 변한다. 다음에 나머지 용액의 각각에 펠링액 1㎖를 가하여 가열해 보면 적갈색의 침전이 생성된다.

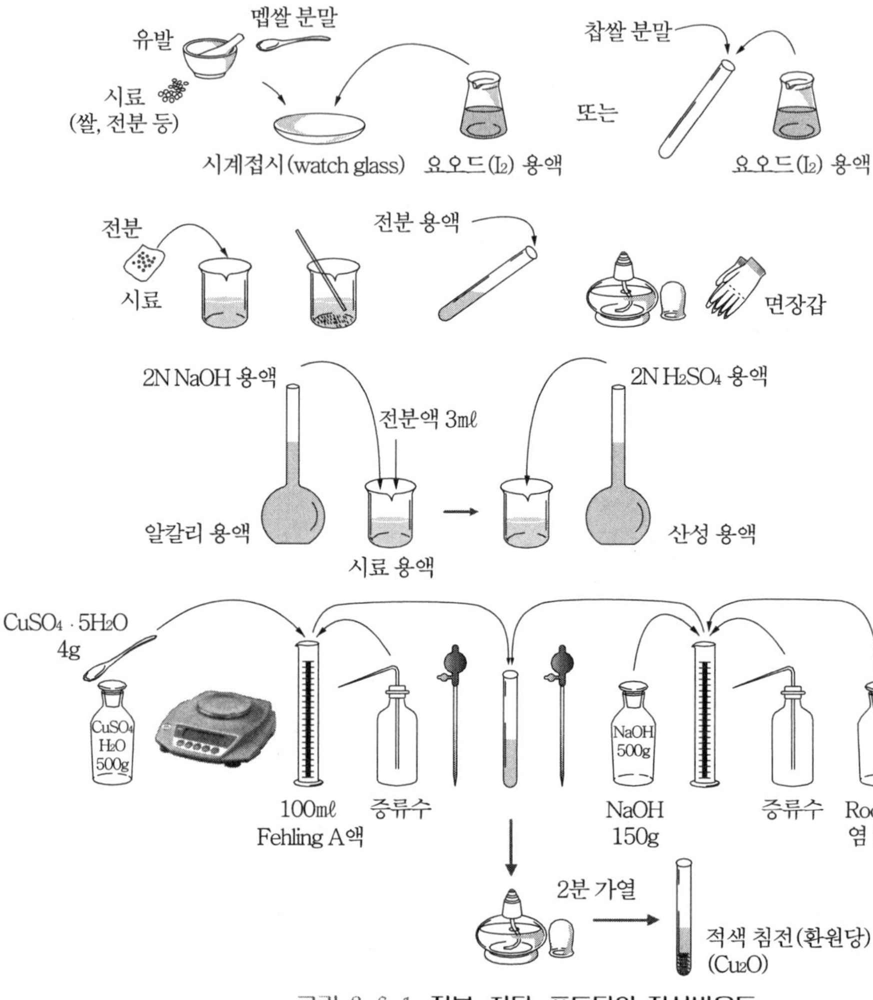

그림 2-6-1. **전분, 자당, 포도당의 정성반응들**

3) 포도당(Aldohexose)과 과당(Ketohexse)의 구별

두 개의 시험관을 준비하고 그 중 하나에는 포도당용액, 또 하나에는 과당용액을 1㎖씩 취하고 그 각각에 **Seliwanoff시약***을 3㎖씩 가한 다음 탕욕 중에서 5~15분 가열한다. 과당용액 쪽에는 적색-갈적색의 침전이 생기나 포도당용액 쪽에는 거의 반응이 일어나지 않는다.

* seliwanoff reaction : fructose의 색반응으로써 신선한 0.5% resorcin[resorcinol $C_6H_4(OH)_2$] 3.5㎖를 conc. HCl 12㎖와 물로 채워 전체 35㎖로 되게 희석해서 만든 것

4) 단당류와 환원성 2당류의 구별

두 개의 시험관을 사용하여 그중 하나에는 포도당 용액, 또 하나에는 유당용액을 1㎖씩 취하고 각각에 **Barfoed시약***을 3㎖씩 가한 다음 탕욕 중에서 가열한다. 포도당 용액 중에는 약 5분 이내에 황적색의 아산화동의 침전이 생기나 유당 쪽에는 약 15분 경과하지 않으면 황적색의 아산화동의 침전이 생성하지 않는다.

> *Barfoed 시약 : copper acetate 24g을 끓는물 450㎖에 녹여 즉시 8.5% lactic acid 25㎖을 가하여 교반한 다음 500㎖로 희석하여 여과한다.

5) Nylander반응

당류용액 5㎖와 Nylander시약(차아질산 비스머스 2g과 주석산칼륨나트륨 4g을 10% KOH 1ℓ에 용해한다) 1㎖를 시험관에 취하고 비등하고 있는 탕욕 중에서 5분간 가열한 후 방냉하면 환원당인 경우에는 비스머스(Bi^{+++})가 환원되고 흑색의 금속 비스머스의 침전이 생긴다. 이 반응은 뇨 중의 환원당의 검출에 쓰인다.

6) 은경반응(銀鏡反應 ; silver mirror test ; tollen's test)

잘 세정한 시험관에 N/10질산은(窒酸銀, $AgNO_3$)용액 3㎖를 취하고 1% 수산화암모늄(NH_4OH)용액을 한 방울씩 잘 혼화하면서 가한다. 처음에는 엷은 갈색의 수산화은 침전이 생기고, 계속 해서 가하면 용해하기 시작하며 그때까지 가한다. 당류용액 1㎖를 가하고 끓고 있는 탕욕 중에서 가열하면 환원당인 경우에는 Ag가 환원되어서 금속은(銀)이 시험관에 부착하여 아름다운 은경(silver mirror)을 만든다.

7) Molish(α-Naphthol) 반응

당류용액 3㎖를 시험관에 취하고 5% α-나프톨 에타놀(α-naphthol-ethanol)용액 2~3방울을 가한 다음, 시험관을 따라서 진한 황산(Conc. H_2SO_4)을 조용히 부으면 황산은 시험관의 밑바닥에 가라앉고 시료용액과의 접촉면에 보라색의 링이 생긴다. 다음에 조용히 시험관을 흔들어서 액을 혼합한다. 액 전체가 진한 홍자색으로 된다.

이는 당류 전체에 공통된 반응이며 당류가 진한 황산의 존재 하에서 α-나프톨과 결합하여 자적색의 색소를 만들기 때문에 나타나는 반응이다. 자적색의 링 이외에 녹색의 링이 생기는 경우가 있다. 이것은 나프톨에 함유되어 있는 분순물에 의해서 일어나는 것으로서 이러한 경우에는 당을 가하지 않아도 녹색이 나타난다.

8) Benedict반응

베네딕트 시약($CuSO_4$, · $5H_2O$ 17.3g, 구연산나트륨173g, 무수탄산나트륨 100g을 물 1ℓ에 용해한다) 5㎖를 시약관에 취하고 당류용액을 0.5㎖ 가하여 2분정도 끓이면 환원당이 존재하는 경우에는 황적색의 아산화동의 침전이 생성한다.

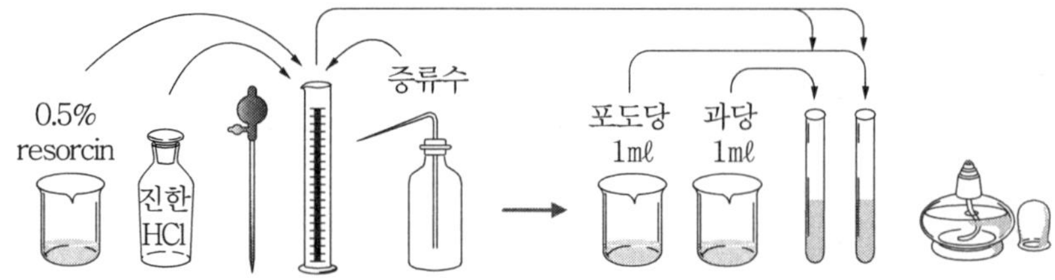

(a) Seliwanoff 시약 조제와 정성반응

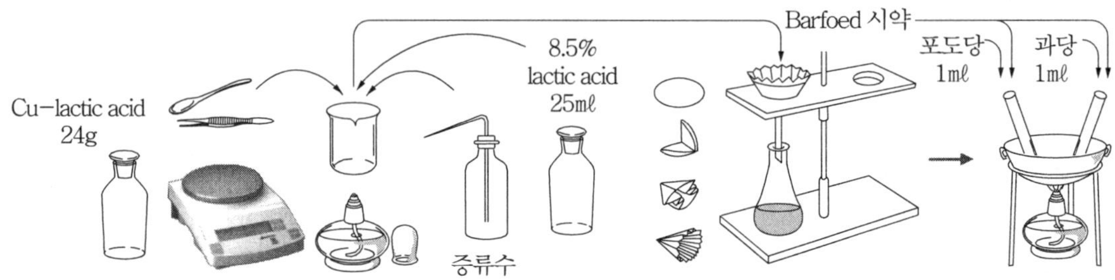

(b) Barfoed 시약 조제와 정성반응

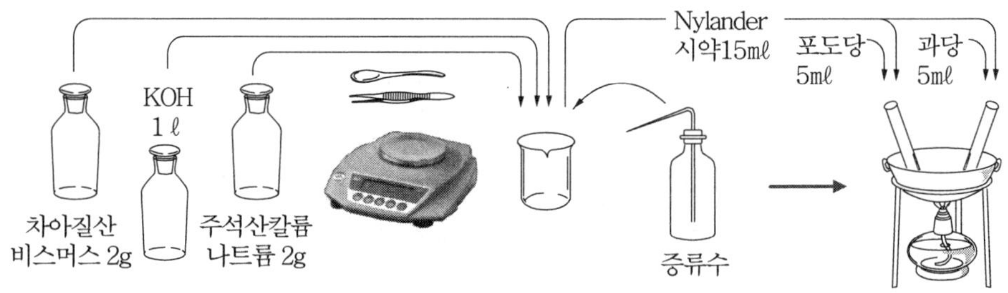

(c) Nylander 시약 조제와 정성반응

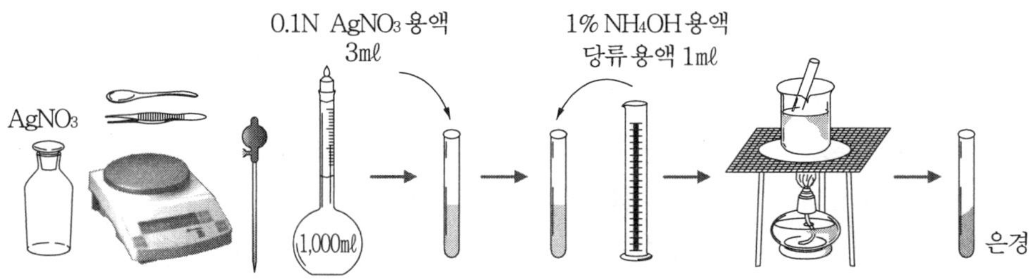

(d) 질산은 용액 조제와 은경 정성반응

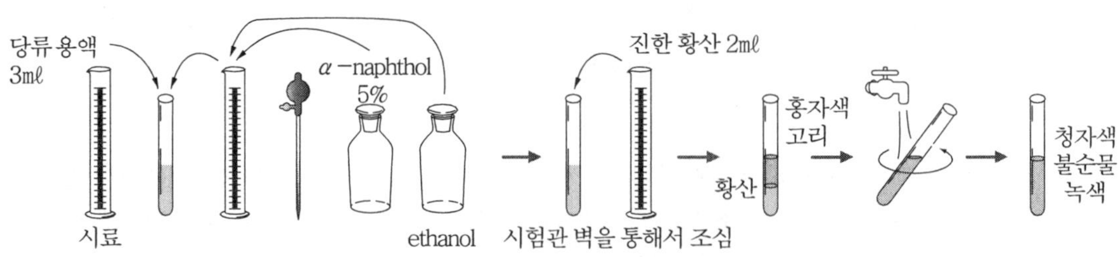

(e) Molish(α-Naphthol) 반응

그림 2-6-2. **당류의 정성반응들**

1-2. 공전상의 여지크로마토그래피에 의한 정성분석

1) 시 약

(1) 전개용매

① N-부탄올 : 초산 : 물(4 : 1 : 2)

② N-부탄올 : 피리딘 : 물(6 : 4 : 3)

(2) 발색액

① 암모니아성질산은용액

N-부탄올에 동량의 10% 암모니아수를 가하여 흔들어 섞고 정치한 다음 상층을 취하여 질산은의 분말을 2%의 비율로 가하여 녹이고 필요하면 상층부를 분리하여 사용한다. 쓸 때에 만든다.

② p-아니시딘염산용액 : 부탄올·에탄올·물(4 : 1 : 1)혼액에 p-아니시디염산염을 3%, 염화제일석을 약 0.01%의 비율로 가하여 녹인다.

③ 레소르신 · 염산용액 : 1% 레소르신 · 에탄올 용액에 동량의 0.2N 염산을 가한다.

2) 시험조작

(1) 검액의 조제

시료중의 당량에 따라 그 일정량(1~5g)을 취하여 막자사발에 옮기고 50% 에탄올 20~50mℓ를 가하여 섞어서 균등한 시럽상으로 한다. 다음 이를 원심분리하고 상등액이 필요하면 여과지를 사용하여 여과하여 검액으로 한다. 검액중의 당량은 1~4% 정도가 적당하다.

(2) 전 개

검액 및 대조의 당액 2~5μℓ를 마이크로피펫 또는 유리모세관을 사용하여 여과지에 찍고 전개용매 ① 또는 ② 중의 어느 것을 사용하여 상승법에 따라 전개를 한다.

(3) 발 색

발색액 ① 또는 ② 중의 어느 것을 분무한 다음에 100~105℃에서 5~10분간 가열하여 발색시킨다. 2당류는 110~120℃에서 10~15분간정도 가열하지 않으면 반점을 명확하게 인정하

표 2-6-1. **당류의 발색시액과 정제**

정색시약 / 당 류	발색액 ① 암모니아성 질산은	발색액 ② p-아니시딘염산	발색액 ③ 레소르신염산
알도펜토오스	흑갈색	적갈색	-
알도헥소오스	갈색	황갈색	-
케토헥소오스	갈색	황색	적색
유 당	다갈색	담황갈색	-
맥아당	다갈색	담황갈색	-
자 당	-	담황갈색	적색
우론산	갈색	도적색	-

기 곤란하다. 발색액 ①은 갈색~흑갈색의 반점이 나타나고 ②는 당의 종류에 따라서 다르나 황~적갈색의 반점이 나타난다. 발색액 ③은 케토오스 또는 자당의 검출에 사용한다. 어느 경우에도 대조의 당류 Rf값 색조와 비교하여 정성한다.

※ 전개할 때 대조의 당액을 쓰는 이유 : 검액 중의 당의 종류가 미지일 경우에는 보통 식품 중에 존재하기 쉬운 당류 즉, 포도당, 과당, 자당, 유당 및 맥아당을 대조 용액으로 하고 그의 농도는 1~2%로 한다. Rf값에 있어 당류의 Rf값은 여과지의 종류 전개온도 등에 좌우되므로 표 2-6-2에 나타낸 값은 참고 정도로 하고 시험을 할 때에는 반드시 대조의 당류 Rf값과 비교하여 판정하도록 한다.

표 2-6-2. **당류의 Rf 값**

전개액 / 당 류	N-부탄올 : 피린딘 : 물 (6 : 4 : 3)	N-부탄올 : 초산 : 물 (4 : 1 :5)	(4 : 1 : 2)
D-글루코오스	0.39	0.18	0.30
D-갈락토오즈	0.34	0.16	0.28
D-만노오스	0.46	0.20	0.35
D-프락토오스	0.42	0.23	0.33
D-키실로오스	0.50	0.28	0.36
D-알라비노오스	0.43	0.21	0.36
D-리보오스	0.56	0.31	-
L-람노오스	0.59	0.37	0.46
유당	0.24	0.09	0.17
맥아당	0.32	0.11	0.19
자당	0.40	0.14	0.23
D-글루클론산	0.16	0.12	-
D-글루클로노락톤	0.72	0.33	0.42
D-글루코사민염산염	0.32	0.13	0.28
D-갈락토사민염산염	0.28	0.12	-

3) 공전상 방법의 해설

① 여지 크로마토그래피는 1946년 Partridge가 보고한 이래, 당의 분리, 정성에 자주 이용되고 있다. 시료 중에 존재하는 당의 종류를 조사하는 것은 당류의 정량을 할 때에도 바람직한 것이다.

② 발색액에서 암모니아성 질산은은 매우 예민해서 환원당 1~5㎍을 검출할 수 있다. 비환원성 당류의 검출에는 적당하지 않지만, 5% $AgNO_3$용액에 NH_3수를 적하해서 발생하는 침전이 없어질 때까지, 그리고 NH_3를 적하해서 조제한 용액을 사용하면 비환원성 당류도 발색한다.

본 용액은 침전이 생기면 폭발하는 것도 있기 때문에 사용 후 곧바로 버리도록 한다. p-아니시딘염산염 및 레소르신은 당류에 대해 특이적이고 비교적 예민(감도 1~10㎍)하게 정색한다. 당의 종류에 따라 색이 다르기 때문에 판정하기 쉽다. 각종 당류의 정색은 표 2-6-1로 나타내었다.

③ 사용하는 여지 중 불순물이 많으면 발색 시 선명한 반점이 얻어지지 않기 때문에 여지의 선택에 주의하도록 한다. 동양여지로는 No.51이 당의 검출에는 가장 양호한 결과를 부여하고, 다음으로 No.53, 52, 50 순이 된다. No.50은 그대로는 오히려 부적당해서 전처리 해서 불순물을 제거하면 좋다.

④ 전개 때 여과지에 spot하는 당의 양은 30~50㎍이 적당하지만, 당의 종류에 따라 발색에는 강약이 있고, 그 강도는 통상 pentose > hexose > 이당류 순이다.

2. 탄수화물의 정량분석

2-1. 벨트란법에 의한 환원당 정량

1) 분석방법의 원리

황산동($CuSO_4 \cdot 5H_2O$)용액에 같은 양의 알칼리성 Rochelle염 용액을 가하면 수산화동 [$Cu(OH)_2$]으로 녹아있는 진한 청색의 구리착염용액이 된다. 이것을 **Fehling용액**이라 한다. 이 용액을 일정량의 환원당 용액에 가하고 한정된 시간동안 가열하면 환원당의 함량에 비례하여 2가의 구리(Cu^{2+})가 환원되어 적색의 1가의 구리인 아산화동(Cu_2O)이 침전된다.

이때 환원당의 환원작용은 당의 종류에 따라 다르므로 Fehling용액으로 생성된 산화제1동(Cu_2O)의 양은 다르게 된다. 이와 같이 생성된 산화제1동(Cu_2O)의 침전을 황산제2철[$Fe_2(SO_4)_3$, 2가철]의 산성용액으로 녹이면 산화제1동은 산화되어 황산동이 되고 여기에 비례하여 황산제2철은 제1철염($FeSO_4$, 2가철)으로 환원된다.

따라서 이와 같이 생성된 제1철염($FeSO_4$)을 $KMnO_4$ 표준용액으로 적정하면 환원, 침전된 구리량을 계산할 수 있고, Bertrand당류 정량표로부터 구리량에 상당하는 당량을 구할 수 있으므로 시료당 용액중의 환원당량을 구할 수 있게 된다.

2) 공전상 시험방법

(1) 검액의 조제

환원당으로서 0.2~1.0g에 대응하는 시료(액상 시료는 수욕 상에서 증발, 건조하여 사용하고 시료가 다량의 지방질을 함유하였을 때는 ether로 침출하여 탈지한다. 그리고 시료가 산성일 경우에는 탄산칼륨 적당량을 가하여 이에 중화한다.)를 200㎖의 삼각 플라스크에 취하고 80v/v% 에탄올 100㎖를 가하여 환류 냉각기를 달고 한시간 수욕 상에서 가온한다. 식힌 다음 이 내용물을 250㎖의 메스플라스크에 옮기고 삼각플라스크는 에탄올로 씻는다. 이에 에탄올을 넣고 전량을 250㎖로 하여 잘 흔든다.

이 상징액 100㎖를 비커에 취하고 증발하여 2~3㎖가 되게 하고(에탄올을 완전히 날려 보낸다) 물 약 30㎖를 가하여 잘 흔들고 중성초산납 용액을 침전이 그 이상 생기지 않을 때에는 가하고 섞은 다음 약 15분간 방치하고 여과한다. 여과지상의 잔류물을 물 5㎖씩으로 3회 씻는다. 여액에 10% 황산나트륨용액을 침전이 그 이상 생기지 않을 때까지 가하여 납을 제거한 다음 건조여과지로 여과하고 잔류물은 물 5㎖씩으로 3회 씻고 여액에 물을 넣어 100㎖로 한다.

(2) 시험조작

검액 20㎖(당량은 0.05~0.45%가 되도록 한다)를 200㎖의 삼각플라스크에 넣고 벨트란시액 A 및 B액 각 20㎖를 가하여 흔들어 섞은 다음 금망상에서 정확하게 3분간 조용히 끓인다. 아린관에 상등액을 기울여 넣고 조용히 흡인 여과한 다음 물 약 50㎖를 삼각플라스크 내벽에 따라 조용히 주입하여 흔들어 아산화동 침전을 씻어 다시 아린관에 흡인 여과한다.

이 조작을 3~4회 반복하여 침전을 완전히 씻은 다음 알칼리성이 없어질 때까지 더운 물로 씻는다. 이때 아산화동이 공기와 접촉하지 않도록 주의한다. 다음 받는 그릇을 교환한 후 벨트란시액 C액 약 20㎖를 삼각플라스크에 넣어 아산화동을 녹이고 이를 앞의 아린관에 3~4회 나누어 조용히 흡인하면서 침전을 완전히 녹인다. 다음 더운물 약 100㎖로 아린관을 여러 번 씻은 후 이를 벨트란시약 D액으로 연한 홍색이 될 때까지 적정한다.

이에 소비된 벨트란시액 D액의 소비량(㎖)으로부터 구리의 양을 산출하고 표 2-6-3 중의 벨트란 당류 정량표에 의하여 당량을 구하여 다시 시료 중의 당량을 산출한다.

3) 공전상 방법의 해설

① 벨트란(Bertrand)법에 의해 전화당, 포도당, 갈락토오즈, 맥아당 및 유당을 정량할 수 있다. 환원당은 알칼리성으로 $CuSO_4$를 환원하여 아산화동(Cu_2O)를 석출한다. 환원에 의해 얻어진 아산화동을 황산제2철용액으로 용해하면 다음과 같은 반응이 일어난다.

$$Cu_2O + Fe_2(SO_4)_3 + H_2SO_4 \rightleftarrows 2CuSO_4 + 2FeSO_4 + H_2O$$

여기에서 생성된 $FeSO_4$는 $KMnO_4$용액을 탈색한다.

$$10FeSO_4 + 2KMnO_4 + 8H_2SO_4 \rightleftarrows 5Fe_2(SO_4)_3 + K_2SO_4 + 2MnSO_4 + 8H_2O$$

따라서 여기에서 소비한 $KMnO_4$용액의 양으로 Cu_2O의 양을 동량으로 해서 구한 후 표 2-6-3로 당량을 구한다.

☞ 참 고

$KMnO_4$용액의 역가검정에는 수산암모늄($C_2H_8N_2O_4 \cdot H_2O$, 분자량 142.11) 외에 수산($C_2H_2O_4 \cdot 2H_2O$, 분자량 126.07) 또는 수산나트륨($Na_2C_2O_4$, 134.00)을 사용해도 좋다. 수산암모늄 1g에 대한 동(銅)의 량(Cu=63.546)은 2 × 63.546/142.11=0.8943g, 따라서 표정의 수산암모늄 0.25g을 사용한 경우 이것에 대응하는 동의 양은 0.8943 × 0.25 = 0.2236g이 되고, $KMnO_4$용액 1㎖에 대응하는 동의 양은 0.2236/a(g)이 된다.

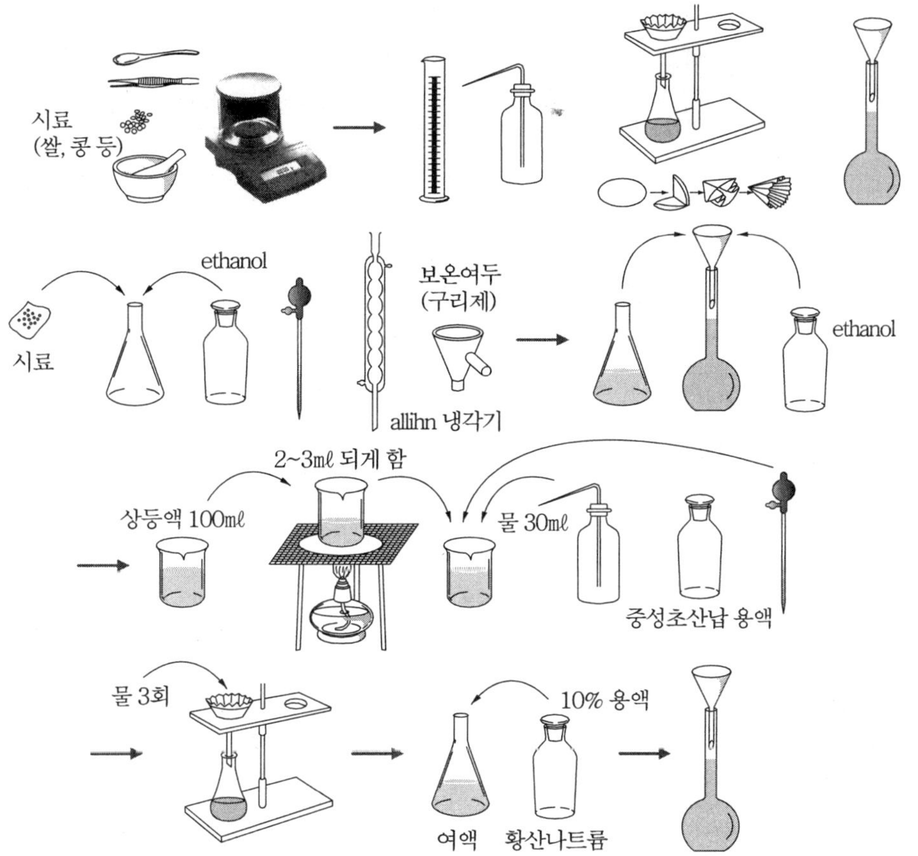

(a) 시료용액 조제

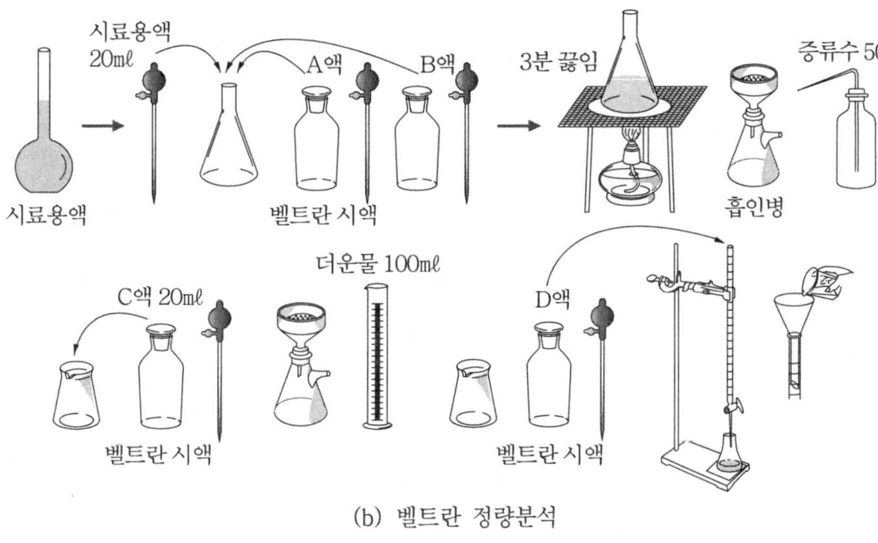

(b) 벨트란 정량분석

그림 2-6-3. **탄수화물중 당류의 벨트란법의 정량분석**

표 2-6-3. 벨트란 당류 정량표

당류	각 당류에 상당하는 동의 중량(mg)					당류	각 당류에 상당하는 동의 중량(mg)				
(mg)	전화당	포도당	갈락토오스	맥아당	유당	(mg)	전화당	포도당	갈락토오스	맥아당	유당
10	20.6	20.4	19.3	11.2	14.4	56	105.7	105.2	101.5	61.4	76.2
11	22.6	22.4	21.2	12.3	15.8	57	107.4	107.6	103.2	62.5	77.5
12	24.6	24.3	23.0	13.4	17.2	58	109.2	109.3	104.9	63.5	78.8
13	26.5	26.3	24.9	14.5	18.6	59	110.9	111.1	106.6	64.6	80.1
14	28.5	28.3	26.7	15.6	20.2	60	112.6	112.8	108.3	65.7	81.4
15	30.5	30.2	28.6	16.7	21.4	61	114.3	114.5	110.0	66.8	82.7
16	32.5	32.2	30.5	17.8	22.8	62	115.9	116.2	111.6	67.9	83.9
17	34.5	34.2	32.3	18.9	24.2	63	117.6	117.9	113.3	68.9	85.2
18	36.4	36.2	34.2	20.0	25.6	64	119.2	119.6	115.0	70.0	86.5
19	38.4	38.1	36.0	21.1	27.0	65	120.9	121.3	116.6	71.1	87.7
20	40.4	40.1	37.9	22.2	28.4	66	122.6	123.0	118.3	72.2	89.9
21	42.3	42.0	39.7	23.3	29.8	67	124.2	124.7	120.0	73.3	90.3
22	44.2	43.9	41.6	24.4	31.1	68	125.9	126.4	121.7	74.3	91.6
23	46.1	45.8	43.4	25.5	32.5	69	127.5	128.1	123.3	75.4	92.8
24	48.0	47.7	45.2	26.6	33.9	70	129.2	129.8	125.0	76.5	94.1
25	49.8	49.6	47.0	27.7	35.2	71	130.8	131.4	126.6	77.6	95.4
26	51.7	51.5	48.9	28.9	36.6	72	132.4	133.1	128.3	78.6	96.9
27	53.6	53.4	50.7	30.0	38.0	73	134.0	134.7	130.0	79.7	98.0
28	55.5	55.3	52.5	31.1	39.4	74	135.6	136.3	131.5	80.8	99.1
29	57.4	57.2	54.4	32.2	40.7	75	137.2	137.9	133.1	81.8	100.4
30	59.3	59.1	56.2	33.3	42.1	76	138.9	139.6	134.8	82.9	101.7
31	61.1	60.9	58.0	34.4	43.4	77	140.5	141.2	136.4	84.0	102.9
32	63.0	62.8	59.7	35.5	44.8	78	142.1	142.8	138.0	85.1	104.2
33	64.8	64.6	61.5	36.5	46.1	79	143.7	144.5	139.7	86.1	105.4
34	66.7	66.5	63.3	37.6	47.4	80	145.3	146.1	141.3	87.2	106.7
35	68.5	68.3	65.0	38.7	48.4	81	146.9	147.7	142.9	88.3	107.9
36	70.3	70.1	66.8	39.8	50.1	82	148.5	149.3	144.6	89.4	109.2
37	72.2	72.0	68.6	40.9	51.4	83	150.0	150.9	146.2	90.4	110.4
38	74.0	73.8	70.4	41.9	52.7	84	151.6	152.6	147.8	91.5	111.7
39	75.9	75.7	72.1	43.0	54.1	85	153.2	154.0	149.4	92.6	112.9
40	77.7	77.5	73.9	44.1	55.4	86	154.8	155.6	151.1	93.7	114.1
41	79.5	79.3	75.6	45.2	56.7	87	156.4	157.2	152.7	94.8	115.4
42	81.2	81.1	77.4	46.3	58.0	88	157.9	158.8	154.3	95.8	116.6
43	83.0	82.9	79.1	47.4	59.3	89	159.5	160.4	156.0	96.9	117.9
44	84.8	84.4	80.8	48.5	60.6	90	161.1	162.0	157.6	98.0	119.1
45	86.5	86.4	82.5	49.5	61.9	91	162.6	163.6	159.2	99.0	120.3
46	88.3	88.2	84.3	50.6	63.3	92	164.6	165.2	160.8	100.1	121.6
47	90.1	90.0	86.0	51.7	64.6	93	165.7	166.7	162.4	101.1	122.8
48	91.9	91.8	87.7	52.8	65.9	94	167.3	168.3	164.0	102.2	124.0
49	93.6	93.6	89.5	53.9	67.2	95	168.8	169.9	165.6	103.2	125.2
50	95.4	95.4	91.2	55.0	68.5	96	170.3	171.5	167.2	104.2	126.5
51	97.1	97.1	92.9	56.1	69.8	97	171.9	173.1	168.8	105.3	127.7
52	98.8	98.9	94.6	57.1	71.1	98	173.4	174.6	170.4	106.3	128.9
53	100.6	100.6	96.3	58.2	72.3	99	175.0	176.2	172.0	107.4	130.2
54	102.2	102.3	98.0	59.3	73.7	100	176.5	177.8	173.6	108.4	131.4
55	104.0	104.1	99.7	60.3	74.9						

② 검액의 조제에서 음식물 중 단백질, 덱스트린 등이 포함되어 있는 경우에는, 당의 정량을 방해하기 때문에 본 조작에 의해 이것들을 제거한 시험용액을 조제한다.

③ 환원당으로 대응하는 검체에서 즉 예를 들면 우유는 10~15g, 분유는 1~2g정도를 취한다.

④ 에탄올액은 에탄올 90%(v/v)이상으로 되어있으므로 덱스트린이 존재할 때는 침전한다.

⑤ 중성초산납용액에서 단백질, 색소 등을 제거한다. 통상 1~2㎖로 충분하다.

⑥ 당량(糖量)과 동량(銅量)과의 사이에는 완전한 비례관계는 성립하지 않고 또 당의 종류에 따라 동량(銅量)이 다르기 때문에 표에 따라 당량(糖量)을 구한다.

2-2. 소모기법(Somogyi method)에 의한 당의 정량 요점

이 법은 주로 미량의 당을 정량할 때 사용한다.

1) 분석방법의 원리

알칼리성 Fehling용액을 당과 함께 가열하면 일산화동(Cu_2O)이 생성된다. 이 Cu_2O를 시약 중에 들어 있는 일정량의 요오드산칼륨(KIO_3)으로부터 유리된 요오드가 산화된다. 다음에 남아 있는 요오드를 티오황산나트륨($Na_2S_2O_3$) 표준용액으로 적정하여 Cu_2O를 산화시키는데 소요되는 요오드 양을 구하고, 그 값으로부터 당의 양을 산출한다. 이 때의 반응식은 다음과 같다.

$$Cu(OH)_2 + R\cdot CHO \rightarrow Cu_2O\downarrow + RCOOH + H_2O$$

$$KIO_3 + 5KI + 3H_2SO_4 \rightarrow 3I_2 + 3H_2O + 3K_2SO_4$$

$$2Cu_2O + 2I_2 \rightarrow 4Cu_2^{+} + 4I^{-} + O_2$$

$$2Na_2S_2O_3 + I_2 \rightarrow Na_2S_4O_6 + 2NaI$$

2-3. 자당의 벨트란트법

1) 분석방법의 원리

자당은 Fehling용액에 대하여 직접적으로 환원성을 나타내지 않으므로 보통 염산용액으로 가수분해하여 자당을 전화당(포도당과 과당의 등량혼합물)으로 변화시킨 후 환원당으로서 벨트란트법이나 소모기법에 의해 전화당의 양을 구하고 그 값에 0.95를 곱하여 자당의 양을 산출한다.

2) 공전상의 벨트란트법

전항의 검액의 조제에 따라 0.5~1%의 자당이 함유되도록 만든 검액 100㎖를 250㎖의 삼각플라스크에 넣고 0.1N 염산 30㎖를 가하여 이에 유리관을 달고 비등 수욕 중에서 30분간 가열 후 식힌다.

다음 0.1N 수산화나트륨용액 30㎖를 가하여 중화하고 물로써 전량을 250㎖로 한다. 이 용액 20㎖를 취하여 환원당 벨트란트법(2-1)에 따라 전화당의 양를 구하고 이에 0.95를 곱하여

표 2-6-4. 환원당의 가열시간 및 계수

당의 종류	가열시간(분)	계수
아라비노오스	25~35	0.143
키실로오스	25~35	0.127
글루코오스	15~25	0.135
프락토오스	15~25	0.135
만노오스	25~35	0.135
갈락토오스	35~45	0.175
전화당	15~25	0.135
맥아당	25~35	0.260
유 당	30~40	0.216

자당의 양으로 한다. 검체 중에 환원당이 함유되어 있을 때는 환원당에 따라 산출한 구리의 양을 여기에서 얻은 구리의 양으로부터 감하여 그 나머지 구리의 양에 상당하는 전화당을 구하고 이에 0.95를 곱하여 자당의 양을 산출한다.

3) 공전상 방법의 해설

① 벨트란트법에서 자당은 구성당인 글루코오스와 프락토오스의 각 환원기가 glycoside결합을 하고 있기 때문에, 당의 환원성을 이용하는 정량법은 직접 적용할 수 없다. 그래서 0.1N HCl로 자당을 가수분해하여 생성된 전화당을 정량한다. 제당 그 외의 제조공업에서 자당의 함유량을 정량하는 경우에는 선광도 또는 굴절률에 의한 방법이 많이 사용되고 있다.

2-4. 조섬유의 정량분석

식물성 식품을 묽은 산과 묽은 알칼리 그리고 알코올 및 에테르로 순차적으로 처리하면 대부분은 녹지만 약간의 녹지 않는 물질이 남는다. 이것은 주로 섬유소(cellulose)이나 그 이외에 소량의 lignin, pentosan을 함유하여 순수한 섬유소만이 아니므로 **조섬유(crude fiber)**라고 한다. 이 불용성 잔사는 약간의 무기질(주로 규산)이 함유되어 있으므로 이것을 연소 회화시켜 회분량을 구하여 불용성 잔사에서 빼면 소위 조섬유량이 된다.

현재 조섬유의 정량법으로 널리 이용되는 것은 어느 것이나 Henneberg Stohmann(한편 Weende법)을 약간 개량한 것인데 이중에 AOAC법이 가장 많이 이용된다. 그 외에도 펜토오산의 양이 비교적 많은 검체에 적용하는 퀘닛히법에 의한 정량법(식품공전 수록)이 있다.

1) 분석방법의 원리

AOAC법에 의한 조섬유 정량조작은 용해와 회화의 두 단계로 나누어진다. 용해는 묽은 산(1.25% H_2SO_4)과 묽은 알칼리(1.25% NaOH)로 처리하여 가용성 무질을 모두 제거하는 과정이며 회화는 불용성물질 중에는 무기질을 소량 함유하고 있으므로 이들을 고온에서 회화시켜 회분함량을 구하는 과정이다.

2) 공전상의 헨네베르크·스토오만(Henneberg –Stohman) 개량법에 의한 정량시험방법

(1) 장 치

① 여과관 : 그림 2-6-4와 같이 여과 면에 구리 망을 씌운 다음 그 위에 린넨(linnen)을 평평하게 덮고 끈으로 묶어 여과관을 만든다.

② a : 약 20메쉬의 구리망

③ b : 1인치에 약 45수의 린넨

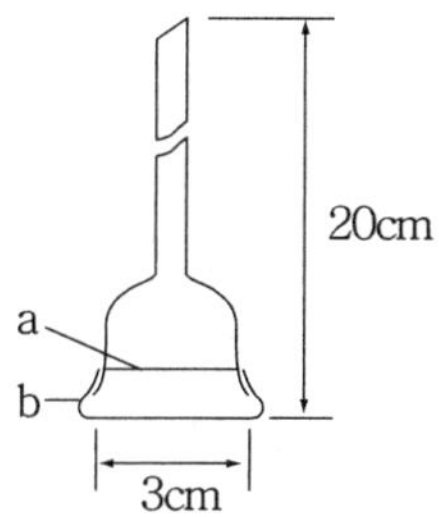

그림 2-6-4. 여과관

(2) 시험조작

시료 2~5g을 정밀히 달아 에테르로 5~6회 씻어 탈지하고(조지방 정량 후의 탈지시료를 이 시험에 사용하여도 무방하다) 500㎖의 플라스크에 넣고 석면 약 0.5g을 가한다. 뜨거운 1.25% 황산 200㎖를 넣고 즉시 환류냉각기를 달아 1분 이내에 끓기 시작하도록 가열한다. 끓기 시작하면 조용히 끓도록 버너를 조절한다. 때때로 플라스크를 흔들고 기포가 심하게 일어나면 아밀알코올 0.5㎖를 냉각기의 상부로부터 가한다.

정확히 30분간 끓인 다음 냉각기를 떼어 내고 플라스크에 여과관을 넣어 흡인·여과한다. 열탕으로 세액이 산성을 나타내지 않을 때까지 플라스크와 잔류물을 4~5회 씻는다. 다음 뜨거운 1.25% 수산화나트륨용액 200㎖를 사용하여 잔류물을 500㎖의 플라스크에 씻어 넣고 3분 후에 끓기 시작하도록 가열한다. 끓기 시작하면 조용히 끓도록 버너를 조정하고 정확히 30분이 되면 유리여과기(1G-3)를 사용하여 흡인여과 한다.

세액이 알칼리성을 나타내지 않을 때까지 4~5회 열탕으로 씻은 다음, 에탄올 15㎖로 씻고 110℃의 건조기에서 건조하여 에테르로 씻은 후 항량이 될 때까지 다시 건조하여(약 1시간) 데시케이터에서 식히고 칭량한다. 다음 450~500℃의 전기로 중에서 항량이 될 때까지 가열하고(약 1시간) 식힌 후 칭량하여 다음 식에 따라 조섬유의 양을 구한다.

$$\text{조섬유}(\%) = \frac{W_1 - W_2}{S} \times 100$$

W_1 : 유리여과기(glass filter)를 110℃로 건조하여 항량이 되었을 때의 무게(g)

W_2 : 유리여과기를 전기회화로에서 가열하여 항량이 되었을 때의 무게(g)

S : 시료의 채취량(g)

3) 공전상 방법의 해설

① 식품 중의 섬유는 셀룰로오스, 헤미셀룰로오스, 리그닌, 펙틴질 등으로 구성되어 있지만, 본법에 따라서 정량된 것은 그 일부이다. 조작 중에 펙틴질의 거의 같이, 헤미셀룰로오스의 80%, 리그닌의 50~90%가 손실되고, 셀룰로오스의 회수도 50~80%이다. 섬유의 생리적인 역할을 고려하는 경우에는 본 법에 의한 정량치를 이용하는 것은 적당하지 않다.

현재 조섬유의 수치는 식품의 당질을 계산하는 경우에 이용된다.

② 여과관은 그림 2-6-4와 같이 섬유정량 전용의 것을 사용한다. 여과면의 선단을 1mm (15~16mesh) 정도의 눈금을 가진 금망을 씌우고, 다시 외측에 아마포나 면포를 덮어서 끈으로 머리쪽을 단단히 묶는다. 이 때 아마포는 1inch당 약 45개의 실을 가진 정도의 것이어야 된다.

③ 시료에서 시료 중의 조섬유량이 5~50mg이 되도록 시료를 채취하는 것이 좋다. 곡류는 2~5g, 두류로는 1~2g, 서류 · 채소류는 2~5g, 과실류로는 5g이 적당하다. 수분이 많은 시료는 시료를 미리 동결 건조하여 분말로 한 것이 좋다.

④ 에테르로 탈지한 경우 채소류, 과실류 등 지질함량이 1% 이하의 시료에서는 탈지의 필요는 없다. 그러나 조지방 정량 후의 시료를 사용하면 좋다. 그러나 이 경우 시료에 여지가 혼입되지 않도록 주의하여야 한다.

⑤ 500㎖의 플라스크는 여과관의 여과면 부분이 출입이 쉽도록 입구가 넓은 것을 사용하며, 여기에 환류냉각관을 고무마개를 통하여 연결시킨다.

⑥ 석면은 구흐(gooch) 여과기용의 것을 사용한다. 사용 전에 소량의 회염산(1+3)과 가온한 후 잘 수세 · 건조하고 600℃ 이상에서 가열한 후 실제의 정량조건으로 조작하여 사용하도록 준비하는 것이 바람직하다. 즉, 조작 후 석면이 용해하는 것은 물론 사용이 불가능하지만 유리여과기에 주입한 경우 액의 통과가 현저하게 지연되는 것도 여과보조제로는 부적당하다. 석면은 다음의 조작을 따라서 정제하고 나서 사용한다. 즉 석면의 섬유를 적당한 길이로 절단하고 잘 풀어서 beaker어 넣고 5% NaOH용액을 가하여 수욕상에서 8시간 이상 가열한 후 열탕에서 충분히 씻는다. 다음에 20% HCl용액을 가하여 수욕상에서 8시간 이상 가열한 후 열탕에서 충분히 씻고, 건조시킨 후 600~700℃에서 가열한다. 또 석면을 취급할 때에는 그 분말을 흡입하지 않도록 주의한다.

⑦ 유리여과기(glass filter)는 어댑터(adapter), 흡인병 등과 연결시켜 사용한다.

⑧ 추가 건조(약 1시간)의 경우 얻어진 불용성 잔류물은 소량의 무기물이 함유되어 있으므로 가열하여 유기물을 소성시켜 회분의 양을 측정하기 위하여 행한다.

⑨ 퀘닛히법에 의한 정량은 핵산 양이 비교적 많은 시료에 적용한다.

2-5. 식이섬유 정량분석의 요점

1) 식이섬유 정량의 개요

식이섬유의 정의는 많은 수정을 거쳐 현재는 '사람의 소화효소로 소화되지 않는 식물중의 난소화성 성분의 총체'로 정의되고 있다. 식물섬유는 세포벽을 구성하는 셀룰로오스, 헤미셀룰로오스, 펙틴질, 리그닌 외의 비구조 성분의 단백질, 검질, 점질물 등이 주성분이다. 동물성다당류인 키틴, 또는 화학적으로 보아 가치가 있는 다당류 예를 들면 카르복실메칠셀룰로오즈(CMC) 등도 식물성 섬유와 유사한 생리작용이 인정되고 있다.

역학적 조사로부터 식물섬유의 채취량이 소화기계질환, 순환기계질환, 당뇨병 등의 발생률과 상관있음이 밝혀져 있으며 따라서 그의 생리작용에 관한 연구도 촉진되었다. 식물섬유는 변의 량, 식물의 장내 통과시간, 장내세균총, 담즙산염의 대사·배출, 혈당 등에 영향이 있는 것으로 알려져 있다. 식물섬유의 정량법으로는 AOAC법에 채용된 효소-중량법, Southgate법, VanSoest법 등이 있다.

2) 공전상 제1법과 제2법 시험방법

제1 시험법은 총식이섬유, 물불용성식이섬유, 수용성식이섬유의 시험에 적용한다.

제2 시험법은 고속액체크로마토그래피 장치에 의해 주소 수용성 섬유소를 함유한 경우에 적용한다. 이들에 대한 조작은 '식품공전'을 참조바란다.

Chapter 7 각종 무기질의 정량분석

1. 무기질류인 Ca, Na 등 분석법의 개요

식품 중의 무기질류는 인체와 관계되는 필수금속으로는 약 27종까지 언급하고 있지만, 다량의 무기질 금속으로는 Calcium(Ca), Phosphorus(P), Magnesium(Mg), Potasium(K), Sulfur(S), Sodium(Na) 등이 있고, 미량의 무기물로는 Iron(Fe), Iodine(I), Copper(Cu), Zinc (Zn), Fluorine(F), Selenium(Se), Manganese(Mr), Cobalt(Co), Molybdenum(Mo), Chromium (Cr) 등이 있으나 이들 중 다량 섭취하면 유해한 금속도 있다.

식품의 무기성분을 정량할 때에는 우선 식품 중의 유기물질을 분해시켜 제거한 후 무기질류만 남아 있는 시료용액을 조제하여야 한다. 이러한 방법에는 강한 산이나 산혼합물에서 가열분해하는 방법인 습식법(濕式法)과 고온에서 유기물을 연소시켜 회화하는 방법인 건식법(乾式法)으로 구할 수 있다.

습식법은 시료에 진한 황산, 진한 질산, 과염소산($HClO_4$) 등과 같이 가열하여 유기물질을 분해하는 방법이며, **건식회화법**은 주로 식물성 식품, 유제품 등의 시료를 전기로에 넣고 회화시켜 하는 방법이다. 그러나 동물성 식품인 육류, 난류의 경우은 회화하기가 곤란하므로 너무 온도를 올리는 것은 염소, 인 등의 손실이 일부 있을 수 있다.

영양적이 측면에서 대표되는 Fe의 정량법에는 ortho-phenanthroline반응을 이용한 비색법(比色法), Fe^{2+}를 $KMnO_4$적정법, NH_4OH에 의한 중량법 등이 있으나 비교적 식품 중에는 철이 소량 있기 때문에 비색법을 많이 이용한다.

다량 섭취하면 건강에 해가 되는 소금(NaCl)의 정량방법에는 2가지 방법이 있는데 하나는 나트륨(Na)을 정량하여 NaCl로 환산하는 방법이 있고, 또 다른 하나는 염소(Cl)를 정량하여 NaCl로 환산하는 방법이 있다. 그러나 식염정량에는 염소를 정량하여 식염량을 환산하는 방법이 대개 이용되고 있다. 그러한 방법에는 Mohr법에 의한 염소정량, Volhard법에 의한 염소정량, 염광분석법(炎光分析法)에 의한 Na 정량 등이 있다.

인(P)의 정량에는 몰리브덴 청(molybden blue)비색법, 몰리브덴산용량법[$(NH_4)2MoO_4$] 등이 이용되고 있다. 무기질류 중 대표적인 칼슘(Ca)만 대표로 논하기로 하고 다른 종류의 무기질은 '식품공전' 에 수록되어 있으므로 참조바랍니다.

2. 칼슘(Ca)의 정량분석

2-1. 분석방법의 원리

과망간산칼륨 용량법은 Ca를 함유하는 용액에 수산염을 첨가해두고 물에 매우 녹기 어려운 수산칼슘 $CaC_2O_4 \cdot H_2O$로서 침전시키고 이 침전을 가온한 묽은 H_2SO_4에 녹여 용액내의 수산을 $KMnO_4$용액으로 적정하여 정량하는 방법이다.

이는 가장 일반적인 칼슘 정량법이며 반응식은 다음과 같다.

$$Ca^{2+} + C_2O_4^{2-} \rightleftarrows CaC_2O_4$$

$$5CaC_2O_4 + 8H_2SO_4 + 2KMnO_4 \rightleftarrows 2MnSO_4 + K_2SO_4 + 5CaSO_4 + 10CO_2 + 8H_2O$$

2-2. 공전상의 과망간산칼륨 용량시험방법

1) 시 약

① 수산암모늄용액 : 수산암모늄 [$(NH_4)_2C_2O_4$] 3.0g을 물을 가해 100㎖로 한다.

② 메틸레드지시약 : 0.1% 메틸레드알코올용액

③ 요소 : 특급요소 70~80℃의 저온, 건조한 다음 흡습하지 않도록 보존한다.

④ 세척용 암모니아수(1→50)*

⑤ 황산용액(1→25)*

⑥ 0.02N 과망간산칼륨용액

2) 시험조작

무기성분 시험용액 조제에서 얻은 시험용액 중에 40㎖(Ca 1~12mg에 대응하는 양)를 200㎖의 비이커에 취하여 메틸레드시액 수 방울 및 수산암모늄용액 10㎖를 가한 다음 요소 2~5g을 가해 녹인다. 비이커를 시게접시로 덮고 약하게 계속 가열시킨다. 메틸레드시액을 적색에서 등황색으로 (pH 약5.6)되었을 때 가열을 중지하고 방냉한다.

이를 2시간이상(침전이 적을 때는 하룻밤) 실온에 방치한다. 이때의 액량은 약 20~30㎖ 정도다. 침전을 충분히 형성시킨 후 석출 전 수산칼슘 결정을 유리여과기(15AG-4)로 흡입여과하고 세척용 암모니아수 30~40㎖를 수회 나누어 침전과 여지를 잘 씻는다.

세척이 끝나면 침전 생성에 사용한 비이커를 앞의 유리여과기 밑에 놓고 여과에 사용한 유리봉을 유리여과기에 넣어 미리 70℃ 이상으로 가온 한 황산용액(1→25)을 유리여과기에 주입

* 용액의 농도를 (1→5), (1→10), (1→100) 등으로 나타낸 것은 고체시약 1g 또는 액체시약 1㎖를 용매에 녹여 전량을 각각 5㎖, 10㎖, 100㎖ 등으로 하는 것을 뜻한다. 또한 (1+1), (1+5) 등으로 기재한 것은 고체시약 1g 또는 액체시약 1㎖에 용매 1㎖ 또는 5㎖ 혼합하는 비율을 나타낸다. 용매는 따로 표시되어 있지 않으면 물을 사용해서 희석한다.

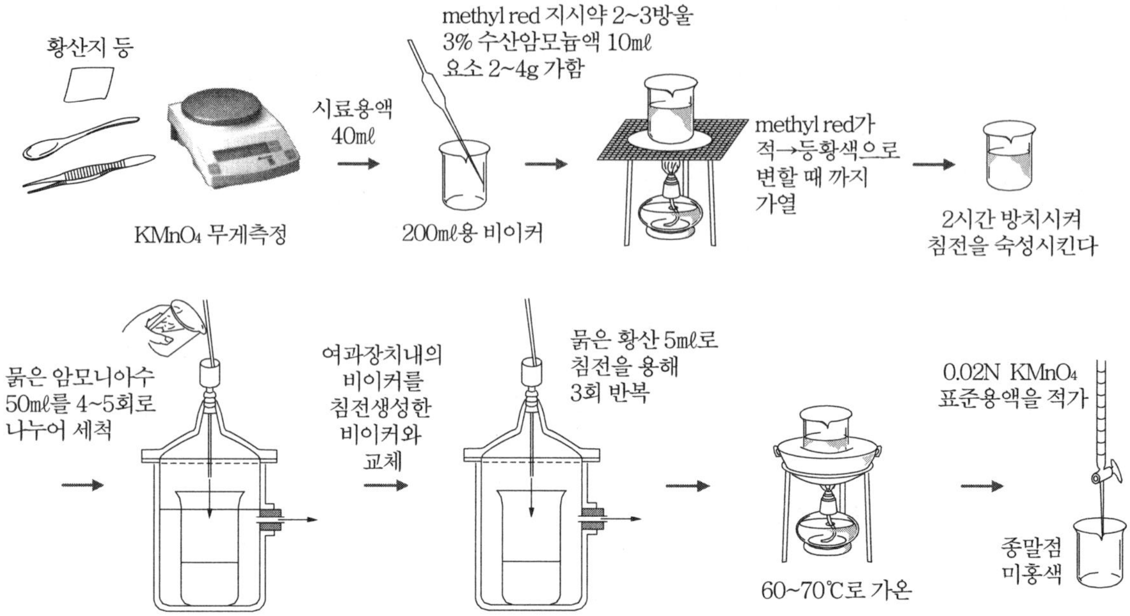

그림 2-7-1. $KMnO_4$ 용량시험법에 의한 Ca의 정량분석

한다. 유리봉으로 교반하여 잠시 방치하고 수산칼슘을 용해한 후 흡입한다. 다음 흡입을 그치고 가온 한 황산용액(1→25) 약 5~7mℓ를 유리여과기에 주입하고 유리봉으로 교반하여 내벽을 씻고 흡입한다. 이 조작을 2회 반복한다. 비이커를 여과장치에서 들어내고 65~80℃로 가열하여 0.02N 과망간산칼륨용액으로 적정한다. 공시험에 대하여도 같은 조작을 한다.

3) 계 산

$$\text{칼슘}(\text{mg}/100\text{g}) = \frac{(b-a) \times 0.4008 \times F \times V \times 100}{S}$$

a : 공시험에 대한 0.02N 과망간산칼륨용액의 소비 mℓ 수
b : 검액에 대한 0.02N 과망간산칼륨용액의 소비 mℓ 수
F : 0.02N 과망간산칼륨용액의 역가
V : 시험용액의 희석배수
S : 검체의 채취량(g)

4) 공전상 방법의 해설

시험용액이 유기물 분해에 의해 얻어진 강산성 용액인 때에는 그대로 본 법을 적용한다. 중성이면 HCl(1→4)을 가해 산성으로 한 후에 실시한다. 본법의 특징은 요소를 가수분해시켜 생성되는 NH_3로 수산칼슘 침전 생성의 최적 pH를 유지하는 것이다.

수산칼슘 침전이 생성될 때의 용액의 pH를 요소의 가수분해에 의해 연속적으로 변화시키고 순수한 수산칼슘 침전을 서서히 석출시키며 제거가 곤란한 수산마그네슘의 분리를 실시하는 것

이다. Ca^{2+}과 $C_2O_4^{2-}$가 공존하는 약산성 용액에 요소를 가하고 가열하면 다음과 같은 반응이 일어난다.

$$(nH_2)_2CO + H_2O = 2nH_3 + CO_2\uparrow$$

이와 같이 가수분해에 의하여 요소는 서서히 암모니아와 탄산가스를 방출하고 암모니아만이 용액에 흡수되어 액의 pH를 수산칼슘의 침전생성에 알맞게 올려준다. 실험조작 중 메틸레드시액을 색이 적색에서 등황색으로(pH dir 5.6)되었을 때 가열을 중지하고 방냉하는데 방냉 중에 액은 황색을 띠는 경우가 많다. 시료에 따라서는 적색을 띠는 경우도 있는데 둘 다 지장은 없다.

5) 공전상 분석시 유의사항

시험과정에서 메틸레드시액을 색이 적색에서 등황색으로 (pH 약5.6) 되었을 때 가열을 중지하고 방냉하며 이를 2시간 이상(침전이 적을 때는 하룻밤) 실온으로 방치하는데 충분한 방치를 하지 않으면 정량 시 칼슘함량이 저하될 수 있으므로 충분하게 방치를 해야 한다. 시험조작 중 유리여과기(15AG-4)가 불량하면 흡입 여과 시 모든 액이 빠져나가 칼슘정량을 할 수 없게 되므로 시험에 적당한 유리여과기를 별도 관리하여 시험하는 것이 좋다. 0.02N 과망간산칼륨 용액은 액성이 시간이 지남에 따라 변하므로 실험 전 반드시 역가를 확인하여야 하는데 특히 하절기에는 액성의 변화가 심하다.

2-3. 원자흡광광도법

식품공전(2001)에서 제7 일반시험법 11.미량성분시험법 1)무기성분 (1)시험용액의 조제에 따라 처리한 시료를 물 대신 1N 염산용액을 사용하여 칼슘농도 1~5㎍/㎖가 되도록 조정하여 식품공전(2001)의 제7 일반시험법 6.유해성금속시험법 2)측정 (1)원자흡광광도법에 따라 측정한다. 이때 사용될 1N 염산용액에는 La으로서 1,000ppm이 되도록 염화란탄($LaCl_3$)을 첨가하거나 또는 Sr으로서 5,000ppm이 되도록 염화스트론티움($SrCl_2$)을 첨가하여 사용한다.

그리고 공전법 이외 추천하는 분석법으로는 ethylene diamine tetraacetic acid(EDTA)를 여러 가지 중금속이온 및 알칼리토류 금속이온 등과 착염을 이용해 만드는 **킬레이트(EDTA-chelate)적정법, AAS법, ICP법**이 있다.

실험 12호 식품중 칼슘(Ca) 정량실험

(강의계획서 14째 주)

1. 실험 시간 ; 이론 1시간, 실습 2시간

2. 시료, 시약, 기구 등의 준비와 조제 - ◘ ☻ (학과 조교님 준비 및 확인)▸

1) 시료는 수분 정량실험 시의 시료에 준한다.

2) 시약 : 수산칼슘(CaC_2O H_2O), 황산(H_2SO_4), 수산암모늄용액[$(NH_4)_2C_2O_4$], 세척용 암모니아수, 0.02N $KMnO_4$용액, methyl red 지시약

3) 기구 및 용기 : 200㎖ 비이커(각조), 피펫 Filler(각조, 2개), 세척병(각조), 시계접시(각조), pH meter(pH paper, 산성과 알칼리 완충액), 유리여과기(15AG-4, 각조), 유리봉(각조), 흡입여과병(각조, 병에 aspirator기구와 수도꼭지와 연결 또는 진공펌프, 고무호스), 여지, 깔대기, hot plate(각조)나 알코올램프와 삼발이 및 석면철망(각조), 철제스탠드(각조), 50㎖ 뷰렛(각 조)

3. 조 작

시료용액을 가열, 방냉하고 암모니아수 등을 유리여과기에 여과하고 0.02N $KMnO_4$ 용액으로 중화적정한다.

4. 실험전 주의사항

3. 식염(Mohr법)에 의한 염소(Cl) 정량

1) Mohr법의 원리

전처리한 시료용액을 비이커에 넣고 크롬산칼륨(K_2CrO_4)시액 몇 방울 가한 후 뷰렛 등으로 질산은($AgNO_3$)표준용액을 적하하면 Cl^-은 전부 AgCl의 백색침전으로 되고 또 K_2CrO_4와 반응하여 크롬산은(Ag_2CrO_4)의 적갈색 침전이 생기기 시작하므로 완전히 적갈색으로 변하는데 소비되는 $AgNO_3$액의 양으로 정량하는 방법이다.

반응식은 다음과 같다.

$$AgNO_3 + NaCl \rightarrow AgCl\downarrow + NaNO_3$$
$$2AgNO_3 + K_2CrO_4 \rightarrow Ag_2CrO_4 + 2KNO_3$$

0.02N $AgNO_3$ 표준용액의 역가는 다음과 같이 산출한다.

$$AgNO_3\text{용액의 } f = \frac{\text{표준물의 채취량}(g) \times 1000}{\text{표준용액의 노르말농도} \times \text{표준물질 } 1g\text{당량} \times \text{적정소비량}(m\ell)}$$

2) 공전상 회화법시험방법

식염 약 1g을 함유하는 양의 시료를 취하여 필요한 경우 수욕 상에서 증발건조한 후 회화시켜 이를 물에 녹이고 다시 물을 가하여 500mℓ로 한 후 여과하고 여액 10mℓ에 크롬산칼륨시액 2~3방울을 가하고 0.02N 질산은용액으로 적정한다.

$$\text{식염} = \frac{b}{a} \times f \times 5.85\,(w/w\%,\ w/v\%)$$

a : 시료 채취량(g, mℓ)
b : 적정에 소비된 0.02N 질산은액의 양(mℓ)
f : 0.02N 질산은액의 역가

3) 직접법

상기 2)에 따라 채취하여 물로 희석하여 500mℓ로 한 후 그 10mℓ를 취하여 2)회화법에 따라 적정한다. 다만 공전상 분석 시 유의 사항에서 본법은 조작이 간단하여 식품분석에 널리 사용되고 있으나 시험용액의 pH가 6.5~10.5의 범위를 벗어나면 오차가 크게 발생하는 결점이 있다.

4) 공전법 이외 추천하는 분석방법

이외에도 나트륨을 정량하여 염화나트륨으로 환산하거나 Cl을 정량하여 염화나트륨으로 환산하는 방법이 있으나 식품중의 나트륨과 염소가 항상 NaCl의 원자비로 존재하지는 않기 때문에 두 가지 방법으로 얻은 염화나트륨의 수치가 서로 일치하지는 않는다.

Chapter 8 각종 비타민의 정량분석

1. 비타민류 분석법의 개요

비타민류로는 이미 식품화학이나 영양학에서 배운바와 같이 vitamin A, B_1, B_2, B_6, B_{12}, C, D, E, K, niacin, biotin, pantothenic acid, folacin, choline 등이 있으나 여기선 vitamin C 만 논하져 한다.

아울러 비타민류에서 '식품공전' 상에 수록되어 있는 정량시험방법들은 다음과 같다.

Vit. A의 정량시험방법으로는 ① 삼염화안티몬($SbCl_3$)에 의한 비색정량시험법, ② 고속액체크로마토그래피에 의한 정량법이 공인시험으로 이용되고 있고 그 이외 비타민 A의 증분법이 있다.

Vit. B_1(thiamin)의 정량시험방법으로는 ① thiochrome형광법 중 적혈염(페리시안화칼륨)을 이용한 방법과 브롬화시안을 이용한 방법이 있고 ② 고속액체크로마토그래피에 의한 정량법이 공인시험으로 이용되고 있으며, 그 이외 para-amino acetophenone에 의한 Diazo비색법 등이 있다.

Vit. B_2(rivoflavin)에 의한 정량시험은 ① lumiflavin형광법, ② 고속액체크로마토그래피에 의한 정량법이 공인시험으로 이용되고 있고, 그 이외 riboflavin형광법 등이 사용되고 있다.

Vit. D에 의한 정량시험에는 ① 고속액체크로마토그래피에 의한 정량법이 공인시험으로 이용되고 있다.

Vit. E(tocopherol)정량시험방법으로는 ① 고속액체크로마토그래피에 의한 정량법 ② α, α-디피리딜에 의한 정량법이 공인시험으로 이용되고 있고 그 이외 니코틴산(nicotinic acid, niacin)의 정량법으로는 ① 케니히(Kőnig)반응에 의한 비색법과 ② 미생물학적 시험법이 공인시험으로 이용되고 있는 실정이다.

여기서는 비타민 C의 정량법만 대표로 수록하고 다른 비타민 시험법은 공인된 '食品公典'에 기록된 내용을 참조하기 바란다.

2. 비타민 C의 정량분석

2-1. 비타민C의 정량개요

천연에 존재하는 비타민C에는 환원형(L-ascorbic acid, AA)과 산화형(L-dehydroascorbic acid, DHAA)이 있다. 항괴혈병 비타민으로서 발현되었지만 상세한 생리작용은 아직 명확하지 않다. 현재 밝혀진 것은 결합조직, 특히 콜라겐의 합성과 유지에 대한 작용이며 항괴혈병 작용과 관련된 것은 양자가 동등하다고 여겨지고 있으므로 비타민C 정량은 환원형과 산화형을 합쳐서 측정할 필요가 있다.

환원형(AA)은 열과 빛에 민감하여 산화형으로 빠르게 전환된다. pH 3.5~5.0에서는 대부분 안정하나 Fe, Cu같은 금속이온에 의해 촉매되어 분해된다. 산화형(DHAA)은 환원형을 활성탄(activatedcharcoal), 할로겐(halogens), 염화제2철(ferric chloride), 과산화수소(hydrogen peroxide), 2-6-디클로로페놀 인도페놀(2-6-dichlorophenol-indophenol, DCP)과 같은 산화제에 의해 생성되는데 이러한 성질은 비타민C 정량의 분석원리로 이용된다.

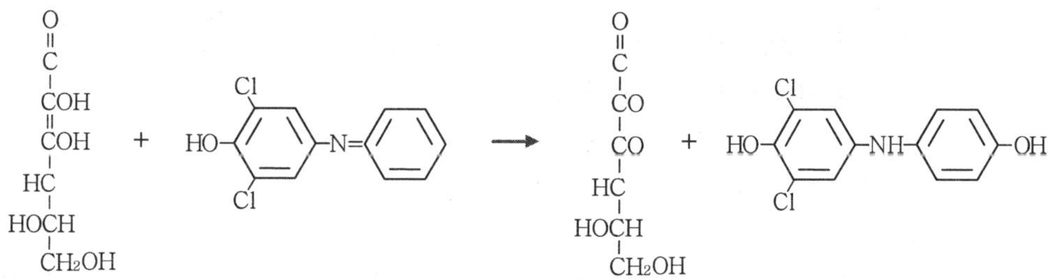

환원형 비타민C (L-ascorbic acid) (AA)	산화형 비타민C L-dehydroascorbic acid) [DHAA, Indophenol, 적(청남)색]	산화형 비타민C dehydroascorbic acid)	환원형 비타민C [Indophenol, 무색]

2-2. 2.4-디니트로페닐 하이드라진(DnP)에 의한 정량법

1) 분석방법의 원리

본법은 식품중 비타민C를 메타인산용액으로 추출한 환원형 비타민C(AA)를 2,6-dichlorophenol-indophenol(DCP)로 산화시켜 산화형(DHAA)으로 만든 다음 2,4-dinitrophenylhydrazine

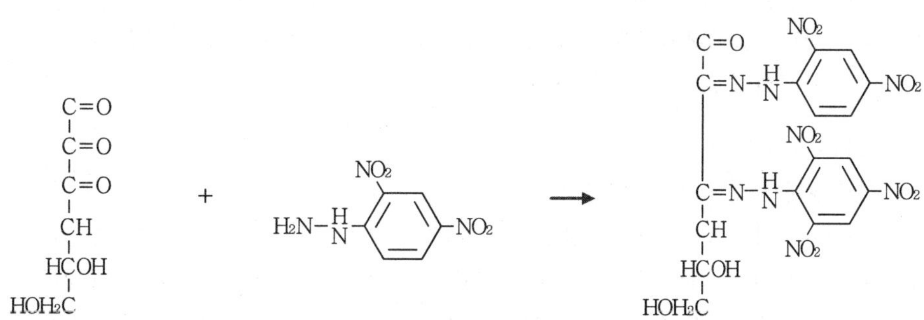

dehydroascorbic acid	2,4-Dinitrophenylhydrazine	Dehydroascorbic acid의 2,4-Dinitrophenylhydrazine의 유도체

(DnP)를 가해 적색의 오사존(osazone)을 형성시킨 후 황산(H_2SO_4)을 가해 탈수시키면 등적색의 무수물 bis-2,4-dintrophenylhydrazine으로 전환되어 안정된 정색반응을 나타내는데 이를 파장 520nm에서 표준용액과의 흡광도를 측정하여 정량하는 방법이다.

2) 공전상 시험방법

(1) 시 약

① 메타인산-초산용액

메타인산 15g을 초산 40mℓ 및 물 200mℓ로 잘 진탕 혼합하여 녹이고 물을 가해 250mℓ로 한다. 이를 냉장고에 보관하면 1주간 사용할 수 있다.

② 묽은 메타인산-초산용액

메타인산-초산용액을 같은 양의 물로 혼합한다(사용시 조제).

③ 20% 메타인산용액 : 냉장고에 보존한다.

④ 10% 메타인산용액 : 냉장고에 보관, 2주간 사용할 수 있다.

⑤ 5% 메타인산용액 : 사용할 때 조제한다.

⑥ 인도페놀용액

2,6-디클로로페놀 인도페놀나트륨염 0.2g을 더운 물에 녹여 100mℓ로 한다. 필요시 여과한다. 냉장고에 보존하면 2주간 사용할 수 있다.

⑦ 메타인산-티오요소용액

10% 메타인산용액 50mℓ에 티오요소 2g을 녹인다. 물을 가해 100mℓ로 한다(사용시 조제).

⑧ 디니트로페닐 하이드라진용액

2,4-디니트로페닐하이드라진 2g을 9N 황산액 100mℓ에 녹인다. 유리여과기로 여과하고 냉장보관시 2주간 사용.

⑨ 비타민 C 표준용액

비타민 C 표준품 100mg을 정밀히 달아 메스플라스크에 넣어 5% 메타인산용액에 녹여 100mℓ로 한다. 그 0.25, 0.5, 1.0, 1.5, 2.0 및 2.5mℓ를 각각 메스플라스크에 취해 5% 메타인산용액을 가해서 100mℓ로 한다(사용시 조제).

(2) 시험용액의 조제

조작은 모두 신속히 행한다.

추출 : 시료의 일정량을 정밀히 달고 같은 양의 메타인산-초산용액을 잘 혼합(homogenize)해서 균등한 상태로 한다. 환원형 비타민C로서 1~5mg 함유되도록 균등한 죽 상태의 일정량(Wg)을 100mℓ의 메스플라스크에 옮기고 묽은 메타 인산-초산용액으로 100mℓ로 한다. 이를 여과하여 처음의 수 mℓ를 제거하고 그 후의 여액을 취하든가 또는 원심분리해서 상등액을 취하여 시험용액으로 한다.

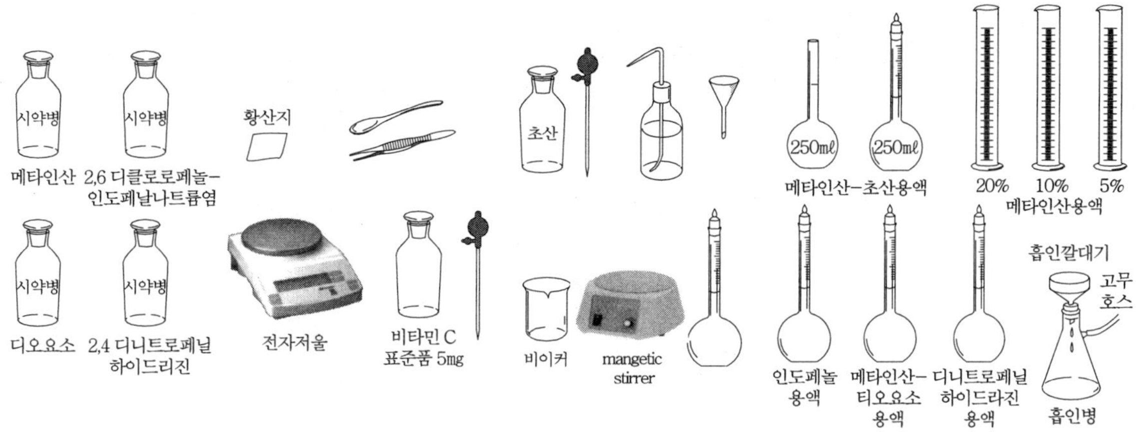

(a) 시약 용액의 조제(a)

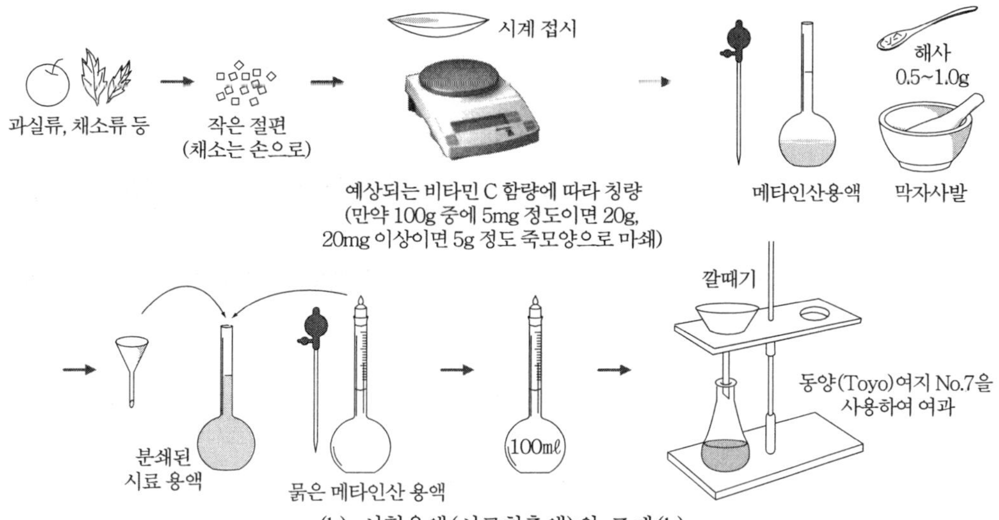

(b) 시험용액(시료침출액)의 조제(b)

그림 2-8-1. Vitamin C의 시약과 시험용액(시료침출액) 조제

(3) 시험조작

① 산 화

시험용액 2mℓ를 시험관 T_1, T_2 및 T_3에 취해 인도페놀용액 1방울을 혼합해 적색이 나타나는지 확인하고 T_1 T_2 T_3에 메타인산-티오요소용액 2mℓ씩 가한다.

② 오사존의 생성

시험관 T_1, T_2에 디니트로하이드라진용액 1mℓ 씩을 가해 37℃(±0.5℃) 항온 수욕 중에서 정확히 3시간 방치하고 T_3와 함께 얼음물 중에 침적힌다.

③ 오사존의 용해

얼음물 중에서 냉각하면서 T_1, T_2, T_3에 85% 황산용액 5mℓ를 조금씩 적가해 1분간 얼음물 중에서 잘 혼합 냉각한다. 다음 차가운 상태에서 T_3에 디니트로페닐하이드라진용액 1㎖를 혼합한다. T_1, T_2 및 T_3의 내용액을 재차 혼합한 후 얼음물로부터 꺼내어 실온에 30~40분간 방치한다.

④ 비 색

T_1 및 T_2의 내용액에 대해서 510~540nm에서 흡광도를 측정하고 T_1 및 T_2로 한다. 대조액은 T_3로 한다.

⑤ 검량선의 작성

비타민C 표준액 각 2㎖씩을 시험관에 취해 위 조작 ①~④에 따라 조작한다. 각각 흡광도를 구하고 검량선을 그린다.

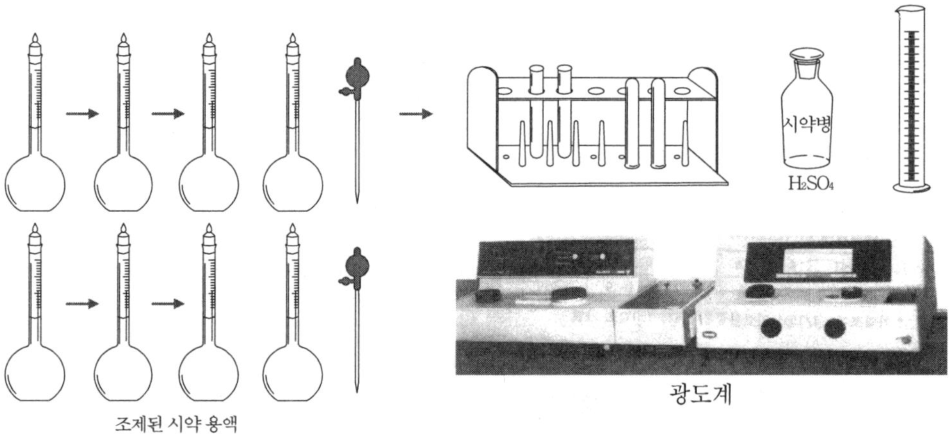

그림 2-8-2. Vitamin C의 정량분석 과정

(4) 계 산

시험용액 2㎖ 중의 총 비타민C량 및 산화형 비타민C량을 각각의 환원형 비타민C량(㎍)으로 나타낸 수치를 검량선에서 찾아서 T_1 및 T_2에 대응하는 점으로부터 구하여 C_1 및 C_2로 한다. 시료중의 비타민C함량은 다음 식으로 한다.

$$\text{총비타민(mg/100g)} = \frac{C_1}{1000} \times 50 \times \frac{\text{검체채취량} \times 2}{W} \times \frac{100}{\text{검체채취량(g)}}$$

$$\text{산화형비타민(mg/100g)} = \frac{C_2}{1000} \times 50 \times \frac{\text{검체채취량} \times 2}{W} \times \frac{100}{\text{검체채취량(g)}}$$

$$\text{환원형비타민C(mg/100g)} = \text{총 비타민C(mg/100g)} - \text{산화형비타민C(mg/100g)}$$

3) 공전상방법의 해설

① 메타인산-초산용액에서 H_3PO_3는 H_3PO_4로 서서히 변화하나 냉장 보관시 7~10일간 안정하다.

② 비타민 C 표준품은 직사광선을 피하여 데시케이터에 보관한 것을 사용한다.

③ 메타인산-초산용액은 비타민C 추출용매로 보고된 예로는 metaphosphoric acid, perchloric acid, EDTA 또는 sodium metabisulfite를 첨가한 0.1% 2,3-dimercapto-1-propanol ortho-phosphoric acid, pyrogallol을 첨가한 3% citric acid, 0.3M trichloroacetic acid 등이 있다.

④ 시험용액 조제 시 시료분석에 믹서 등을 사용하는 경우 금속이온이 녹아들거나 조작 중에 뜨거워지지 않도록 주의한다. 액상인 경우 이 조작을 생략하고 다음 조작을 행한다.

⑤ 산화 시 인도페놀용액이 부족하면 산화가 불완전하게 일어나므로 과잉의 양을 가하는 것이 좋다. 단 4방울 이상 들어가면 시료가 너무 높은 농도에 해당하므로 시험용액을 다시 희석하여 다음 조작을 행한다.

⑥ 메타인산-티오요소용액은 반응 속도를 조절하고 비타민 C의 산화를 방지한다.

⑦ 오사존의 생성 시 수욕 중에서 3시간 방치하는 시간을 단축하려면 50℃에서 70분간 반응시킬 수 있으나 당류가 많은 경우에는 37℃를 유지하는 것이 좋다.

⑧ 오사존의 용해 시 얼음물 중에서 냉각할 때 5㎖를 한 번에 가하면 타는 수가 있으므로 얼음물 중에서 격렬히 흔들면서 서서히 조작한다.

2-3. 인도페놀(Indophenol)의 적정법에 의한 Vitamin C(환원형) 정량분석

1) 분석방법의 원리

본법은 식품 중 비타민C가 산성수용액 중에서 2,6-dichlorophenol-indophenol(DCP)를 환원시켜 탈색하는 것에 기초한 환원형 비타민C 정량법이다. 다른 환원성물질이 함유된 시료나 추출액이 착색 또는 혼탁한 경우 적용이 어렵다.

2) 공전상 시험방법

(1) 시 약

① 인도페놀용액

미리 탄산수소나트륨 약 50mg을 더운물 약 150㎖에 용해하고 여기에 2,6-디클로로페놀 인도페놀나트륨염 약 50mg을 용해시키고 냉각후 물로 200㎖로 한다. 여과후 차광하여 냉소에 저장하면 1주간 사용할 수 있다. 다만 다음방법에 따라 사용할 때 표정한다.

② 표 정

표정은 비타민C 표준품 100mg을 정밀히 달아서 메스플라스크에 넣어 묽은 메타인산-초산용액 500㎖로 한다. 그 5㎖를 정밀히 취하여 묽은 메타인산-초산용액 5㎖ 가하고 인도페놀용액으로 액이 적어도 5초간 적색이 지속될 때까지 적정한다. 여기에 적정된 인도페놀용액의 소비량을 T㎖로 한다.

(2) 시험조작

조작은 모두 신속히 행한다.

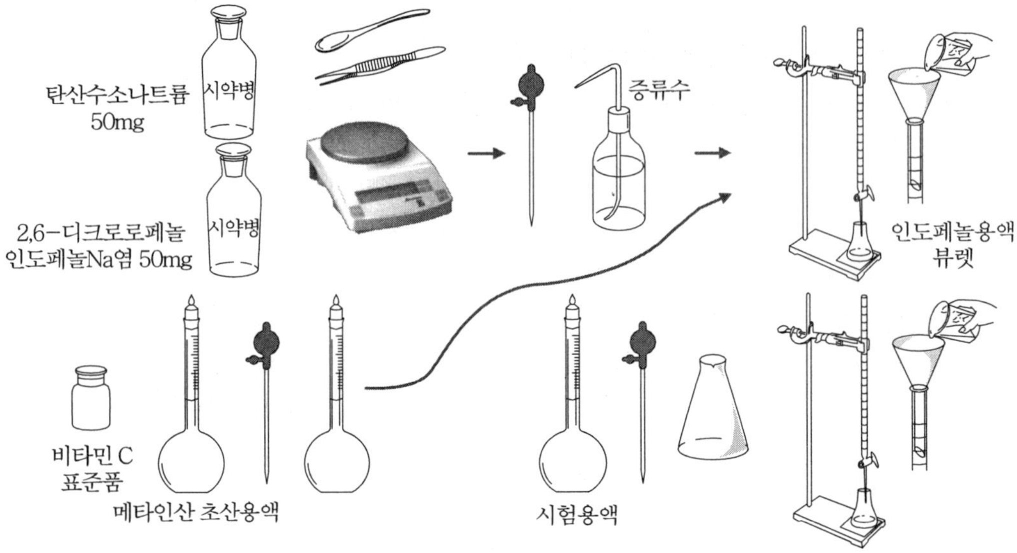

그림 2-8-3. Vitamin C의 인도페놀 적정법에 의한 정량분석

① 환원형 비타민 C의 적정

디니트로하이드라진법에서 시험용액 10㎖를 삼각플라스크에 정확히 취하여 즉시 인도페놀용액으로 적어도 5초간 적색이 지속될 때까지 적정한다. 이때 적정된 인도페놀용액의 소비량을 S ㎖로 한다.

② 계 산

시료중의 환원형 비타민 C는 다음 식에 의해 구한다.

$$\text{환원형비타민(mg/100g)} = A\,(\text{mg}) \times \frac{S}{T} \times 10 \times \frac{\text{검체채취량} \times 2}{W} \times \frac{100}{\text{검체채취량(g)}}$$

A(mg) : 인도페놀용액 T㎖에 대응하는 아스코르빈산 량

3) 공전상 방법의 해설

① 안도페놀용액 조제 후만일 조제해둔 표정액의 양이 감소하였거나 변색되었다면 버리고 새로 조제한다.

② 비타민 C 표준품은 직사광선을 피하여 데시케이터에 보관한 것을 사용한다.

2-4. 고속액체크로마토그래피에 의한 정량법

1) 분석방법의 원리

본법은 식품중의 비타민C를 메타인산초산용액으로 추출한 환원형 비타민C를 역상분배형칼럼

을 이용하여 UV 254nm에서 정량하는 방법이다. 산화형 비타민C는 자외부에 흡수되지 않으므로 흡수검출기를 사용하는 본법으로는 검출할 수 없다. 시차굴절계를 사용하는 방법도 있지만 검출감도가 저하되기 때문에 실용적이지 못하다. 단, 산화형 비타민C함량은 존재하는 산화형 비타민C를 황화수소나 디치오에리스리톨(dithioerythritol) 등의 환원제를 사용하여 환원형 비타민C로 전환시켜 정량한 후 환원제 처리를 행하지 않고 측정한 환원형 비타민C의 함량을 빼서 정량할 수 있다.

2) 공전상 시험방법

(1) 시 약

① 10% 메타인산용액

메타인산 10g을 물에 녹여 100㎖로 한다. 불용물이 생기는 경우 여과하여 사용한다. 냉장고에 1주간 보관가능

② 5% 메타인산용액

10% 메타인산용액을 물로 2배 희석한다. 사용시 조제.

(2) 표준용액의 조제

아스코르빈산 10g을 정밀히 달아 5% 메타인산용액에 녹여 100㎖로 한 것을 표준원액(100 ppm)으로 한다. 필요한 경우 표준원액에 5% 메타인산용액을 넣어 원하는 농도로 희석하여 사용한다. 사용시 조제한다.

(3) 시험용액의 조제

시료 일정량(비타민C 함량이 50mg/100g 이상인 경우 2g 정도, 10~50mg/100g인 경우 5~10g 정도를 시료로 한다)을 정확히 달아 동량의 10% 메타인산용액을 가하여 10분간 현탁시킨 후 적당량의 5% 메타인산을 넣어 균질화한다. 균질화된 시료를 100㎖ 메스플라스크에 옮기고 소량의 5% 메타인산용액으로 용기를 씻은 후 메스플라스크에 합하여 100㎖로 한다.

그 후 3,000rpm에서 10~15분간 원심분리를 행하여 상등액을 취하고 5% 메타인산용액으로 적당히 희석하여 시험용액으로 한다.

(4) 시험조작

① 고속액체크로마토그래피 조건

㉠ 칼 럼

역상분배형(Jascopack Fine Sil-NH_2, Lichrosorb NH_2, 조건을 달리하며, Zipax SAX, Vydac SAX, Partisil-10SAX, μ-Bondapak C18 μ-Bondapak/Cn, Pormaphase CPS 등을 사용할 수 있다.)

㉡ 이동상 : 0.05M KH_2PO_4/아세토니트릴(60 : 40)

㉢ 유속 : 1.0㎖/min

㉣ 검출기 : UV 254nm

② 정량시험

시험용액 및 표준용액을 각각 10㎕씩 주입하여 얻은 피크의 높이 또는 넓이를 구하여 검량선을 작성한 후 시험용액의 비타민C의 농도(㎍/㎖)를 구하고 다음 식에 의해 시료 중 아스코르빈산 함량(mg/100g)을 산출한다 L-아스코르빈산 나트륨으로 환산하는 경우에는 L-아스코르빈산 량에 계수 1.125를 곱한다.

$$\text{비타민C함량(mg/100g)} = S \times \frac{a \times b}{\text{검체채취량(g)}} \times \frac{100}{1000}$$

S : 시험용액중의 아스코르빈산 농도(㎍/㎖)
a : 시험용액의 전량(㎖)
b : 시험용액의 희석배수

3) 공전상 방법의 해설

① 메타인산-초산용액에서 H_3PO_3는 H_3PO_4로 서서히 변화하나 냉장 보관시 7~10일 안정하다.

② 아스코르빈산은 직사광선을 피해 데시케이터에 보관한 것을 사용한다. 표준품의 경우도 안정하지 않으므로 필요하면 요소 규정액 또는 요소산칼륨 규정액으로 표정하여 순도를 확인하는 것이 좋다. 표정은 아스코르빈산 약 0.2g을 정밀하게 취해 200㎖ 플라스크에 넣고 2% 메타인산용액 50㎖에 녹인 다음 전분시약을 지시약으로 0.05mol/ℓ 요소액으로 적정한다. 0.05mol/ℓ 요소액 1㎖는 8.806mg의 아스코르빈산에 상당한다.

③ 표준원액에 5% 메타인산용액을 넣어 원하는 농도로 희석할 때 10~50㎍/㎖ 농도가 적당하다.

④ 시험용액의 조제 때 시료 일정량을 100g중 10mg 이하의 아스코르빈산 함유식품에 있어서는 고속액체크로마토그래피에 시료용액의 주입량을 많게 하는 등 시료에 응하는 조작을 필요로 한다.

⑤ 시험용액의 조제 시 동량의 10%(w/v) 메타인산용액을 가해도 충분히 현탁할 수 없는 시료에 대해선 적당량의 5%(w/v) 메타인산을 가하여 혼합한다. 메타인산의 첨가에 따라 침전을 형성하지 않는 시료에 대해서는 원심분리를 생략하거나 여과지를 통한 여과로 바꿀 수 있다.

⑥ 시험용액의 조제 시 5% 메타인산을 넣어 균질화할 경우 시료의 분쇄에 믹서 등을 사용할 때 금속 이온이 들어있거나 조작 중 뜨거워지지 않도록 주의한다. 액상인 경우 이 조작을 생략하고 다음 조작을 행한다.

⑦ 원심분리를 하여 상등액을 만들 때 시료에 따라서는 여과지 또는 0.45㎛ 멤브레인필터 여과가 필요한 경우도 있다.

⑧ 고속액체크로마토그래피의 검출기인 UV 254nm 또는 그 부근의 파장의 자외부 검출기를 가지고 있는 것, 이외 고감도 시차굴절검출기 또는 전기화학적검출기 등도 사용할 수 있다.

2-5. 공전법 이외 추천하는 분석방법

현행 공전에서 제안하는 3가지 정량법 외에 O-Phenylenediamine(OPD)에 의한 형광법이 제안되고 있다. 이것은 환원형 비타민C를 OPD로 반응시켜 산화형 비타민C의 락톤형으로 전환시킨 다음 이를 형광검출기로 정량하는 방법이나 공시험 물질에 의한 간섭이 높고 DHAA 락톤형이 다량 존재하는 식품의 경우 사용할 수 없는 단점이 있다. HPLC법의 경우 자외부에 흡수되지 않는 산화형 비타민C의 함량이 적게 검출되는 단점이 있으나 형광검출기를 사용하면 환원형과 산화형을 별도의 전환 과정 없이 직접 검출할 수 있는 것으로 보고되고 있다.

실험 13호 식품중 Vitamin C의 정량분석(디니트로페닐하이드라진법)

(강의계획서 15째 주)

1. 실험 시간 ; 이론 1시간, 실습 2시간

2. 시료, 시약, 가구 등의 준비와 조제 – ◘ ☻ (학과 조교님 준비 및 확인)

1) 시료 : 과일류(사과, 포도, 귤, 오렌지, 바나나, 매실, 오미자열매, 대추, 호두 등)과 채소류(콩나물, 배추, 무우, 상추, 시금치, 오이, 당근, 호박, 양파, 생고추, 토마토, 참외, 딸기, 김, 미역, 도라지 등) 원료선택과 100℃ 수중 가열과 비교 실험한다.

2) 시약 : 메타인산, 초산, 메타인산–초산용액, 묽은 메타 인산–초산용액, 메타인산용액 5%(사용 시 조제), 인도페놀용액(2,6–디클로로페놀나트륨염 0.2g), 디니트로페닐하이드라진용액, 비타민 C 표준용액(사용 시 조제), 얼음 물

3) 기구 및 용기 : 10%(냉장고에 보관, 2주간 사용 가능), 20%(냉장고 보존), 스푼, 핀셋, 황산지, 자동전자저울(0점 조정 등), 100㎖ 메스플라스크(각조, 3개), 시험관(각조 10개씩), 피펫 filler(각조 2개씩), 진탕기, 500㎖ 혼합기, 유리여과기(각조), 항온 수욕조(37℃±0.5℃), hot plate(각조)나 알코올램프와 삼발이 및 석면철망(각조), 면장갑, 데시케이터, 집게, 흡광광도계(spectrometer, 520nm), 냉장고 점검(온도, 내부 청결상태 등)

3. 실험전 주의사항

Chapter 9 열량 계산

1. 열량의 계산원리

식품의 에너지는 에트워터(Atwater) 계수를 사용하여, 검체 100g중의 조단백질, 조지방 및 탄수화물 또는 당질의 함량에 단백질 4, 지방 9, 당질 4의 계수를 곱하여 각각의 에너지를 Kcal(킬로칼로리) 단위로 산출하고 그 총계로 나타낸다. 단위는 킬로칼로리 또는 KJ(킬로주울)로 하고 킬로칼로리 단위에서 킬로주울 단위로의 환산은 다음 식에 따른다.

$$1\text{Kcal} = 4.184\text{KJ}$$

2. 공전상 식품군별 에너지 환산계수 적용방법

세계식량농업기구(FAO)를 중심으로 한 국제적 경향은 식품을 군별로 하여 그 특유한 에너지 환산계수를 채용하고 있으므로 다음 표에 있는 식품에 대해서는 FAO의 에너지 환산계수를 사용한다(단, 아래 표에서 ( )를 붙인 것은 다른 식품군 계수에서 전용 또는 그것에서 추정해서 얻은 것임).

표 2-9-1. **식품군 별 에너지 환산계수(Kcal/g)(계속)**

구 분 식품군	FAO의 에너지 환산계수			FAO에 의한 식품군명
	조단백질	조지방	탄수화물	
곡 류	3.46	8.37	4.12	오트밀, 탄보리
	3.55	8.37	3.95	보리(정맥)
	3.59	8.37	3.78	밀가루 도정률 97~100%
	4.05	8.37	4.12	밀가루 도정률 70~74%
	1.82	8.37	2.35	밀기울
	3.55	8.37	3.95	메밀가루
	2.73	8.37	4.03	옥수수가루(전립)
	3.46	8.37	4.16	옥수수가루(배아를 제거한 것)
	0.91	8.37	4.03	수수(전립)
	3.05	8.37	3.86	호밀(전분립)
	3.23	8.37	3.09	호밀(중간도정)
	3.41	8.37	4.07	호밀
	3.87	8.37	4.12	기타 정맥곡류

표 2-9-1. 식품군 별 에너지 환산계수(Kcal/g)

구 분 식품군	FAO의 에너지 환산계수			FAO에 의한 식품군명
	조단백질	조지방	탄수화물	
감자 및 전분류	2.78	8.37	4.03	감자, 전분질괴근
설탕 및 감미류	3.11	–	3.87	사탕수수당, 사탕무우당
	3.36	–	3.87	(벌꿀)
	–	–	3.68	포도당
과자류	–	–	3.87	(사탕수수당, 사탕무우당)
	3.87	8.37	4.12	기타 정백곡류
유지류	4.27	8.79	3.87	버터
	(4.27)	9.02	–	기타 동물성지방
	4.27	8.84	3.87	마아가린(식물성)
	–	8.84	–	기타 식물성유지
종실류, 두류	3.47	8.37	4.07	콩류, 종실류(성숙, 건조)
	3.47	8.37	4.07	콩(건조, 가루)
어패류, 수조 경육류	4.27	9.02	a)	육, 어류
	–	–	4.11	글리코오겐
	3.90	9.02	–	젤라틴
난 류	4.36	9.02	3.68	난
유 류	4.27	8.79	3.87	유, 유제품
채소류	2.78	8.37	3.84	지하부 이용의 채소b)(감자, 전분질괴근 제외)
	2.44	8.37	3.57	기타 채소
	3.47	8.38	4.07	미성숙콩류
	3.36	8.37	3.60	기타 과실
	2.73	8.37	4.03	(옥수수)
과실류	3.36	8.37	2.70	레몬
	3.36	8.37	3.60	기타 과실
기호음료류	섭취한 에탄올 1g당 6.93kcal			에탄올
조미료류 기 타	1.83	8.37	1.33	초콜릿, 코코아
	–	–	2.40	초
	3.00	8.37	3.35	효모

a) 뇌, 심장, 신장, 간장(및 조미료를 가공한 가공품)의 탄수화물에 대한 계수는 3.87, 혀, 조개류(근육)의 탄수화물에 대한 계수는 4.11

b) 사탕무, 당근, 양파, 무 등

Food Analysis

&

Hygiene Experimentals

제 3 편

일반 식품위생성분 및 신선도검사

Food Analysis & Hygiene Experimentals

Chapter 1 식품위생실험의 개요

1. 식품위생검사의 분류

식품위생검사(실험)는 종류와 시험법이 워낙 많아 별도의 식품위생실험서에서 다루어야 할 것이나 여기선 매우 필요하다고 생각하는 일부 항목만을 논하고자 한다.

식품위생검사는 음식물에 의한 위해를 방지하기 위하여 주로 식품, 첨가물, 음식물용 기구, 용기 및 포장에 대하여 실시하는 것으로 그 대상은 이에 국한되는 것이 아니고 조리인을 포함한 모든 식품관계자의 건강관리까지도 포함되므로 장관계 병원균의 검사도 필요하다.

식품위생검사의 목적을 살펴보면 다음의 세 가지로 크게 대별할 수 있다.

① 식품에 기인하는 질병의 발생시 원인물질의 규명과 감염경로 및 오염경로의 규명
② 식품에 의한 위해의 방지 및 안전성 확보
③ 식품위생에 관한 지도 및 식품위생대책의 수립에 필요한 실태 파악

이와 같은 목적을 달성하기 위하여 실시되는 식품위생검사는 그 목적과 성격에 따라 검사항목이나 내용상에 있어서 약간의 차이가 생기기 마련이다.

표 3-1-1. **식품위생검사의 항목**

종 류	항 목
관능검사	사람의 오감에 의하여 검사 예) 외관, 색택, 경도, 냄새 및 이물의 부착 등
생물학적 검사	병원성 미생물의 검색, 세균수 검사, 대장균군 및 장구균검사, 기생충 검사 및 항생물질 검사
화학적 검사	성분검사, 독물검사, 식품첨가물 검사, 항생물질 검사
물리학적 검사	온도 측정, 비중 측정, pH 측정, 방사능오염 검사
독성 검사	급성독성 검사, 만성독성 검사

2. 검체(시료)채취의 일반원칙

식품위생검사에 있어서 검체의 채취와 취급방법의 적부는 검사결과에 직접적으로 영향을 미치게 되므로 유의사항을 잘 지켜야 한다. **검체**란 검사대상으로부터 채취된 시료를 뜻하는 것으

로 채취에 있어서 가장 중요한 사항은 검체가 검사대상물을 대표할 수 있는 **대표성**을 지녀야 한다는 것이다. 검체의 양 또한 목적하는 검사에 따라 적절해야 한다.

다음은 국가가 발간한 '식품공전'(2001년)중에 수록한 일반 원칙적인 내용을 참조 바란다.

① 검체의 채취는 식품위생법 제20조 **식품위생감시원**에 의하여 수행한다.

② 검체를 채취하는 때에는 검사대상으로부터 식품공전 제9. 부표 중 **난수표법**을 사용하여 대표성을 가지도록 하여야 한다. 다만 난수표법을 사용할 수가 없는 사유가 있을 때에는 검사대상자가 검사대상을 선정 · 채취할 수 있다.

③ 검체는 검사목적, 검사항목 등을 참작하여 검사대상 전체를 대표할 수 있는 **최소한도의 양**을 수거하여야 한다.

④ 일반적으로 검체는 제조번호, 제조년월일, 유통기한이 동일한 것을 검사대상으로 하나, 품종, 식품유형, 제조회사, 기호, 수출국, 수출년월일, 도착년월일, 적재선, 수송차량, 화차, 포장형태 및 외관 등의 상태를 잘 파악하여 그 식품의 특성 및 검사목적을 고려하여 채취하도록 한다.

⑤ 채취검체가 검사대상이 **손상**되지 않도록 주의하여야 하고, 식품을 포장하기 전 또는 포장된 것을 개봉하여 검체로 채취하는 경우에는 이물질의 혼입, 미생물의 오염 등이 되지 않도록 주의하여야 한다.

⑥ 채취한 검체는 **봉인**하여야 하며 파손하지 않고는 봉인을 열수 없도록 하여야 한다.

⑦ 기구 또는 용기 · 포장으로서 재질 및 바탕색상이 같으나 단순히 용도 · 모양 · 크기 또는 제품명 등이 서로 다른 경우에는 그 중 대표성이 있는 것을 검체로 할 수 있다. 다만 재질 및 바탕색이 같지 않은 셋트의 경우에는 판매단위인 셋트별로 검체를 채취할 수 있다.

3. 검체의 채취 및 취급요령

검체채취시에는 검사목적 및 항목, 대상식품의 종류와 물량, 오염 가능성, 균질여부 등 검체의 물리·화학·생물학적 상태 등을 고려하여 검체를 채취하여야 한다.

3-1. 검체의 채취요령

1) 검사대상식품 등이 불균질할 경우

검체가 불균질할 때에는 일반적으로 다량의 검체가 필요하나 검사의 효율성, 경제성 등으로 부득이 소량의 검체를 채취할 수 밖에 없는 경우에는 외관, 보관상태 등을 종합적으로 판단하여 의심스러운 것을 대상으로 검체를 채취할 수 있다.

식품 등의 특성상 침전 · 부유 등으로 균질하지 않은 제품은 전체를 가능한 한 균일하게 처리한 후 대표성이 있도록 채취하여야 한다.

2) 검사항목에 따른 균질 여부 판단

검체의 균질여부는 검사항목에 따라 달라질 수 있다. 어떤 검사대상식품의 선도판정에 있어서는 그 식품이 불균질하더라도 이에 함유된 중금속, 식품첨가물 등의 성분은 균질한 것으로 보아 검체를 채취할 수 있다.

3) 포장된 검체의 채취

깡통, 병, 상자 등 용기 · 포장에 넣어 유통되는 식품 등은 가능한 한 개봉하지 않고 그대로 채취한다. 대형 용기 · 포장에 넣은 식품 등은 검사대상 전체를 대표할 수 있는 일부를 채취 할 수 있다.

4) 선박의 벌크검체 채취

검체채취는 선상에서 하거나 보세장치장의 사일로(silo)에 투입하기 전에 하여야 한다.

동일 모선에 선적된 동일 품명의 농 · 임 · 축 · 수산물이 여러 장소에 분산되어 선적된 경우에는 전체를 하나의 검사대상으로 간주하여 난수표를 이용하여 무작위로 하나의 장소를 선정하여 검체를 채취할 수 있다.

5) 냉장, 냉동 검체의 채취

냉장 또는 냉동식품을 검체로 채취하는 경우에는 그 상태를 유지하면서 채취하여야 한다.

6) 미생물 검사를 요하는 검체의 채취

검체를 채취·운송·보관하는 때에는 채취당시의 상태를 유지할 수 있도록 밀폐되는 용기·포장 등을 사용하여야 한다. 검체를 소분 채취할 경우에는 멸균된 기구·용기 등을 사용하여 무균적으로 행하여야 한다. 검체는 부득이한 경우를 제외하고는 정상적인 방법으로 보관·유통 중에 있는 것을 채취하여야 한다. 검체는 관련정보 및 특별수거계획에 의한 경우를 제외하고는 완전포장된 것에서 채취하여야 한다.

7) 기체를 발생하는 검체의 채취

검체가 상온에서 쉽게 기체를 발산하여 검사결과에 영향을 미치는 경우는 포장을 개봉하지 않고 하나의 포장을 그대로 검체단위로 채취하여야 한다. 다만, 소분 채취하여야 하는 경우에는 가능한 한 채취된 검체를 즉시 밀봉·냉각시키는 등 검사결과에 영향을 미치지 않는 방법으로 채취하여야 한다.

8) 페이스트상 또는 시럽상 식품 등

검체의 점도가 높아 채취하기 어려운 경우에는 검사결과에 영향을 미치지 않는 범위 내에서 가온 등 적절한 방법으로 점도를 낮추어 채취할 수 있다. 검체의 점도가 높고 불균질하여 일상적인 방법으로 균질하게 만들 수 없는 경우에는 검사결과에 영향을 주지 아니하는 방법으로 균질하게 처리할 수 있는 기구 등을 이용하여 처리한 후 검체를 채취할 수 있다.

9) 검사 항목에 따른 검체채취 주의점

① 수 분

증발 또는 흡습 등에 의한 수분 함량 변화를 방지하기 위하여 검체를 밀폐 용기에 넣고 가능한 한 온도 변화를 최소화하여야 한다.

② 산가 및 과산화물가

빛 또는 온도 등에 의한 지방 산화의 촉진을 방지하기 위하여 검체를 빛이 차단되는 밀폐용기에 넣고 채취 용기내의 공간 체적과 가능한 한 온도 변화를 최소화하여야 한다.

3-2. 검체채취내역서의 기재

식품위생감시원은 검체채취시 당해 검체와 함께 제9. 부표중의 9. 검체채취내역서를 첨부하여야 한다. 다만, 검체채취내역서를 생략하여도 기준·규격검사에 지장이 없다고 인정되는 때에는 그러하지 아니할 수 있다.

3-3. 검체의 운반 요령

① 채취된 검체는 오염, 파손, 손상, 해동, 변형 등이 되지 않도록 주의하여 검사실로 운반하여야 한다. 검체가 장거리로 운송되거나 대중교통으로 운송되는 경우에는 손상되지 않도록 특히 주의하여 포장한다.

② 냉동 검체의 운반에서 냉동 검체는 냉동 상태에서 운반하여야 한다. 냉동 장비를 이용할 수 없는 경우에는 드라이아이스 등으로 냉동상태를 유지하여 운반할 수 있다.

③ 냉장 검체의 운반에서 냉장 검체는 온도를 유지하면서 운반하여야 한다. 얼음 등을 사용하여 냉장온도를 유지하는 때에는 얼음 녹은 물이 검체에 오염되지 않도록 주의하여야 하며 드라이아이스 사용시 검체가 냉동되지 않도록 주의하여야 한다.

④ 미생물 검사용 검체의 운반에서 부패 · 변질 우려가 있는 검체 중 미생물학적인 검사를 요하는 검체는 멸균용기에 무균적으로 채취하여 당해 식품의 냉장보관 온도를 유지하면서 즉시 4시간 이내 식품위생검사기관에 운반하여야 한다. 부득이한 사정으로 냉장온도를 유지할 수 없거나 즉시 운반하지 못하였을 때에는 재수거하거나 채취일시 그 상태를 기록하여 식품위생거사기관에 검사 의뢰한다.

미생물 검사용 검체일지라도 운반과정 중 부패·변질우려가 없는 검체는 반드시 냉장온도에서 운반할 필요는 없으나 오염, 검체 및 포장의 파손 등에 주의하여야 한다. 얼음 등을 사용할 때에는 얼음 녹은 물이 검체에 오염되지 않도록 주의하여야 한다.

⑤ 기체를 발생하는 검체의 운반에서 소분 채취한 검체의 경우에는 적절하게 냉장 또는 냉동한 상태로 운반하여야 한다.

4. 검체채취 기구 및 용기

① 검체채취 기구 및 용기는 검체의 종류, 형상, 용기·포장 등이 다양하므로 검체의 수거 목적에 적절한 기구 및 용기를 준비하여야 한다.

② 기구 및 용기·포장의 기준·규격에 적합한 것이어야 한다.

③ 기구 및 용기는 운반, 세척, 멸균에 편리한 것이여야 하며 미생물 검사를 위한 검체 채취의 기구·용기 중 검체와 직접 접촉하는 부분은 반드시 멸균 처리하여야 한다. 검체와 직접 접촉하는 기구 및 용기는 겸사결과에 영향을 미치지 않는 것이어야 한다.

5. 식품별 검체채취방법

위생검사에 있어서 검체의 채취 및 방법은 가급적 공인검사기관에서 행해지는 방법이나 '식품공전' 및 '식품첨가물공전' 등에 나와 있는 방법을 따르는 것이 보통이다.

특히 검체의 채취 및 취급방법은 식품공전에 자세히 서술되어 있으므로 참고 바란다.

1) 수산물

몸무게 약 500g 미만의 소형수산물은 무작위로 10마리를 채취하여 각각의 가식부에서 약 30g씩을 취하고, 500g~1,500g의 중형수산물은 무작위로 5마리, 약 60g씩을, 그리고 1,500g 이상의 대형수산물에서는 무작위로 3마리, 약 100g씩을 취해 균질화한 후 이를 검체로 한다.

2) 농·임산물

소립원료, 단위원료, 묶음원료에서 검체발췌방법은 검사대상 6곳 이상에서 발췌·혼합하여 검체로 하고, 마대·상자 등에 포장된 검체채취방법은 난수표를 이용하여 무작위로 마대·상자 등을 선정하여 채취한다.

소립원료에서 선상이나 차량 및 열차의 검체채취방법은 을(乙)자형으로 이동하며 검체 단위로 채취하고 단위원료나 묶음원료의 벌크상태로 적재된 검체에의 경우는 표면부분과 중간부분에서 검체단위 씩 채취한다.

3) 식품, 식품첨가물, 축산물, 기구·용기·포장

소립식품, 단위식품, 축산물, 식품첨가물, 기구·용기·포장은 농·임산물의 검체채취방법에 준한다.

세균학적 시험에는 가급적 많은 검체를 취하여야 하고 채취량은 고형물(固形物)인 경우 200g, 액체인 경우에는 200mℓ 이상으로 하는 것이 원칙이다. 통조림식품, 병 또는 기타 용기나 포장에 들어 있는 식품을 검체로 채취할 경우에는 포장단위를 최저 검사단위로 하는 것이 원칙이다. 그러나 포장단위가 클 경우 적절한 방법으로 그 일부를 검체로 채취한다.

검체의 운반은 검체의 변화가 없도록 포장이나 보관방법을 선택해야 하고, 특히 세균학적 검사의 대상이 되는 검체는 미생물의 채취방법에서 언급한 바와 같이 5℃ 이하를 유지하면서 가능한 한 신속하게(원칙적으로 4시간이내) 검사장소로 옮겨 검사에 착수해야한다.

Chapter 2 식품의 pH 측정

모든 식품은 pH를 가지고 있다. 식품에 pH를 측정하는 목적은 신선하고 먹을 수 있는 식품에는 이미 많은 기록들이 나와 있으며 이 신선한 영역을 벗어 낫을 경우에는 그 식품에 변화 내지 변질이 있다는 것을 알 수 있어 신선도 판정이나 초기 부패 등의 판정에 이 검사를 이용한다. 측정되는 식품은 액상상태 식품의 경우는 pH 시험지(pH paper, litmus paper)나 pH meter의 전극을 용액에 그 대로 침지하여 검출하나 반고체나 고체상태의 식품은 분쇄하여 매우 작은 입자를 증류수로 녹여 액상상태에서 pH를 측정한다.

pH의 측정법에는 1) pH paper를 사용하는 방법, 2) 지시약 용액으로써 비색하는 중화적정 방법 3) pH meter 기기에 의한 전기적 방법이 있다. 여기서는 가장 간단한 pH paper에 의한 방법과 정확성이 있는 pH meter에 의한 방법으로 pH를 설명하고자 한다.

pH의 범위는 0에서 7이하는 산성영역, pH 7.0은 중성, 7에서 14이하는 알칼리성영역으로 표시하고 수소(H)이온 농도와 pH와의 관계는 다음과 같다.

표 3-2-1. **수소이온 농도와 pH와의 관계**

$[H^+]$	1	10^{-4}	10^{-7}	10^{-10}	10^{-14}
$[OH^-]$	10^{-14}	10^{-10}	10^{-7}	10^{-4}	1
pH	0	4	7	10	14

산성(酸性)영역　　중성(中性)　　알칼리성(alkali)영역

1. pH paper(Lithmus 시험지)의 간이검사

1) 원 리

이 방법은 지시약에 의한 측정법의 하나로서 지시약 용액을 여지에 배어들게 해서 건조한 pH 시험지를 써서 측정하는 방법이다.

2) 시 료

우유, 두유, 식초, 과즙 등. 시료가 착색이나 흐려지는 정도가 심한 것이나 증류수와 같이 완충작용이 없는 것은 측정이 곤란하다.

3) pH시험지와 변색표

pH시험지에는 다음 표 3-2-2와 같은 것이 일반적으로 쓰이고 있다. 변색표는 시험지변색

정도에 따라 pH를 아는 것이다.

4) 조 작

① 시료의 pH 측정에 적당하다고 생각되는 시험지를 선정한다.

② 시험지를 핀셋으로 들고 그 한쪽을 시료에 적시고 시료가 침투되면 즉시 들어 올린다.

③ 시험지의 침투부의 색상과 같은 색상의 것을 변색표에서 신속히 발견한다. 그 pH가 시료의 pH이다.

표 3-2-2. pH시험지의 주요한 종류

pH 시험지의 명칭	생략 명칭 유효	pH의 범위	
크레조올 레드 시험지	CR 시험지	0.2~2.0	7.2~8.8
티모올 블루 시험지	TB 시험지	1.4~3.0	8.0~9.6
브롬 페놀 블루 시험지	BPB 시험지	2.8~4.4	
요오드 페놀 블루 시험지	IPB 시험지	3.6~5.2	
브롬 그레조올 그린 시험지	BCG 시험지	4.0~5.6	
메틸레드 시험지	MR 시험지	5.4~7.0	
브롬 티모올 블루 시험지	BTB 시험지	6.2~7.8	
페놀 레드 시험지	PR 시험지	6.6~8.2	

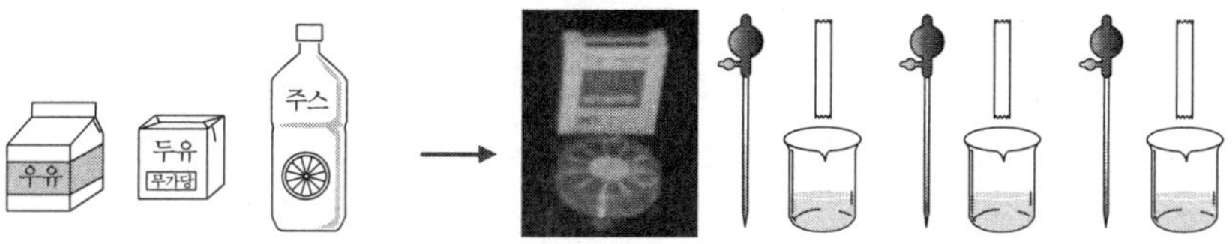

그림 3-2-1. pH(litmus paper)에 의한 시험

2. pH meter(유리전극법)에 의한 측정

1) pH meter 장치

pH meter는 일명 유리전극법이라고도 하는데 유리전극 pH계를 사용한다. 이것은 본체인 지시부와 유리 전극(glass electrode) 및 비교전극으로 되어 있는 검출부로 구성되고 형식에 따라서는 검출부에 온도보상용감온부를 비치하고 있다. 유리전극은 유리막내에 일정조성의 용액과 염화제이수은(Hg_2Cl_2) 또는 염화은(HgCl) 등의 전극을 삽입한 그림을 보면 그림 3-2-2와 같다. 비교전극은 시료와 관계없이 일정한 기전력을 나타내고 유리전극의 기전력을 내기 위해 사용되는 것으로 내부전극에는 주로 염화제이수은이 쓰이며 선단은 유리섬유 등으로 시료와 연

락할 수 있도록 되어 있다. 온도보상용 감온부는 유리전극의 온도차에 의한 기전력의 변화를 자동적으로 보상하기 위해 쓰이는 것이다.

2) 시 료

우유, 두유, 식초, 과즙 등.

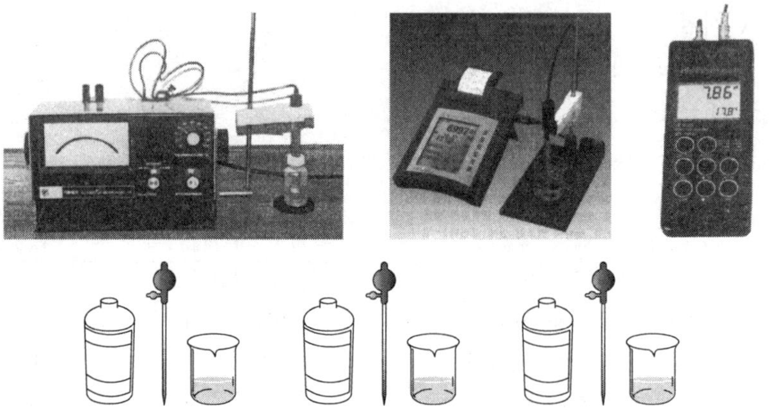

그림 3-2-2. pH meter의 장치와 구성 및 조작

3) 표준완충액(Buffer solution)의 조제

① 프탈산염: $C_6H_4(COOK)(COOH)$ 10.21g을 순수에 용해해서 1 ℓ로 한다. 또는 25℃에서 pH 4.00의 완충용액 500~1,000㎖를 구입하여 사용한다.

② 중성인산염 : KH_2PO_4 3.40g과 Na2HPO₄ 3.55g을 순수에 용해해서 1 ℓ로 한다. 또는 25℃에서 pH 7.00의 완충용액 500~1,000㎖를 구입하여 사용한다.

③ 붕산염 : $Na_2B_4O_7$ $10H_2O$ 3.81g을 순수에 용해해서 1 ℓ로 한다. 또는 25℃에서 pH 9.00의 완충용액 500~1,000㎖를 구입하여 사용한다.

이들의 시약은 pH측정용의 특급품을 사용하고 조제된 표준액은 폴리에틸렌제 병에 밀폐해서 보존한다.

4) 조작 방법

조작법은 이 pH계의 형식에 따라 다르지만 교류변환식의 직량식, 온도보상용 감온부가 붙어 있는 것의 조작법은 그림 3-2-2와 같다.

(1) 준 비

① 각 검출부를 순수로 세정하고 부착된 물을 여지로 빨아들인다.

② 전원코드, 어스선, 각 전극코드를 소정된 단자에 삽입한다.

(2) 영점의 조정

다음과 같은 순서로 조작한다.

① 전원단추를 눌러 전류를 통하게 하고 계기 회로가 안정될 때까지 3~5분간 둔다.

② 표준완충액의 중성인산염을 비이커에 채취한다. 먼저 이것에 각 검출부를 담근다. 다음에 온도를 측정하고 표 3-2-3에서 그 온도에서의 pH를 구한다.

③ 측정용단추를 누르면 지시계의 바늘이 pH를 나타내므로 그 pH가 표에서 구한 pH를 지시하도록 보정나사를 돌려서 맞춘다.

④ 측정용단추를 눌러서 원상태로 전환하고 각 검출부를 액에서 들어내어 증류수로 세정하고 물을 여지로 흡수한다.

⑤ 다음에 시료가 산성인 경우는 프탈산염, 알칼리성인 경우는 붕산염의 표준완충액을 써서 전과 같이 조작하고 그 온도에 있어서의 pH를 지시하도록 조정나사를 돌려서 조정한다.

⑥ ④와 같이 조작을 해서 준비를 끝낸다.

표 3-2-3. **표준완충액의 온도와 pH**

온도(℃)	5	10	15	20	25	30	35
프탈산염	4.01	4.00	4.00	4.00	4.01	4.01	4.02
중성인산염	6.95	6.92	6.90	6.88	6.86	6.85	6.84
붕산염	9.39	9.33	9.27	9.22	9.18	9.14	9.10

5) 측 정

① 시료를 비이커에 채취하고 이것에 pH meter의 유리전극 검출부를 담근다.

② 측정용 단추를 회전하거나 누르면 지시계의 바늘은 시료의 pH를 지시한다.

③ 0.5~1분후에 pH meter 지시침의 pH 눈금을 읽는다.

④ 그 다음 유리전극 검출부를 별도로 준비된 비이커에 증류수를 넣고 3~4번 번갈아가며 씻은 후 다음 식품을 측정한다.

⑤ 이것을 3회 반복하고 그 측정치를 평균해서 시료의 pH로 한다. 일반적으로 측정치가 ±0.02의 범위에서 일치할 때까지 한다.

6) pH meter 전극의 보관 및 관리

pH meter의 전극은 사용하기 전후에 세심한 관리를 하여야 차후에 정확한 pH를 측정할 수 있다. 그리고 수명도 연장된다. 따라서 전극에 흠이 생겼는지, 염(salt)의 결정이나 침전물이 붙어있는지 검사하여야 한다. 그러므로 사용된 전극은 세척 후 보관하여야 한다.

첫째 세척은 전극에 붙어있는 물질이나 성분을 제거하여야 한다. 전극을 보통 0.1M HCl이나 HNO_3 산성용액에 15~30분 동안 pH 전극을 담근 후 포화된 KCl 용액에 2시간 이상 담가두면 침전물이 제거된다. 만약 단백질인 경우는 0.1M HCl + 1% persin 혼합용액에 분해시키고 무기질 침전은 0.1M tetrasodium EDTA용액에, 유지나 기름은 mild detergent나 methanol 등으로 세척한다.

둘째 KCl 포화용액에 전극을 담가 보관한다.

위생실험 1호 식품의 pH 시험지와 pH meter에 의한 측정

(강의계획서 16째 주)

1. 실험 시간 ; 이론 1시간, 실습 2시간

2. 준비와 조제 – ◘ ☻ (학과 조교님 준비 및 확인)▸

1) 시료 : 신선한 우유(200㎖) 9팩, 신선한 두유(200㎖) 9팩, 신선한 주스(200㎖) 9팩과 2일 전 개봉된 상기 식품 각각 9팩

2) 시약과 시험지 및 변색표 : 프탈산염(pH 9.0) 500㎖ 1병, 중성인산염(pH 7.0) 500㎖ 1병, 붕산염(pH 4.0) 500㎖ 1병, pH 시험지(리트머스 시험지) 4통, 변색표 4장

3) 기구 및 용기 : 200~300㎖ 비이커 9개(각조), 홀라피펫 9개(각조), 200~300㎖ 비이커 3개, 500㎖ 세척병(증류수 함유) 9병(각조), pH meter 2대

3. 조 작

1) pH 시험지(리트머스 시험지)의 간이검사

2) pH meter(유리전극법)에 의한 측정

4. 실험전 주의사항

Chapter 3 지방의 신선도 및 산패실험

식용유지의 신선도 및 변질시험에는 크게 관능검사에 의한 방법, 산소흡수속도를 측정하는 방법 및 acid value(AV), peroxide value(POV), carbonyl oxidation value(COV), thiobarbituric acid value(TBA) 및 kreis test 등과 같은 화학적 방법이 있는데 여기서는 유지의 산패측정 시 주로 사용되는 화학적 방법에 대하여 살펴본다.

특히 산가나 과산화물가 측정 시 시품의 종류에 따라 ethyl ether에 의한 액상검체의 추출법과 마조니어(majonier)관이나 뢰리히관(röhrig)관을 이용한 산분해법(酸分解法)으로 시료지방을 분해 추출하여야한다. 액상검체의 추출법은 액체추출기의 추출관에 검체 30~50g을 정밀히 달아 넣고 아래쪽에 구멍이 있는 중관을 넣어 그 위쪽에 냉각관에서 에테르가 떨어질 수 있게 냉각관을 접속하고 이하 '조지방의 에테르추출법'인 일반법에 따라 시험한다. 식품의 종류에서 산분해법에 해당되는 것은 물에 녹지 않고 산분해에 의해서 액상으로 되는 식품으로는 난류 및 마요네즈, 어육 및 수산식품, 소맥분 빵류 및 마카로니, 유탕처리 조리 김 등이 '식품공전'에 수록되어 있다.

1. 신선한 기름과 부패한 기름의 판별을 위한 Kreis test 등 시험

Kreist test를 하는 목적은 지방의 신선도 및 산패 등을 판별하는 데 그 의의가 있다.

1) 시료, 시약 및 기구 등

① 시료 : 신선한 기름(콩기름 등), 오래된 튀김 폐유

② 시약 : 1% 프로로글루신에텔(fluro-glucine ether), 진한 HCl, KI, starch

③ 기구 : 시험관, 훨라 피펫

2) 조작방법

① Kreis test

두 개의 시험관을 준비하고 그 중 한 개에 신선한 기름 약 2㎖, 다른 한 개에 부패한 기름 2㎖를 취한다. 다음에 각각에 1% 프로로글루신에텔 용액을 2㎖가하고 여기에 진한 염산을 가하여 잘 흔들어 정치한다. 액이 2층으로 분리되면 염산의 층인 하층의 색을 비교한다. 부패유에서는 신한 홍색을 나타낸다.

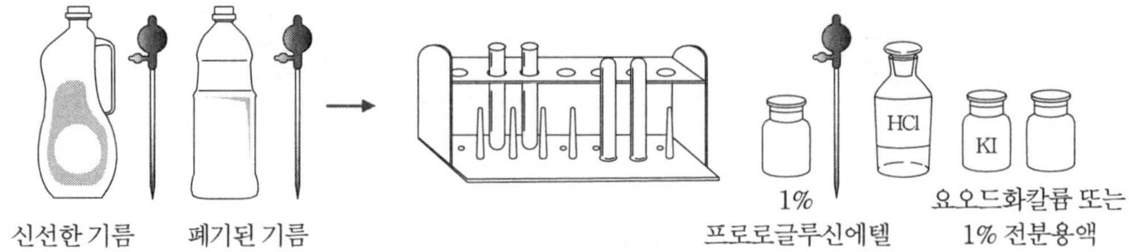

그림 3-3-1. 지방의 Kreis test

② 두 개의 시험관을 준비하고 한 개에 신선한 기름 약 2㎖, 다른 하나에 부패한 기름 2㎖를 취한다. 다음에 각각에 요오드화칼륨 포화용액 2㎖씩을 가하고 다시 1% 전분용액을 2~3방울 가한 다음 잘 흔든다. 부패가 심한 것일수록 흑자색이 진하게 나타난다.

2. 지방의 산가 측정

산가(酸價, acid value)라 함은 지질 1g을 중화하는데 필요한 수산화칼륨(KOH)의 mg수이다. 그리고 우리나라의 산가측정방법은 '식품공전'에 수록된 내용을 같이 넣는다.

1) 분석방법의 원리

산가는 지방산이 glyceride로서 결합형태로 있지 않은 유리지방산의 양을 측정하는 것으로 다음과 같은 반응식으로 나타낼 수 있다.

$$RCOOH + KOH = RCOOK + H_2O$$

2) 공전상 시험방법

시료 5~20g을 정밀히 달아 마개 달린 삼각플라스크에 넣고 중성의 에탄올·에테르 혼합액(1 : 2) 100㎖를 넣어 녹인다. 이를 페놀프탈레인시액을 지시약으로 하여 엷은 홍색이 30초간 지속할 때까지 0.1N 에탄올성수산화칼륨용액으로 적정한다. 다만 시료가 착색되어 있을 때는 지시약은 1% 티몰프탈레인(thymol phthalein) 알코올용액이나 2% 알칼리블루(alkali blue)-6B알코올용액을 사용하던지 또는 시료를 소량으로 하여 상기 용제를 증량하여 시험한다.

$$\text{산가} = \frac{5.611 \times a \times f}{S} \qquad \text{공시험했을 경우 산가} = \frac{5.611 \times (a-b) \times f}{S}$$

S : 시료의 채취량(g)

a : 0.1N 에탄올성 수산화칼륨용액(KOH)의 소비량(㎖)

b : 공시험액 적정치

f : 0.1N 에탄올성 수산화칼륨용액의 역가

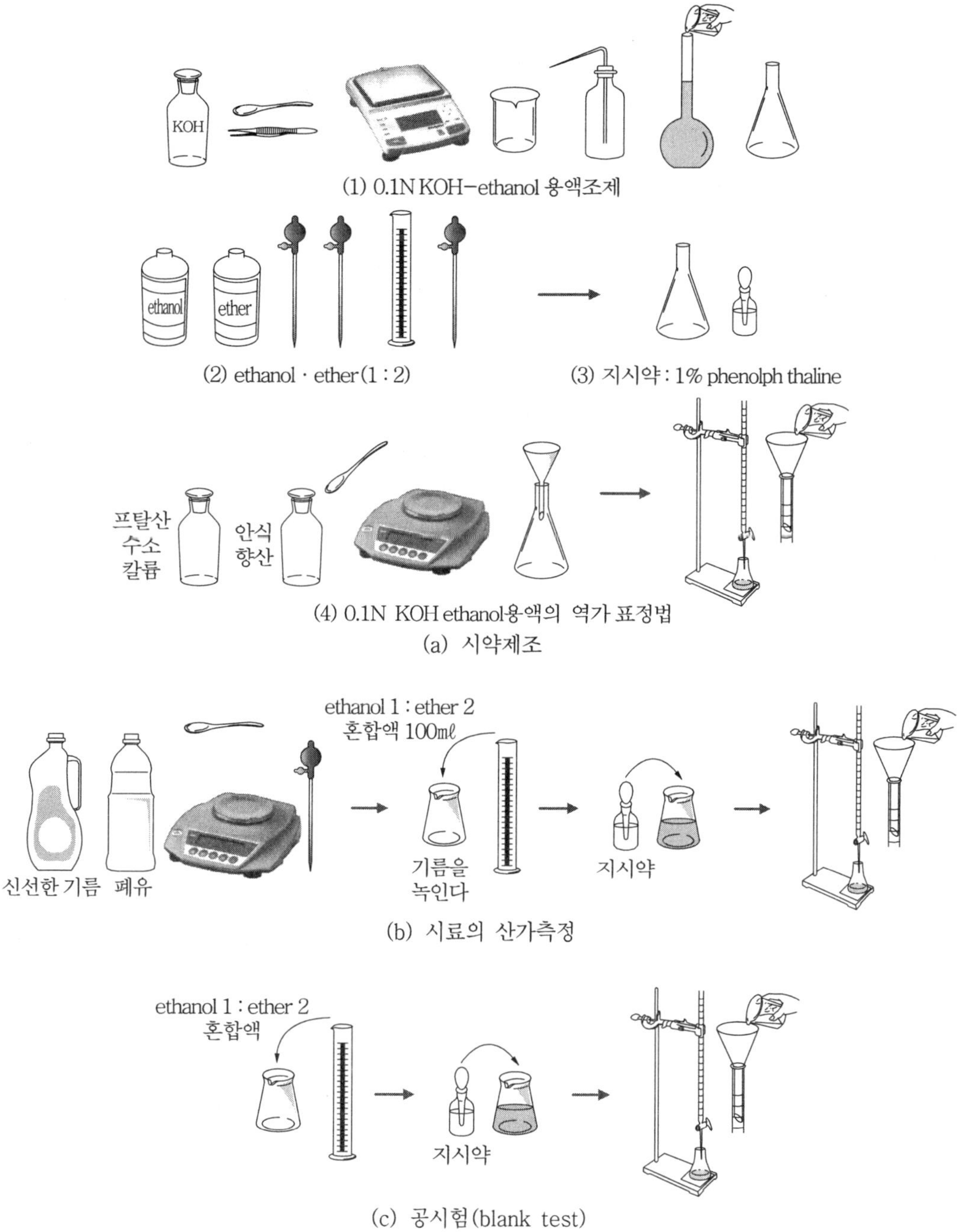

그림 3-3-2. **지방의 산가 측정 과정**

3) 공전상방법의 해설

① 산가는 유지중의 유리지방산의 양을 표시하는 것으로 보면 된다. 미정제의 유지에는 유리지방산이 함유되어 있지만 유지를 정제할 때 알칼리처리로 이것을 제거하는 공정이 있어 정제유의 산가는 매우 낮아진다. 따라서 산가는 원유의 품질평가에 중요함과 동시에 유지의 정제도의 기준도 된다. 또 유지의 보존상태가 나쁘면 가수분해와 산 가수분해에 의해 지방산이 유리되어 산패가 나타나지만 이때 산가가 상승하므로 이것에 의해 산패의 정도를 알 수 있다. 또 유지중의 유리지방산의 양은 %로 표시되는 것도 많지만 이 경우 일반적으로 지방산을 전부 올레인산으로 나타나므로 다음 식에 따라 계산한다.

$$\text{유리지방산}(\%) = \text{산가} \times \frac{282}{56} \times \frac{1}{10} \fallingdotseq \text{산가} \times \frac{1}{2}$$

단, 야자유 등의 경우에 분자량이 올레인산과 매우 다른 지방산이 주성분인 경우 위 식의 수치는 실제의 수치와 크게 달라지므로 주의를 요한다.

② 시료의 채취량은 이 범위를 넘어서 증감하여도 좋으나 산가가 예측 가능한 경우 표 3-3-1에 따르면 좋다.

표 3-3-1. **산가와 시료 채취량과의 관계**

산 가	시료채취량(g)
0~5	20
5~15	10
15~30	5
30~100	2.5
100이상	1.0

③ 사용하는 용매 에탄올과 에테르 혼합액(1 : 2)는 사용 직전에 페놀프탈레인을 지시약으로 하여 30초간 지속되는 진한 홍색을 보이도록 중성으로 하여둔다. 용매에 에탄올을 가하는 것은 적정에 따라서 생성하는 비누의 분리를 방지하므로 에탄올의 농도는 40%이상이 되어야 한다.

그런데 산가는 지방함유식품의 대상에 따라 시료의 전처리과정에 차이가 있다.

대두유, 옥수수기름, 참기름, 들기름, 채종유, 땅콩기름, 올리브유, 팜유류, 혼합식용유 등 식물성 식용유는 아래 공전상의 시험법을 직접 실험한다. 그러나 우지, 돈지, 쇼트닝은 검체 1.0~20g(마아가린은 약 20g)을 정밀히 달아 50~60℃로 가온하여 녹인 다음 대두유 등과 같은 식물성 식용유와 같은 방법을 적용한다. 또 하나는 빵 및 떡류, 건과류, 튀김식품, 조미 김 등은 검체를 분쇄 또는 세절하여 필요한 양을 공전삼각플라스크에 취하여 정제 ether를 넣고 약 2시간 방치한 후, 검체의 고형물이 유출되지 않도록 건조여지로 여과하고, 다시 삼각플라스크 중에 취하여 같은 과정을 거쳐 동일 여지에 반복 여과한다.

여액을 분액깔때기에 옮기고 1/2~1/3가량에 해당하는 물을 넣어 흔들어 씻고 물층은 버린다. 2회 되풀이한 후 ether층을 분취하여 무수황산나트륨(Na_2SO_4)으로 탈수한 후 N_2나 CO_2 가스를 통과하면서 40℃ 수욕상에서 감압하여 ether를 완전히 날려 보내고 남은 유지 약 10g을 정밀히 달아 대두유와 같은 시험법을 적용한다.

3. 지방의 과산화물가 측정

과산화물가(過酸化物價, peroxide value, POV 또는 PV)라 함은 규정의 방법에 따라 측정하였을 때 유지 1kg에 의하여 요오드칼륨에서 유리되는 요오드의 밀리 당량수이다. 그리고 이 방법은 '식품공전'에 수록되어 있다.

과산화물은 유지의 산화와 함께 증가하다가 산화가 진행될수록 최고에 달했다가 점차 감소하는 경향을 나타내는데 이는 생성된 과산화물이 다시 카르보닐화합물로 분해되기 때문이다. 보통 POV의 상한선은 자동산화 시 온도의 영향을 크게 받으며 저온에서는 1,000~2,000, 고온에서는 1,000 이하의 경우가 많다. 그러므로 유지의 산화가 많이 진행된 유지의 산패도 측정에는 부적당하며 이 경우에는 카르보닐가(COV)를 측정함으로써 알 수 있다. 따라서 과산화물가는 다른 방법과 병행하여 측정하는 것이 효과적이다.

1) 분석방법의 원리

과산화물에 의해 요오드화물 이온이 산화되어 생성하는 I_2를 $Na_2S_2O_3$ 표준용액으로 적정하여 과산화물의 양을 측정하는 것으로 반응식은 다음과 같다.

$$R-OOH + 2I^- + 2H \rightarrow R^-OH + I_2 + H_2O$$

$$I_2 + 2S_2O_3 \rightarrow S_4O_6^{2-} + 2I^-$$

2) 공전상 시험방법

검체 약 1~5g을 달아 초산(acetic acid)과 클로로포름(chloroform)혼액 (3 : 2)25㎖에 필요하면 약간 가온하여 녹이고 쓸 때에 만든 포화요오드칼륨(KI)용액 1㎖를 가볍게 흔들어 섞은

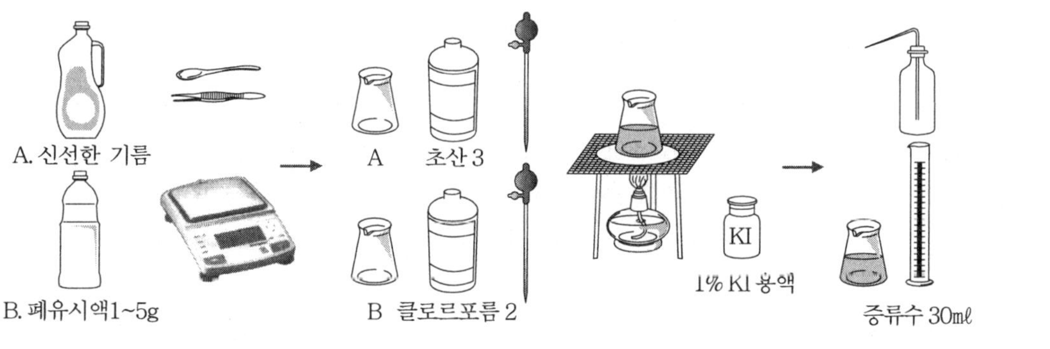

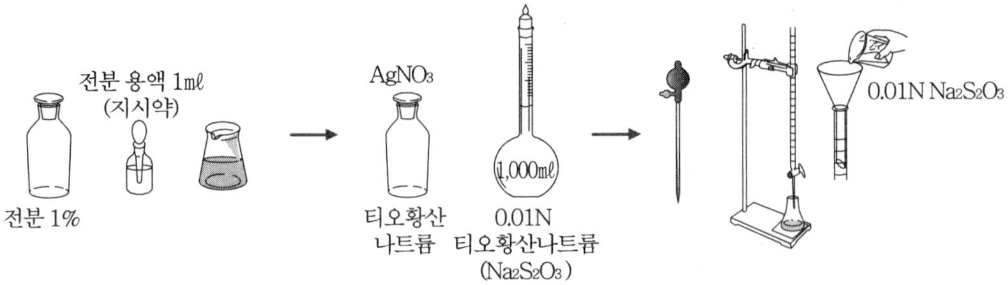

그림 3-3-3. **지방의 과산화물가 측정 과정**

다음 어두운 곳에 10분간 방치한다. 그리고 물 30mℓ를 가하여 세게 흔들어 섞은 다음 전분시액(starch) 1mℓ를 지시약으로 하여 0.01N 티오황산나트륨액으로 적정한다. 종말점은 청색이 소실되는 시점으로 하고 따로 공시험을 하여 보정한다.

$$\text{과산화물가(meq/kg)} = \frac{(a-b)\times f}{\text{검체의 채취량(g)}} \times 10$$

a : 본 시험에서의 0.01N 티오황산나트륨액의 소비량(적정량)(mℓ)
b : 공시험에서의 0.01N티오황산나트륨액의 소비량(mℓ)
f : 0.01N 티오황산나트륨액의 역가

3) 공전상 방법의 해설

① 산화변질한 유지중에 존재하는 과산화물은 주로 hydroperoxide로 그것에 환상 peroxide, peroxy 등이 결합된 중합체, 과산화수소 등도 포함한다. hydroperoxide는 유지의 자동산화에 의해 생기는 제1차 생성물이므로 과산화물의 측정은 변질정도를 알리는 유력한 방법이다. 그러나 과산화물은 안정하지 않으므로 다음에 제2차, 제3차 생성물로 변화된다. 특히 열, 광, 중금속 등의 과산화물 분해인자에 의해 분해속도가 크게 되므로 가열한 유지 또는 변질이 진행된 유지에서도 과산화물가는 낮아질 수 있다.

② 이 방법은 시료채취량, 용매, 방치시간, 온도 등을 규정의 조건과 바꾸면 다른 결과가 얻어진다. 본 법은 미량의 hydroperoxide의 정량의 감도면에서 약간 어려움이 있다. 미량의 경우에는 염화알루미늄을 촉매로 하여 과산화물과 KI로부터 유리한 요오드를 전분으로 발색시키는 방법이 보고되고 있다.

③ 시료의 조제 시 시료가 유지인 경우는 그대로, 협잡물이 있는 경우는 마른여지 또는 거즈에 여과하여 시료로 한다. 시료가 유지가공품, 그 외 식품의 경우에는 이것을 세절하여 시료의 유지함유량으로부터 추정한 시료량을 공전삼각플라스크에 넣고 시료가 담길 정도의 디에칠에테르를 가하여 때때로 흔들어 주면서 약 1시간 실온 암실에 방치한다.

다음에는 고형물이 유출되지 않도록 여지로 여과한 플라스크의 시료에 정제 디에칠에테르의 처음의 반정도를 가하여 흔든 후 같은 여지를 이용하여 여과한다. 여과액을 합하여 무수 Na_2SO_4

로 탈수하고 N_2가스 또는 CO_2가스를 통과하고 감압하면서 디에칠에테르를 완전하게 제거하고 잔류물을 시료로 한다.

④ 어유 등 매우 산화하기 쉬운 시료의 경우는 용기 내를 N_2 가스로 치환한다.

⑤ 전분액은 오래되면 발색도가 낮아지고 측정오차의 원인이 된다. 특히 과산화물가가 낮은 시료에서는 새로 조제한 것을 사용하는 것이 좋다. 적정은 적자색이 소실한 것을 종점으로 한다.

⑥ 공 시험치는 일반적으로 0.01 mol/ℓ $Na_2S_2O_3$ 용액 1~3방울로 된다. 공 시험치가 꽤 큰 경우는 시약류를 다른 것으로 할 필요가 있다.

4. 트랜스 지방산(trans-fatty acid)의 분석법

4-1. 가스크로마토그래피에 의한 분석법

1) 장 치

가스크로마토그래프 : 수소염이온화 검출기(FID)

2) 시 약

① 14% 트리플루오로보란메탄올

② 메탄올성 수산화나트륨용액(0.5N) : 수산화나트륨 2g을 메탄올 100㎖에 녹인다. 장시간 방치하는 경우 흰 침전(Na_2CO_3)이 생길 수 있으나 이는 무시하여도 된다.

③ 이소옥탄 : 가스크로마토그래피용

④ 지방산 표준물질 : 지방산메틸에스터(37종) 혼합 표준물(Supelco, 미국), 18 : 1, 18 : 2, 18 :3의 시스, 트랜스 이성체 표준물질

3) 표준용액의 조제

지방산 혼합 표준물 약 0.1g을 이소옥탄에 녹여 100㎎/㎖가 되게 한다.

4) 시험용액의 조제

유지 혹은 추출한 조지방 약 25mg을 유리 튜브에 취한다.

이어 0.5N 메탄올성 수산화나트륨용액 1.5㎖를 가하고 질소를 가한 후 뚜껑을 닫아 100℃ 히팅블럭에서 약 5분간 가온한다. 이를 냉각한 후 14% 트리플루오르보란 메탄올용액 2㎖를 가하고 다시 질소를 불어 넣은 후 즉시 뚜껑을 덮고 혼합하고 100℃에서 30분간 가온한다. 이어 30~40℃로 냉각하여 이소옥탄용액 1㎖를 가하여 질소를 불어넣은 후 뚜껑을 덮고 이 온도에서 30초간 격렬히 교반한다.

다음 즉시 포화 염화나트륨용액 5㎖를 가하고 질소를 불어넣은 후 뚜껑을 덮고 교반한다.

상온으로 냉각한 후 수층으로부터 분리된 이소옥탄층을 새 유리 튜브에 넣고 질소를 불어넣

은 후 즉시 뚜껑을 덮는다. 수층에 이소옥탄 1㎖를 추가로 넣고 위와 같은 방법으로 추출한 후 이소옥탄층을 전의 이소옥탄액과 합한다. 이 액을 무수황산나트륨으로 탈수하고 질소를 불어넣은 후 분석 전까지 밀봉한다.

5) 시험조작

① 가스크로마토그래피 조건

㉠ 칼럼: SP-2560 (100m x 0.25mm x 0.2㎛)

㉡ 주입부온도 : 250℃

㉢ 칼럼온도 : 180℃ 등온모드

㉣ 검출기온도 : 280℃

㉤ 유량 : 1.0㎖/분

㉥ split ratio ; 50 : 1

② 트랜스 지방산 함량 계산

㉠ 각 지방산 표준물질에 대한 반응계수, Ri를 구한다.

㉡ $C_{11:0}$의 지방산에 대한 각 지방산의 검출기상대반응상수를 산출한다.

㉢ 18 : 1, 18 : 2, 18 : 3의 지방산 이성체들은 각각 올레인산, 리놀레산, 리놀렌산의 상대반응 상수를 사용하여 계산을 한다.

$$R_i = \frac{P_{s_i}}{P_{s_{C11:0}}} \times \frac{W_{C_{11:0}}}{W_i}$$

R_i ; 각 지방산별 검출기 상대반응계수

P_{s_i}; 각 지방산 표준물의 피크면적

$P_{s_{C11:0}}$; C11:0의 면적

$W_{C_{11:0}}$; $C_{11:0}$의 함량

W_i ; 각 지방산의 함량

㉣ 시료의 지방산 별로 %함량을 계산한다.

$$FA_i(\%) = \frac{P_i \times f_i}{R_i} \times \frac{100}{\Sigma(P_j \times f_j / R_j)}$$

P_i, P_j ; 지방산 피크면적

f_i, f_j ; 지방산 메틸에스테르로부터 지방산으로의 전환계수(표 3-3-1)

㉤ 이 분석법은 식물성 정제유지 또는 가공유지의 트랜스 지방산을 측정하는 방법으로 트랜스 지방산의 함량은 (t 18:1)과 [(tt+ct+tc) 18:2], [(tct+cct+ctc+tcc)18:3]의 합으로 나타낸다.

표 3-3-2. **지방산 메틸에스테르로부터 지방산으로의 전환계수**

지방산 명	f_i
12 : 0	0.9346
14 : 0	0.9421
14 : 1	0.9417
16 : 0	0.9481
16 : 1	0.9477
18 : 0	0.9530
18 : 1	0.9527
18 : 2	0.9524
18 : 3	0.9520
18 : 4	0.9517
20 : 5	0.9557
22 : 5	0.9593
22 : 6	0.9590

그 밖에 식기에 붙은 지방질의 청결도 검사는 지방의 정성분석에서 식기에 지방이 남아 있는지 없는 지에 대해서 이미 앞에서 언급했으므로 생략한다.

위생실험 2호 식품중 산가 또는 과산화물가의 측정실습

(강의계획서 16째 주)

1. 실험 시간 ; 이론 1시간(산가나 과산화물가중 하나 실험), 실습 2시간

2. 준비와 조작 - ◘ ☻ (학과 조교님 준비 및 확인)

1) 시료 : 신선한 콩기름 등의 식용유(食用油)와 가열 후 모은 폐유(廢油). 단, 지방을 함유한 식품에는 ether로 추출하여 탈수 여과한 유지를 사용한다.

2) 시약

(1) Kreist test의 경우 : 1%프로로크루신 에텔, 진한 염산(HCl), KI, 전분(starch)

(2) 산가의 경우 :

ㄱ) 0.1N-ethanol성 KOH용액 : 일급 KOH 6.4g을 100㎖ 비커에 취해 가능한 한 소량의 증류수 5㎖로 녹인 다음 95%(이상)ethanol을 가하여 1ℓ(1,000㎖)메스플라스크(meas. flask)의 눈금을 정확히 채운다. 그리고 마개로 막은 뒤 2~3일 간 방치한 후 여과하여 그 농도를 정확히 표정한다.

ㄴ) ether·ethanol 혼합액 : ether{(di)ethyl ether과 ethanol(ethyl alcohol)}(2 : 1 또는 1 : 1)의 비율로 100㎖ 메스실린더에 혼합한다. ether 대신 benzene을 대용할 수 있다.

ㄷ) 1% 페놀프탈레인(phenolphthalein)지시약 : 전에 만든 용액 사용

ㄹ) 0.1N-KOH ethanol용액의 역가(f)표정 하기

100㎖ 삼각플라스크에 프탈산 수소칼륨{phthalic acid hydro-kalium, $C_6H_4(COOK)COOH$, 분자량 204.23} 또는 안식향산(benzoic acid, C_6H_5COOH, 분자량 122.13) 0.2~0.3g을 정확히 칭취하고, 이것을 ether·ethanol혼합액 10㎖에 녹인 다음 phenolphthalein 용액 2~3방울을 가한 후 25~50㎖ 뷰렛에 넣은 0.1N-KOH ethanol용액으로 신속히 적정한다. 용액이 1분간 계속될 때를 종말점으로 한다. 규정도(f)는 다음과 같이 구한다.

$$0.01N-KOH\text{의 역가}(f)=\frac{\text{프탈산수소칼륨 채취량(g)}\times 1,000}{204.23\times 0.1N-KOH\text{적정수(㎖)}}=\frac{\text{안식향산 채취량}\times 1,000}{122.13\times 0.1N-KOH\text{적정수}}$$

(3) 과산화 물가의 경우 : I_2 용액, 0.01N $Na_2S_2O_3$(치오황산나트륨)용액, 초산클로로포름, 전분시액 1㎖

3) 기구 및 용기 : 자동전자저울(0점 조정 등 점검), 황산지나 파라핀왁스지, 핀셋(각조), 스푼, 세척병(각조), 시험관(test tube), 100~300㎖ 삼각플라스크(각조), 비이커, 훨라와 피펫(각조), 철제스탠드와 25~50㎖ 뷰렛(각조), 200~300㎖ 실린더, 소형 깔때기(각조), hot plate(각조)

3. 실험전 준비사항

Chapter 4 우유의 신선도 실험

우유류의 신선도 판정 방법은 신속하고도 정확하며 객관성을 확보할 수 있는 것이 바람직하나 여기선 간이방법 만을 소개한다. 그러나 식품의 신선도 및 변질유무를 판정하기 위해서는 식품에 따른 가장 적합한 방법을 선정하데 두 종류 이상의 방법을 병행하여 판정하는 것이 좋다.

1. 알코올 검사(alcohol test)

1) 시약 및 기구

70% ethanol, 시험관 및 시험관꽂이, 피펫

2) 시험방법

70% 에탄올 1~2㎖를 시험관에 넣은 뒤 같은 양의 우유를 가하여 시험관 입구를 막고 거꾸로 하여 수회 흔들어 혼합액의 응고 유무를 관찰한다. 신선한 우유인 경우에는 응집이나 침전물이 생기지 않으나 오래된 우유인 경우에는 응집이나 침전물이 생긴다.

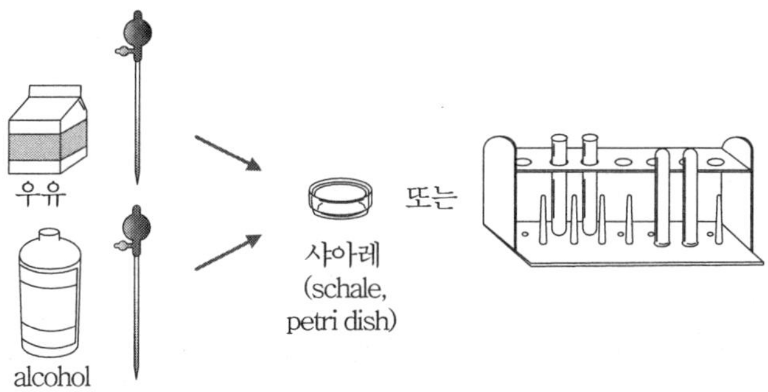

그림 3-4-1. 신선도를 알기 위한 우유의 알코올시험

2. 자비검사(煮沸檢査, boiling test)

정상우유는 응고물이 생기지 않지만, 만약 젖산균, 장내세균 등의 미생물이나 효소가 증식하거나 존재하면 산의 함량이 증가한다. 이 때 산도가 0.25% 이상이면 우유 중의 casein은 응고된다. 다만 초유 및 이상유는 산도와 관계없이 끓이면 응고된다.

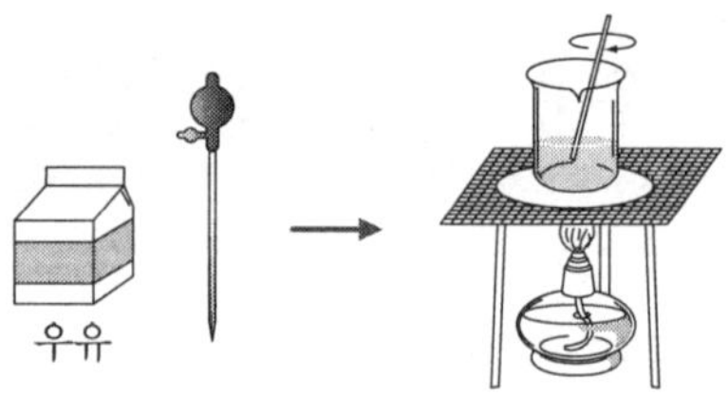

그림 3-4-2. **우유의 자비검사**

이 조작방법은 간단해 시료 10~20㎖을 비커나 petri dish 등에 취해 서서히 1~2분간 끓인다. 그리고 동일한 양의 물을 가해 희석한 다음 응고물의 유무를 확인한다.

3. 산도 시험(酸度試驗)

착유 직후의 신선한 우유는 우유 중에 단백질, 아미노산 등의 분자가 양성물질로 산성기와 염기성기를 모두 가지고 있다. 시간이 경과함에 따라 산성 인산염 등 우유가 가지고 있는 산성물질이 분리되거나 발효되어 생기는 젖산 등에 의하여 산도는 높아진다. 우유의 산도란 일정량의 우유 중에 존재하는 산성물질을 중화시키는데 필요한 NaOH 표준용액의 양을 젖산으로 환산하여 나타낸 것으로 신선한 우유의 산도는 0.14~0.16%로 신선도가 저하되면 우유의 산도는 증가하게 된다. 시유(市乳)의 적정산도는 0.18% 이하로 정해져 있다. 산도가 0.18~2.0%이면 초기부패, 0.25%이상이면 부패우유로 본다.

1) 시약 및 기구

0.1N NaOH 표준용액, 1% phenolphthalein 지시약, 비이커, 뷰렛, 스포이드, 휠라피펫 등

2) 시험방법

① 우유 10㎖를 비이커에 취한다.
② 여기에 10㎖의 증류수를 가하여 희석한 뒤 phenolphthalein 지시약을 3~4방울을 가한다.
③ 0.1N NaOH 표준용액으로 적정하여 엷은 핑크색이 30초간 지속될 때까지를 종말점으로 한다.
④ 들어간 0.1N NaOH 표준용액의 ㎖수를 구하여 산도를 계산한다.

$$\text{우유의 산도} = \frac{\text{0.1N NaOH 적하량} \times 0.009 \times f}{\text{사용된 우유의 용량} \times \text{우유의 비중}} \times 100$$

f : 0.1N NaOH의 역가
0.009 : 0.1N NaOH 1㎖에 상당하는 젖산의 g수

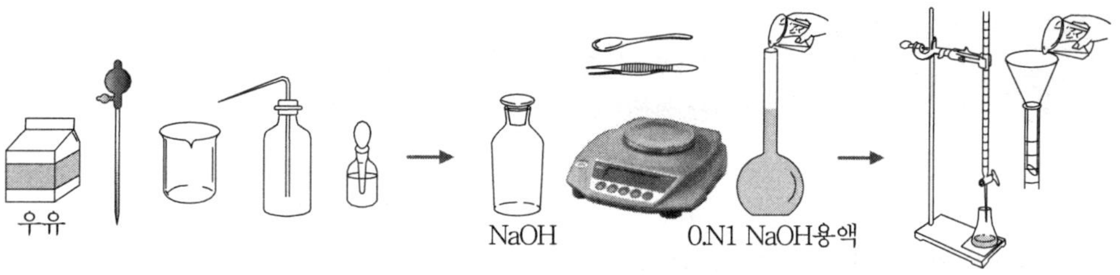

그림 3-4-3. **우유의 산도시험의 조작**

4. Methylene blue 시험 등

부패세균이 생성하는 reductase에 의하여 청색의 methylene blue가 탈색되는 것을 이용한 **methylene blue 시험**으로 1시간 이내에 탈색이 진행되면 초기부패인 것으로 판단하며 탈색에 걸리는 시간이 짧을수록 세균에 많이 오염되었다는 것을 알 수 있다. 또 **resazurin 시험**은 부패세균이 생성하는 reductase에 의하여 청색의 resazurin색소가 환원되는데 따른 변화로서 시료유(試料乳) 중의 세균수를 추정하는 방법으로 우유 품질과의 관계는 청색이 변화가 없으면 상급유(上級乳)이며, 청자색이나 핑크색을 나타내면 중급유(中級乳)이며 엷은 핑크색이나 무색인 경우 하급유(不級良)라고 판정한다.

그 밖에 앞에서도 언급한 **pH 시험**, 우유의 저온살균 유무를 알 수 있는 **phosphotase 시험**, 우유 중에 존재하는 항생물질이나 보존료 등의 존재유무를 살펴볼 수 있는 TTC (2,3,5-triphenyl-2,1,3,4-tetrazolium chloride)에 의한 세균발육저지물질 검사인 TTC test, 우유의 가수유무를 살펴보는 **가수시험** 등이 있다.

Chapter 5 식육 및 어육의 신선도 실험

1. 휘발성염기질소(VBN) 시험

신선도의 저하와 함께 생성되는 암모니아, TMA 및 DMA 등과 같은 휘발성염기질소(volatile basic nitrogen, VBN)의 양을 측정하는 방법으로 일반적으로 신선육의 VBN함량은 5~10mg/100g이며, 보통육은 15~25mg/100g, 초기부패인 경우 30~40mg/100g이며, 50mg/100g이상이면 부패육으로 판정한다.

그러나 상어나 가오리의 경우는 육중에 다량의 요소가 함유되어 있어 암모니아 생성이 많기 때문에 VBN측정을 통하여 선도를 판정하기는 어렵다. VBN측정은 통기법, 감압법 및 Conway unit를 이용한 미량확산법 등이 이용되는데 주로 미량확산법인 Conway unit법이 많이 이용되고 있다.

측정원리는 시료용액을 Conway unit의 외실에 넣고 내실에는 시료용액에서 발생되는 휘발성 염기 질소를 흡수할 수 있는 포집용액과 확산제를 넣은 다음 뚜껑을 닫아 일정시간 휘발성 염기 질소를 발생, 포집시켜 포집용액 중에 흡수된 휘발성 염기 질소의 양을 정량하는 방법이다.

1) 시약 및 기구

① H_3BO_3흡수제용액(혼합지시약 함유) : 붕산(H_3BO_3) 10g을 1 ℓ 메스플라스크에 담고 에탄올 200㎖와 증류수 700㎖를 가하여 용해시키고, 여기에 혼합지시약 10㎖를 가한 뒤 색이 미홍색을 나타내지 않으면 소량의 산이나 알칼리를 가하여 미홍색을 나타내도록 하고 여기에 증류수로 1 ℓ 되게 정용하여 갈색병에 담아 냉장보관 한다.

② K_2CO_3분해용액 : K_2CO_3 50g을 증류수 100㎖에 가열 용해시켜 여과하여 사용한다.

③ 혼합지시약 : methyl red 0.0667g과 bromcresol green(또는 methylene blue) 0.0334g을 에탄올 100㎖에 용해하여 갈색병에 보관하면서 사용

④ 0.01N H_2SO_4용액 : 표정하여 역가(factor)를 구하고 수평뷰렛병에 넣는다.

⑤ 20% TCA(trichloroacetic acid) 용액 및 2% TCA용액,

⑥ 교착제(膠着劑) : 백색 바셀린(vaseline)과 유동파라핀을 적당량을 바르기 좋을 정도로 가온 혼합한다.

⑦ Conway의 미량검측기와 마이크로 수평뷰렛(최소 눈금 0.002 ㎖,) : 그림 3-5-1

⑧ 항온기

2) 시험방법

(1) 시료용액의 준비

① 시료 5g 정도를 정확히 칭량하여 막자사발에 취하고 증류수 30㎖를 가하여 마쇄한다(이 때 마쇄를 위하여 해사(海沙, sea sand)를 소량 가하여 마쇄하면 좋다).

② 여기에 20% TCA용액 10㎖를 가하여 교반한 후 10분간 정치시켜 수용성 단백질을 침전시킨 뒤 여과 또는 원심분리하여 여액을 50㎖ 정용플라스크에 취한다.

③ 잔사는 소량의 2% TCA 용액으로 세척하여 여액이 담긴 정용플라스크에 합하여 증류수로 50㎖로 정용하여 시료용액으로 한다.

(2) 시험방법

① Conway 검측기 내실에 붕산흡수용액 1.0㎖를 넣고 동일하게 외실에도 시료용액 1.0㎖를 정확하게 가한다. 검측기의 뚜껑을 덮는다. 그리고 공시험(바탕시험)으로는 시료 대신에 2% TCA용액 1㎖을 넣거나 증류수를 사용하여 같이 병행시험 한다.

② Conway 검측기의 마합(磨合) 부분에 교착제를 조금 바르고 뚜껑을 닫아 잘 밀착시킨다.

③ 확산제인 K_2CO_3분해용액을 넣기 위해 피펫의 끝부분이 들어갈 정도로 뚜껑을 밀어서 조금 열고. K_2CO_3분해용액 1㎖를 신속하게 외실에 주입한 뒤 즉시 뚜껑을 밀어 닫아 Conway 검측기를 밀폐시킨다. 이 때 외실의 용액이 내실로 혼입되지 않도록 주의하여야 한다.

④ 클립으로 고정시킨 다음 검측기를 기울이면서 회전시켜 외실 중의 시료용액과 알칼리 용액이 잘 혼합하도록 한다.

⑤ 검측기를 37℃의 항온기에서 60분 또는 실온에서 120분간 방치한다. 이 때 발생하는 휘발성 염기류는 흡수용액에 흡수된다.

⑥ 뚜껑을 열고 내실의 붕산액을 0.01N(또는 0.02N) H_2SO_4 표준용액으로 수평뷰렛을 사용하여 적정한다. 색깔이 녹색에서 무색을 거쳐 미홍색으로 변하며 미홍색일 때를(없어지기 직전) 종말점으로 한다. 이때 수평뷰렛의 눈금을 읽어 적정 소비수로 계산한다.

⑦ 계산

$$\text{VBN(mg\%)} = 0.14(0.28)^{\#} \times \frac{(x-b)}{S} \times f \times d \times 100$$

0.14 : 0.01N H_2SO_4 표준용액 1㎖에 상당하는 휘발성 염기질소량(㎎)
(# 0.28 : 0.02N H_2SO_4 표준용액 1㎖에 상당하는 휘발성 염기질소량 mg)

x : 시료적정치

b : 공시험 적정치

S : 시료용액 1㎖중에 포함된 시료의 양(g)

f : 0.01N H_2SO_4 표준용액의 역가

d : 희석배수(본 실험방법의 경우 시료용액을 50㎖로 정용하였기 때문에 희석배수는 50이 된다.

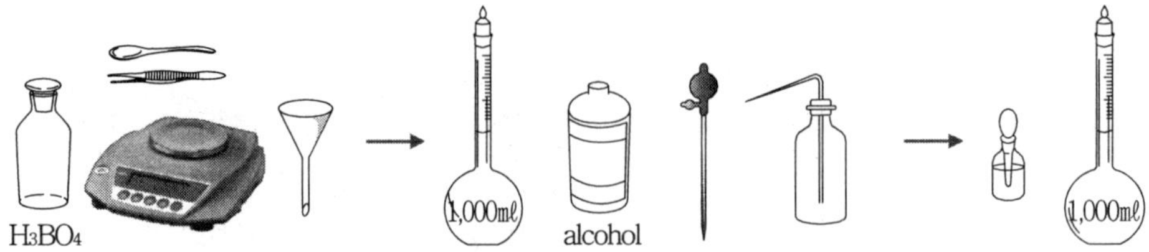

(a) 붕산(H_3BO_4) 용액 조제

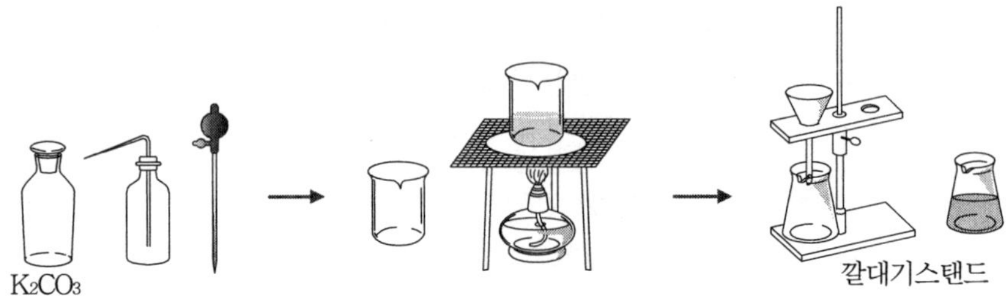

(b) 포화 K_2CO_3 용액 조제

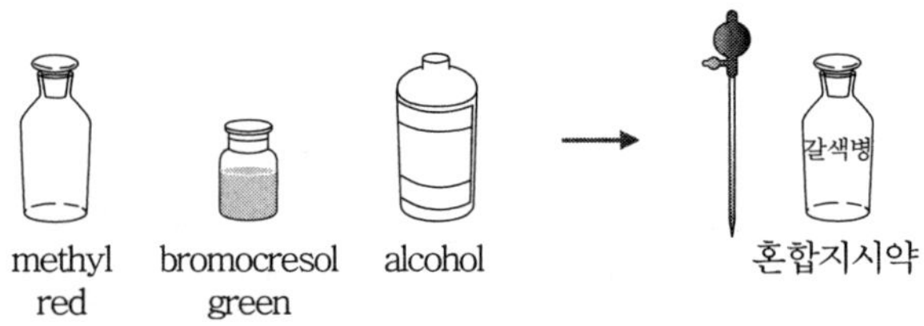

(c) 혼합지시약

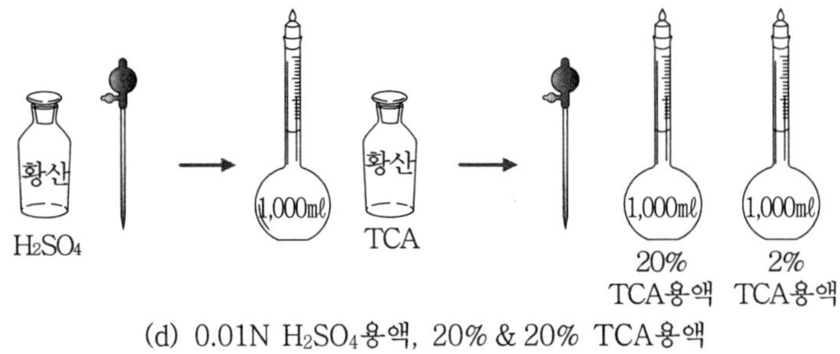

(d) 0.01N H_2SO_4용액, 20% & 20% TCA용액

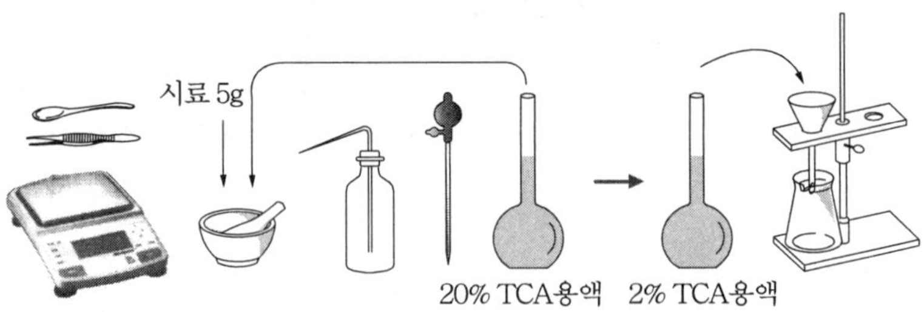

(e) 시료 용액 조제

그림 3-5-1. **휘발성 염기질소측정의 조작**

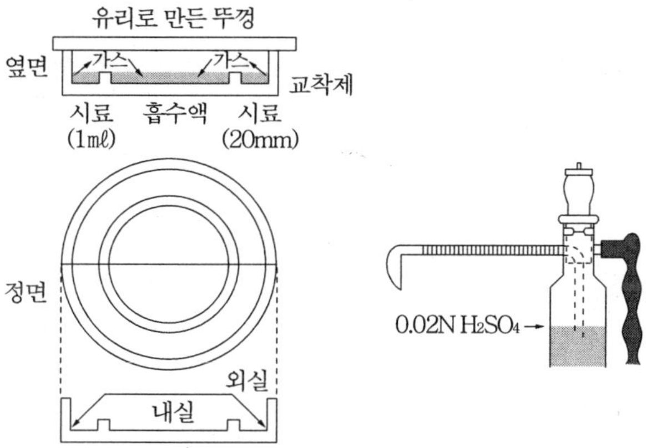

그림 3-5-2. Conway 미량검측기 / 수평뷰렛

2. 트리메틸아민[trimethyl amine(TMA)] 시험

어류에 존재하는 TMAO(trimethylamine oxide)로부터 세균의 환원작용에 의하여 TMA가 생성되는 것으로 신선한 어육에는 TMA가 거의 없으나 선도가 저하하게 되면 점점 증가하게 된다. 어육은 3~4mg/100g(mg%) 이상이면 초기부패로 판정한다. 그러나 TMA의 초기부패 한계는 어종에 따른 차이나 가열의 영향 등에 따라 달라질 수 있다.

1) 시약 및 기구

20% 중성 formalin용액(20% 중성 formalin용액에 과량의 탄산마그네슘을 가하여 흔든 다음 정치시켜 상등액을 사용), 나머지는 VBN 실험시와 동일

2) 시험방법

①, ②는 VBN실험시와 동일

③ 외실의 시료용액에 10% formalin용액 1㎖를 가한다(시료용액중의 암모니아를 hexa-methylenetetramine으로 전환시켜 TMA만을 발생시키기 위함).

④ Unit의 뚜껑을 닫아 잘 밀착시킨 후 확산제인 포화 K_2CO_3용액을 넣기 위한 피펫이 들어갈 정도만 뚜껑을 밀어서 열어둔다.

⑤ 이후는 VBN 실험 시와 동일하다.

3. Histamine 정성시험

히스타민(histamine)은 앞서 언급된 바와 같이 단백질 식품에서 allergy증상을 갖는 식중독

성분으로써 또는 어패류의 초기부패를 판정하는 물질이기도 하다. 특히 histidine 함량이 많은 꽁치, 고등어, 전갱이, 정어리 등에서 선도가 저하되면 다량 발생할 수 있어 histamine 시험을 하는 경우가 많다.

histamine의 유무를 결정하는 정성시험에는 paper chromatography에 의한 방법이 있고 다음과 같다.

1) 시약 및 기구

염산알코올(藥典, alcohol 3과 0.1N HCl 2를 혼합), 전개용매(n-butanol : acetic acid : 물 = 4 : 1 : 2) diazo화 sulfanile산 용액(sulfanile산 0.5%를 함유하는 1N HCl과 1% $NaNO_2$을 같은 양으로 혼합한 후 사용하기 5분전에 조제한다.) histamine표준액(histamine 염산염 약 10mg을 증류수 50㎖에 용해), 10% NaOH액, 막자사발, 해사, 여지(No.2 또는 No.6), 주사기(capillary 10㎖ 또는 20㎖), 증발접시, chromato용 여지(동양 No.50, 17×42cm), chromato용 cylinder, 분무기

2) 시험용액의 조제

어육편 약 1g을 막자사발에 넣고 염산알코올 3~4㎖와 해사(海沙) 약 1g을 가하고 충분히 마쇄한다. 내부 선단에 여지를 깐 주사통에 마쇄액을 옮겨 서서히 압력을 가하여 여과한다. 여액을 증발접시에 놓고 탕욕상에서 증발, 건조시킨다. 여기에 염산알코올 0.5㎖을 가하여 잔사(殘渣)를 용해시켜 검액으로 한다.

3) histamine 검출

chromato용 여지의 하단 5cm 지점(原點)에 검액과 표준액을 spot하여 풍건(風乾) 후 원통상으로 하여 전개용매(展開溶媒)를 약 2cm 높이까지 넣은 chromato cylinder속에 세워 하룻밤 전개시킨다.(약 30cm)

전개 후 여지를 꺼내어 용매 끝에 표시한 다음 풍건시킨다. 건조된 여지에 diazo화 sulfonile산 용액을 분무기에 넣고 분무하고, 3분 후에 10% NaOH를 분무하면 히스타민은 등적색으로 나타난다. Rf치를 산출하여 표준histamine과 검액의 Rf치에 의하여 히스타민의 존재여부를 판정한다.

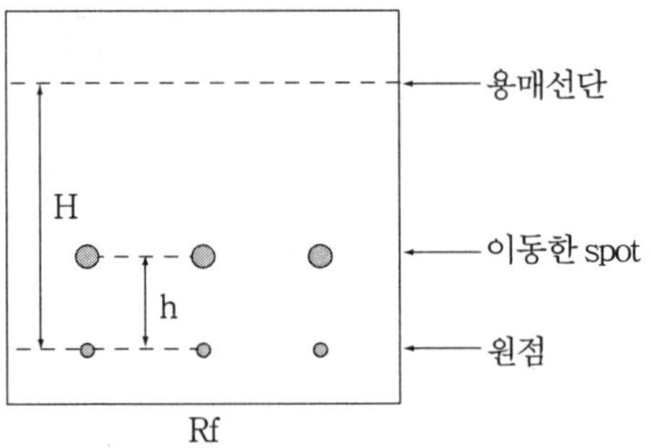

그림 3-5-3. chromato용 여지의 전개(Rf치 산출)

Rf치는 다음의 그림 3-5-3과 같이 구한다. 원점으로부터 용매선단까지의 거리를 H라고 하고 원점에서 이동한 spot의 중심까지의 거리를 h라고 하면 Rf치는 Rf = h/H로 된다.

4. pH 시험

이 pH 시험은 이미 3편 chapter 2에서 논했으므로 생략하고 몇 가지 내용을 쓴다.

어육이나 축육의 pH는 살아있을 때에는 7.3~7.4의 알칼리성에서 사후가 되면 해당작용(解糖作用)의 영향으로 젖산(lactic acid), 인산(phospholic acid) 등으로 인해 pH가 감소하였다가 선도저하와 함께 암모니아 등이 생기면 다시 알칼리 쪽으로 상승하게 되는데 이러한 pH의 변화를 이용하여 신선도를 판정하는 방법이다.

돼지고기의 경우 사후 직후 pH 7.3~7.4에서부터 pH 7.0(중성)을 지나 서서히 강하하여 6~8시간 후에는 pH가 5.7~5.6에 이르고 약 24시간 후에는 최종적으로 pH 5.5~5.3에 이르게 된다. 또 다른 가축에서는 pH 저하가 빠르며, pH 역시 5.1~5.3의 수치에 이른다. 또 어떤 가축은 사후 1~2시간 동안 약간의 pH 저하가 있은 후 최종 pH가 6.5~6.8의 높은 수준에서 더 이상 변화없이 유지한다고 한다. 일반적으로 신선한 육의 pH는 약 5.5 부근이나 사후 3~6시간이면 육의 pH는 5.1 부근까지 감소하였다가 다시 상승하는데 pH 6.0~6.2 되면 초기부패육으로, pH 6.5 이상으로 되면 부패육으로 판단한다(宋啓原외 9인 ; 食肉과 肉製品의 科學, 선진문화사, 1983. 606p, 死後 pH 變化 발췌).

따라서 pH에 의한 신선도의 판정은 육의 부위별에 따른 차이 및 신선도의 저하와 함께 pH가 감소하였다가 다시 증가함으로 다른 방법을 병행하는 것이 좋다.

그 밖에 신선도를 판정은 단백질과 금속염($HgCl_2$)과의 반응에 의한 **승홍침전반응(Walkiewiez 반응)**과 육의 초기부패 유무를 가리는 **암모니아 및 휘발성아민시험**(Ebel test)이 있다.

Chapter 6 달걀의 신선도 실험

1. 난할란검사 중 난황계수(yolk index)와 난백계수(albumin index) 검사

할란검사(割卵)는 난을 유리평판위에서 할란하였을 때의 난황계수, 난백계수 및 난황위치 등을 검사하는 방법이다. 그 중 난황계수는 난황(卵黃, 노른자위)의 높이가 높고 면적이 적은 원형을 유지하는 것, 즉 계수가 클수록 신선란(新鮮卵)이다. 대개 0.442~0.361 정도가 신선란이며 0.3 이하는 노화되거나 오래된 것으로 보고, 0.25 이하가 되면 할란 시 난황막이 파열되기 쉽다. 그러나 때론 사료의 종류에 따라 신선란인 데도 난황계수가 낮은 경우도 있다.

난백계수의 경우 신선란은 0.06정도로 넓은 범위로는 0.058~0.097이나 0.1이상이면 오래된 란이거나 부패란이다. 보통 평판 상에서 난백(卵白, 흰자위)의 농후(濃厚)단백의 높이가 높고(4.3~7.6mm), 퍼져가는 넓이 면적(지름 74~83mm)이 좁은 것일수록 좋은 품질의 난백이다. 난황계수나 난백계수의 공식을 보면 다음과 같다.

$$\text{난황계수} = \frac{\text{난황의 높이}(h)}{\text{난황의 지름}(d)} \qquad \text{난백계수} = \frac{\text{농후단백의 높이}(H)}{\text{농후단백의 지름}(D)}$$

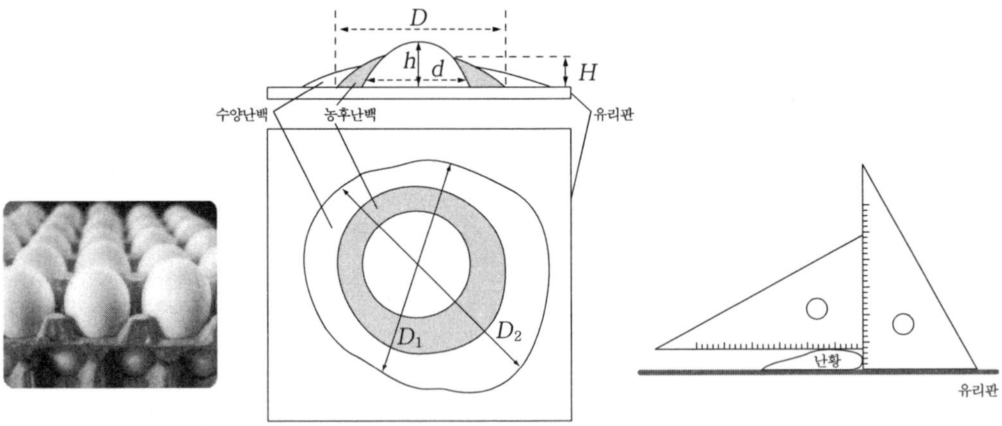

· 난황계수는 난황의 높이($h$mm)를 난황의 지름($d$mm)으로 나눈 것이다.
· 난백계수는 농후난백의 높이($h$mm)를 난백의 최장경(D_1 mm)과 최단경(D_2 mm)의 합으로 나누어 2를 곱한 것이다.
· 결과 판정은 난황계수 0.442~0.361은 신선란, 0.3 이하는 오래된 난이며, 난백계수 0.16은 신선란, 0.1이하는 오래된 난이다.

그림 3-6-1. **유리판 위의 할란과 난황계수 및 난백계수 검사**

2. 소금용액에 의한 비중 검사(specific gravity test)

소금용액에 의한 **비중측정법**을 달걀의 **부침법(浮沈法)**이라고도 한다. 신선도가 떨어질수록 계란의 비중(比重)은 낮아지는데, 신선란의 비중은 대개 1.078~1.091 정도로, 시간이 경과함에 따라 감소되어 1.02 이하가 되면 부패된 것으로 판정한다. 달걀의 비중은 그림과 같이 6~11% 식염용액(비중 1.027~1.08 정도)에서의 침강정도에 따라 판단하는 방법이 이용된다. 8%의 식염수에 빨리 가라 않는 것은 신선란으로 보고 있으며, 떠오르는 것은 묵은 알 또는 부패란으로 판정하고 있다.

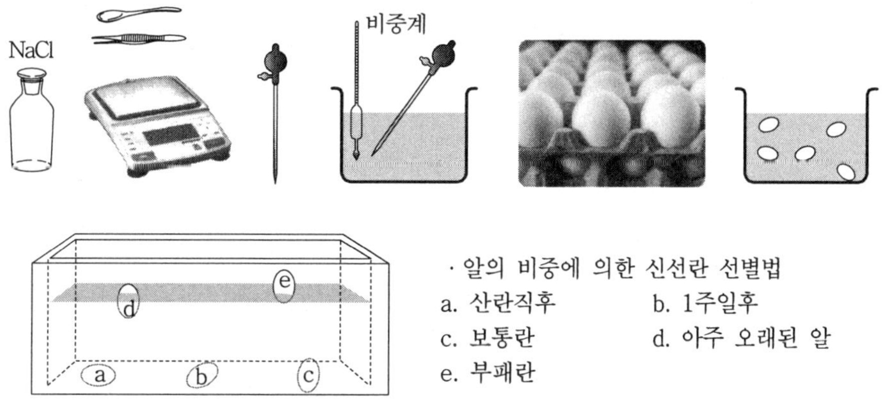

- 판정에는 식염수에 대한 부침법(浮沈法)이 잘 행해진다.

① 11%의 식염수(비중 1.08)에서 즉시 가라앉는 것은 신선란(A급 계란)
② 11%의 식염수에서 떠오르며, 10%의 식염수(비중 1.073)에서 가라앉는 것은 약간 신선란(B급 계란)
③ 10%의 식염수에 떠오르며, 8%의 식염수(비중 1.06)에서 가라앉는 것은 부패경향이 있다(C급 계란).
④ 8%의 식염수에서 떠오르는 것은 묵은 알 또는 부패란으로 판정한다.

그림 3-6-2. **달걀의 소금용액에 의한 비중에의 선도판정**

3. 투시검란법(透視檢卵法, candling eggs for interior quality)

광선을 비추어 계란 내부의 공기집(氣室, air cell)의 크기, 난백이나 난황의 상태, 혈액 및 이물질의 유무 등을 관찰하여 판정하는 방법으로 신선도가 떨어질수록 공기집이 커지고 난백과 난황의 구별이 어려워진다.

시험은 전기를 끈 실내에 실험자와의 사이에 교차광선이 없는 검란기(檢卵機, egg candler)를 준비하고 사용되는 전구은 60W로서 검란기 구경(口徑)의 직경(直徑)을 2.844cm(1과 1/8 inch)이하로 준비한다. 투시방법은 엄지와 인지로 계란의 둔단(鈍端)을 위로하고 실험자의 시

선으로부터 긴 축(長軸)의 위치가 수직이 되도록 잡고 난각의 전면을 돌려가면서 투시한다. 달걀의 투시 및 절란 검사의 약도를 보면 그림 3-6-4와 같고 그 내용물의 외관 평가내용을 보면 표 3-6-1과 같다.

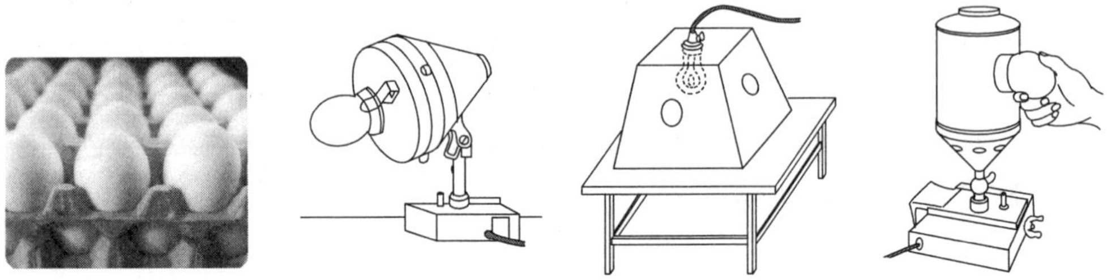

그림 3-6-3. **투시란 검사와 검란기**

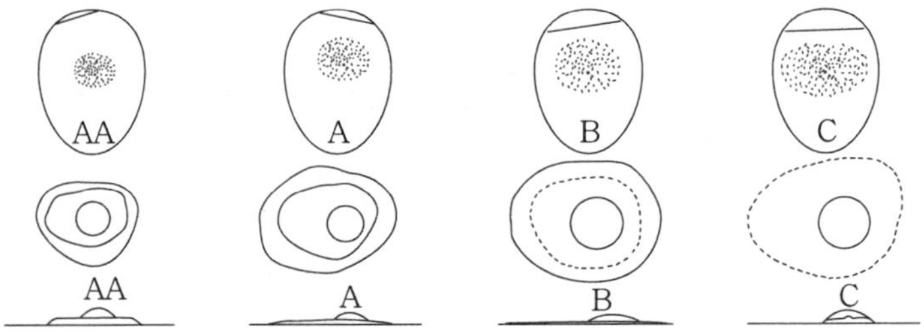

그림 3-6-4. **달걀의 투시 및 절란(切卵)검사의 공정기준법 약도(미국)**

표 3-6-1. **달걀 내용물의 외관검사 기준**

급 수	달걀의 내용물 외관 보기
AA	할란의 내용물을 평판상에 부어서 퍼지지 않고, 난황이 중앙에 있으면서 농후난백이 잘 싸고, 물 같은 난백이 적고 난황은 둥글고 높고 깨끗하며 기실 깊이가 3mm(1/8inch) 이하
A	할란의 내용물이 어느 정도 퍼지나 상당량의 농후난백이 있고, 물 같은 난백이 중정도이고 난황은 둥글고 높고 기실 깊이는 6mm(2/8inch) 이하
B	할란의 내용물이 퍼지고 농후난백이 적으며, 물 같은 난백이 많고 난황은 약간 평평하면서 퍼지고 기실 깊이는 9mm(3/8inch)이하
C	할란의 내용물이 극히 넓게 퍼져 있고 농후난백이 없으며, 많은 물 같은 난백이 얇게 퍼지고 난황은 매우 평평하게 퍼지고 기실 깊이는 9mm 이상

Chapter 7 주요 유해성 중금속시험법

유해성금속 중 여기선 '식품공전'에 수록된 비소, 납, 주석, 동, 수은의 금속별 시험과 중금속에 대하여 실험방법 등을 논하고자 한다. 한편 식품 중의 금속류를 검사하려면 먼저 식품의 구성성분인 유기물을 완전히 분해하여 그에 의한 방해를 방지할 필요가 있다.

1. 중금속물질의 유기물분해

유기물의 분해법에는 건식법(乾式法)과 습식법(濕式法)이 있는데, 건식법(건식회화법)은 회화로(灰化爐) 중에서 450~550℃정도로 가열하여 회화(태우는)시키는 것으로, 회화가 잘 되지 않으면 질산, 질산마그네슘, 질산알루미늄, 탄산나트륨, 황산, 산화마그네슘 등의 회화보조제를 소량 첨가하여 회화를 촉진시키는 경우가 많으며 비소나 수은 등 휘발성 금속 이외의 일반 금속에 적용된다.

습식법은 강산류(强酸類)과 산화제를 사용하여 분해 플라스크 중에서 높은 온도로 가열 분해시키는 방식으로서, 황산과 질산을 사용하는 방법이 가장 일반적이지만 질산과 과염소산, 질산과 과산화수소, 질산과 황산과 과염소산, 염산과 염소산칼륨 등을 사용하는 여러 가지 분해방법이 있다. 습식법은 휘발성 금속에도 적용할 수 있으나 수은의 경우에는 휘발을 방지하기 위한 특수 장치가 필요하다.

시험용액의 조제는 (1) 황산-질산법으로 As, Cd, Zn, Cr, Cu, Sn 등의 시험에 이 방법이 적합하다. (2) 황산-질산환류법은 Hg의 시험에 적합하다. 이 시험용액의 조제에 대한 구체적인 것은 '식품공전'에서 참조 바란다.

2. 수은, 카드뮴, 납, 비소, 주석 등 금속 시험

1) 정성시험(定性試驗)

정성시험은 검체를 황화물(黃化物, NH_4SH시액)에 의한 중금속의 계통분리법(系統分離法)으로 처리하여 각 금속을 분리한 다음 이들 각 금속에 대한 확인 반응을 하거나 또는 여지(濾紙)chromatograph법이나 박층(박層) chromatograph법에 의해서 분리하고 Rf치표나 정색(呈色)반응으로 확인한다. 또 때에 따라서는 분리 조작 없이 확인시험을 실시할 수도 있는데, 비소는 Reinsch법이나 Pettendorf법으로, 수은이나 안티몬은 Reinsch법으로, 구리는 **철선법(鐵線法)**으로 각각 직접 확인한다.

2) 정량시험(定量試驗)

정량시험법으로는 **비색법**, **원자흡광광도법**이 가장 많이 이용되며, polarograph법도 자주 사용되고, 경우에 따라서는 gas chromatograph법이나 방사화분석법, 형광X선분광분석법 등도 이용되는 수가 있다.

식품위생상 문제가 되고 있는 유해성 금속의 주요 정량시험법은 표 3-7-1과 같은 방법이 있다. 그리고 식품공전에 공시된 시험법을 살펴보면 비소는 **굿짜이트(Gutzeit)법**과 디에틸디티오카아바민산은 Silver diethyl dithiocarbamate법이, 납은 **디티존**(dithizone)에 의한 정량법이, 주석은 SATP(Salicyliden amino-2-thiophenol)법이, 동은 **디에틸디티오카아바민산**에 의한 정량법과 **원자흡광광도법**에 의한 정량법이, 수은은 **디티존법**과 **원자흡광광도법**에 의한 정량 중 환원기화법이나 금아말감법이 명시되어 있는 것을 볼 수 있다.

표 3-7-1. **유해성 금속의 주요 정량 시험법**

정량법 금속명	비색법 (比色法)	원자흡광법 (原子吸光法)	polaro graphy	기타 방법
수은 Hg	dithizone법	○ 환원기화법 가열분해법	○	방사화(放射化)분석법 gas chromatograph법 (akyl 수은)
카드뮴 Cd	dithizone법	○	○	
납 Pb	dithizone·chloroform법 dithizone·CCl_4법 pyridylazoresorcin법	○	○	
비소 As	Gutzeit법 diethyl dithiocarbamate법 molybden blue법			방사화분석법 요오드적정법 브롬산칼륨적정법
주석 Sn	SATP법(salicylidene amino-2-thiophenol) penyl fluorone법	○	○ 직류 교류 구형파(矩形波)	
동 Cu	dithizone법 diethyl dithiocarbamate법 pyridine thiocyanate법 zincon법	○	○	광도적정법 (光度滴定法)
아연 Zn	dithizone법	○	○ 교류 구형파	
크롬 Cr	diphenyl carbazid법			

3) 중금속 정량

'식품공전'에서 중금속의 정량은 납중의 납표준용액을 시약으로 이용하여 다음과 같이 시험한다. 시험용액 5~20mℓ를 비색관에 취하고 따로 비색관에 납표준용액 1, 2, 3, … 10mℓ를 가한 다음 각각 암모니아수로 중화하고 5%초산 2mℓ 및 물을 가하여 50mℓ로 한 후 황화나트륨시액 2방울씩 가하여 잘 섞고 5분간 방치한 다음 백색을 배경으로 비색하여 중금속 함량을 구한다.

Chapter 8 식품위생에서의 미생물시험법

식품의 미생물시험에 있어서 제일 유의하여야 할 점은 검체 중의 미생물의 상황이 시시각각으로 변하여 증식하거나 사멸하는 수가 있으며 원래 검체 중에 함유되어 있던 미생물 외에 별개의 미생물이 시험조작 중 오염될 수 있다는 것이다. 이와 같은 시험상의 오염을 방지하기 위하여 시험조작은 원칙적으로 무균조작(無菌操作)이어야 하며 동시에 실험실내는 청결을 유지하여야 한다.

1. 시료(검체) 채취방법의 일반사항

① 시료가 균질한 상태일 때에는 어느 일부분을 채취하여도 무방하나 불균질한 상태일 때에는 일반적으로 많은 양의 시료를 채취하여야 한다.

② 미생물학적 검사를 하는 시료는 잘 섞어도 균질하게 되지 않을 수 있기 때문에 실제와는 다른 검사 결과를 가져올 경우가 많다. 예를 들면 우유 한 병(180㎖)에서 시료 1㎖을 취하여 대장균군시험을 할 때 이 한 병 중에 90개의 대장균군이 있어도 검출되지 않을 확률이 60.7%나 된다. 그러므로 가능한 한 시료를 잘 섞어 균질에 가깝도록 하여 시료를 채취하여야 한다.

③ 미생물학적 검사를 위한 시료의 채취는 반드시 무균적(無菌的)으로 행하여야 하며 멸균한 용기(유리제용기, 페트리접시 등)에 넣어 원칙적으로 저온(5±3℃)으로 유지시키면서 시료 채취 후 4시간 이내 빨리 검사기관에 운반하여야 하며 가능한 한 신속히 시험에 착수하여야 한다.

부득이 저온으로 시료를 유지할 수 없거나 즉시 운반이 곤란한 경우에는 반드시 채취 일시 및 채취 당시의 시료 상태를 상세히 기록하여야 한다. 특히 신선한 어패류와 같이 세균의 증식이 적당한 시료는 채취와 운반에 특히 주의하여야 한다.

④ 시료 채취기구는 미리 핀셋, 스푼, 스파테르 등을 몇 개씩 건열(乾熱) 및 화염멸균(火焰滅菌)을 한 다음 시료 1건마다 바꾸어 가면서 사용하여야 한다.

⑤ 미생물학적 검사용 검사일지라도 곡분이나 분유와 같이 건조되어 잘 변질 또는 부패되지 않는 시료는 냉장상태에서 운반할 필요는 없으나 2차 오염을 방지하기 위하여 밀봉 또는 밀폐하여야 한다.

⑥ 냉장운반을 위하여 얼음을 사용할 때에는 2차 오염을 방지하기 위하여 얼음이나 그 녹은 물이 시료에 직접 접촉되지 않도록 하여야 한다.

⑦ 시험에 사용되는 시료의 균질화를 위하여 액상시료인 경우에는 강하게 진탕하여 균질화하고 고형 및 반고형인 시료는 균질기(均質器, homogenizer 또는 stomacher)를 이용하여 적당량의 희석액과 혼합하여 균질화한 것을 검액으로 사용한다.

⑧ 칼, 도마 및 식기류에서 시료를 채취할 때는 멸균한 탈지면에 멸균생리식염수(滅菌生理食鹽水)를 적셔, 검사하고자 하는 기구의 표면을 완전히 닦아낸 탈지면을 무균용기에 넣어 시험용액으로 사용한다.

2. 시험용액(試驗溶液)의 조제

일반적인 주의사항으로서는 검체를 무균적(無菌的)으로 취급하는 것이다. 미생물의 수가 적은 것으로 예상되는 검체에 대해서는 특히 신중히 취급하여야 한다.

① 액상시료 : 채취된 시료를 강하게 진탕하여 혼합한 것을 시험용액으로 한다.

② 반유동상 시료 : 채취된 시료를 멸균유리봉과 멸균스파테르 등으로 잘 혼합한 후 그 일정량(10~25 mℓ)을 멸균용기에 취해 9배 양의 멸균생리식염수와 혼합한 것을 시험용액으로 한다.

③ 고체시료 : 채취된 시료의 일정량(10~20g)을 멸균된 가위와 칼 등으로 잘게 자른 후 멸균생리식염수를 가해 균질기를 이용해서 가능한 한 저온으로 균질화한다. 여기서 멸균생리식염수를 가해서 일정량(100~250mℓ)으로 한 것을 시험용액으로 한다.

④ 고체표면 시료 : 시료표면의 일정면적(보통 100㎠)을 일정량(1~5mℓ)의 멸균생리식염수로 습한 멸균가제와 면봉 등으로 닦아내어 일정량(10~100mℓ)의 멸균생리식염수를 넣고 세게 진탕하여 부착균의 현탁액을 조제하여 시험용액으로 한다.

⑤ 분말상 시료 : ② 반유동상 시료이 준한다. 다만 일정량을 10g으로 한다.

⑥ 버터와 아이스크림류 시료 : 버터와 아이스크림류는 40℃이하의 온탕에서 15분내에 용해시켜 10mℓ을 취한 후 멸균생리식염수를 가하여 100 mℓ로 한 것을 시험용액으로 한다.

⑦ 캅셀제품류 시료 : 캅셀을 포함하여 시료의 일정량(10~25g)을 취한 후 9배 양의 멸균생리식염수를 가해 균질기와 스토마커 등을 이용하여 균질화한 것을 시험용액으로 한다. 이와 같이 조제된 시험원액에 대해서는 멸균생리식염수를 이용하여 필요에 따라 10배, 100배, 1000배 … 희석액을 만들어 사용한다. 시험용액의 조제시 시료를 용기 포장한 대로 채취할 때는 식품공전을 참조한다.

⑧ 냉동식품 시료 : 냉동식품은 냉동상태의 시료를 포장된 상태 그대로 40℃이하에서 될 수 있는 대로 단시간에 녹여 용기, 포장의 표면을 70% 알코올솜으로 잘 닦은 후 상기 ①~⑦의 방법으로 시험용액을 조제한다.

3. 배지(培地)의 종류와 시약

1) 배지(培地)의 종류

우리나라에서 식품공전(2001년)에 수록되어 있는 배지의 종류는 52종이나 된다. 몇 종만 열거한다.

(1) 표준한천배지(균수측정용)[Standard Methods Agar(Plate Count Agar)]

Agar(한천) 15.0g, Tryptone 5.0g, Yeast Extract 2.5g, Dextrose 1.0g에 증류수를 가하여 1,000㎖로 만들고 멸균한 후 pH 7.0±0.2로 조정한 후 121℃로 15분간 멸균한다.

(2) 유당배지(Lactose Broth)

Lactose 5.0g, Peptone 5.0g, Beef Extract 3.0g를 증류수 1,000㎖에 녹여 pH 6.9±0.2로 조정한 후 121℃에서 15분간 멸균한다.

(3) BGLB 배지(Brilliant Green Lactose Bile Broth)

① Lactose, Peptone 각각 10g을 증류수 500㎖에 녹인다.

② 신선한 우담즙(Bile) 200㎖ 또는 건조 우담즙말 20g을 증류수 200㎖에 녹인 것으로서 pH 7.2±0.2가 되도록 한 것을 가한다.

③ 이에 물을 가하여 전량이 약 975㎖가 되도록 하고 pH 7.4로 조정한다.

④ 0.1% Brilliant Green 수용액 13.3 ㎖을 가한다.

⑤ 전량 1,000㎖를 탈지면으로 여과하여 분주할 때 발효관에 넣고 121℃에서 15분간 멸균한다. (멸균 후의 pH 7.2±0.1)

(4) Endo 한천배지(Endo Agar)

Agar 15.0g, Peptone 10g, Lactose 10g, Dipotassium Phosphate(K_2HPO_4) 3.5g, Sodium Sulfite 2.5g, Basic Fuchsin 0.5g을 증류수 1,000㎖에 녹여 pH 7.4±0.2로 조정한 후 121℃에서 15분간 멸균한다.

(5) EMB 한천 배지(Eosine Methylene Blue Agar)

Agar 13.5g, Peptone 10.0g, Lactose 5.0g, Sucrose 5.0g, Dipotassium Phosphate 2.0g, Eosin Y 0.4g, Methylene Blue 0.065g을 증류수 1,000㎖에 녹여 pH 6.8±0.2로 조정한 후 121℃에서 15분간 멸균한다.

(6) 보통배지(Nutrient Broth)

Peptone 5.0g, Beef Extract 3.0g을 증류수 1,000㎖에 녹여 pH 7.0~7.4로 조정한 후 121℃에서 15분 간 멸균한다.

(7) 보통한천 배지(Nutrient Agar)

보통배지 1,000㎖에 정제한천 15g을 가하여 가열 용해하고 증류수량을 보정한다. pH

6.8±0.2로 조정 한 후 121℃에서 15분간 멸균한다.

(8) **데스옥시콜레이트 유당한천 배지**(Desoxycholate Lactose Agar)

Agar 15.0g, Peptone 10.0g, Lactose 10.0g, Sodium Chloride 5.0g, Sodium Citrate 2.0g, Sodium Desoxycholate 0.5g, Neutral Red 0.03g을 증류수 1,000㎖에 녹여 pH 7.3~7.5로 조정한 후 1분간 끓여서 용해시켜 멸균하지 않고 즉시 사용할 수 있다.(고압증기멸균하면 배지의 pH가 떨어져 데스옥시콜산나트륨이 침전할 수 있으므로 피하는 것이 좋다)

(9) EC **배지**(EC Broth)

Peptone 20.0g, Lactose 5.0g, Sodium Chloride 5.0g, Dipotassium Phosphate 4.0g, Monopotassium Phosphate 1.5g, Bile Salt Mixture 1.5g을 증류수에 1,000㎖에 녹여 pH 6.9±0.2로 조정하여 시험관에 분주하여 발효관을 넣은 후 121℃에서 15분간 멸균한다.

(10) TCBS **한천배지**(Thiosulfate Citrate Bile Salt Sucrose Agar)

Sucrose 20g, Agar 15g, Peptone, Sodium Citrate, Sodium Thiosulfate, Sodium Chloride 각각 10g, Yeast Extract, Xgall 각각 5g, Sodium Cholate 3g, Ferrous Citrate 1g, Brom Thymol Blue, Thymol Blue 각각 0.04g을 증류수 1,000㎖에 녹여 가열한 후 50℃ 정도로 식혀 멸균페트리접시에 붓는다. 최적 pH는 8.6이며 고압증기멸균을 해서는 안된다.

(13) Mac Conkey Agar

Peptone 17.0g, Agar 13.5g, Lactose 10.0g, Sodium Chloride 5.0g, Poly Peptone 3.0g, Bile Salts No.3 1.5g, Neutral Red 0.03g, Crystal Violet 0.001g을 증류수 1,000㎖에 녹여 pH 7.1±0.2로 조정하고 가열 용해한 후 121℃에서 15분간 멸균한다.

(13) SS **한천배지**(Salmonella Shigella Agar), **포도상구균배지 등**

Agar 13.5g, Lactose 10.0g, Bile Salts No.3, Sodium Citrate, Sodium Thiosulfate 각각 8.5g, Beef Extract, Proteose Peptone 각각 5.0g, Ferric Citrate 1.0g, Neutral Red 0.025g, Brilliant Green 0.0033g을 증류수 1,000㎖에 녹여 pH 7.1±0.2로 조정하고 가열 용해한 후 121℃에서 15분간 멸균한다. 이상 이외 식중독균의 검사에 필요한 배지는 "식품공전"을 참조한다.

2) 시 액

(1) **멸균인산완충희석시액**

인산2수소칼륨(KH_2PO_4) 34g을 증류수 500㎖에 용해하고 1N NaOH 175㎖를 가해 pH 7.2로 조정하고 여기에 증류수를 가하여 1,000㎖로 하여 인산완충액으로 한다. 이것을 121℃에서 20분간 멸균한 다음 냉장고에 보존한다. 사용시에는 이 원액 1㎖를 취하여 멸균증류수 800㎖에 가하여 희석하고 이것을 멸균인산완충희석액으로 한다.

(2) 멸균생리식염수

NaCl 8.5g에 증류수를 가하여 1,000㎖로 하고 15파운드(121℃)로 15분간 고압증기멸균 한다.

(3) 뉴·만 염색액

Tetrachloroethane 40㎖과 ethanol을 삼각플라스크에 취하여 70℃까지 가온한 후 여기에 Methylene Blue 1.0~2.0g을 가하여 세게 진탕 혼합하여 색소를 용해시킨 다음 냉각시킨다. 여기에 빙초산 6㎖을 천천히 가한 후 여과시켜 냉암소에 밀봉 저장한다. 염색액을 조제하여 시일이 경과한 것이나 또는 침전물이 생성된 것은 사용해서는 안된다.

(4) BTB·MR 지시약

Brom Thymol Blue 0.2g과 Methyl Red 0.1g을 95% ethanol 300㎖에 용해한 후 정제수 200㎖과 혼합한다.

4. 식품의 오염지표균 등의 시험

4-1. 세균의 간이시험법

1) 미생물의 신속분리 방법

식품에 오염된 미생물의 수가 많으면 균질화한 시료용액을 그대로 또는 희석하여 미생물의 분리, 배양하여 사용한다. 반대로 미생물의 수가 아주 적은 병원성 세균은 증균과정이 필요하다. 적은 병원성 세균오염을 검사할 경우 항체(antibody)를 활용한 **IMS(immunomagnetic separation) dynabeads법**을 이용하고 있다. Salmonella나 Listeria균의 신속분리에 이용된다.

2) Kit 배지에 의한 생균수 등 측정

시간과 경비를 줄이고 소규모 식품업체나 단체급식 현장 등에서 간편하게 사용할 수 있는 간이배지 kit가 개발되어 이용되고 있다. 신속한 미생물검사에 사용되는 장비로는 저울, 시료분쇄기, 배양기, 무균처리대와 Petrifilm을 주요 미생물배지로 사용하여 측정한다. 이것을 **HAPS (Hazard Analysis Promotion System)**라고 한다. HAPS kit에 사용되는 모든 제품은 국제규격에 공인을 받은 제품으로 구성되어 있으며 편리하고 간단하게 사용할 수 있다고 한다. 즉 3M의 Reduget test나 Petrifilm plate에 대장균, 대장균군 등의 호기성 미생물이나 효모, 곰팡이를 접종시켜, 배양하여 생균수를 측정한다. 이 방법은 AOAC시험법에서도 인정되었다.

검사방법의 한 예를 들어 보면 다음과 같다.

(1) HAPS kit를 이용한 식품시료의 검사방법

① 시료채취 : 검사식품의 시료를 10g 취하여 멸균백에 넣는다.

② 균질화 : 멸균수 90㎖을 멸균백에 넣고 균질화 시킨다.

③ 시료접종 : 균질화된 시료 1㎖을 배양하고자 하는 배양지에 접종시킨다.

④ 배양 : 접종된 배양지를 배양기에 넣고서 균에 따라 적정한 온도에서 배양한다.

⑤ 균수확인 : 배양된 배양지에서 균수를 확인한다.

(2) Petrifilm을 이용한 표면미생물 검사법(Direct contact method)

① 실험시간 최소한 1시간 전에 희석액 1㎖을 접종하여 누름판으로 눌러서 수화시킨다.

② 상부 필름을 들어 올린 후 상부 필름으로 검사하고자 하는 표면을 검사한다.

③ 상부 필름을 덮은 후 배양기에서 배양한다.

direct contact method를 위한 배지의 수화는 1주일 전에 수화시킨 것까지 사용할 수 있다. 미리 수화를 시켜 놓은 배지의 경우 냉장온도에서 보관한다. 이 방법으로 실험을 할 때 주의할 점은 표면을 접촉할 때 너무 세게 누르게 되면 gel이 깨질수 있으므로 주의가 요망된다.

(3) 낙하균 검사법

Petrifilm을 이용하여 나하균 검사법을 효과적으로 할 수 있는 방법으로써 이래의 절치에 따른다.

① 배양지에 희석액 1㎖을 접종하여 수화시킨다.

② tape를 이용하여 상부필름을 바닥에 고정시켜 일정시간 동안 낙하균 검사를 실시한 후 배양기에서 배양한다.

3) 식중독 사고 예방을 위한 개인위생검사 kit배지 이용

여기에는 Easy stamp & Rodac plate kit와 Easy Checker kit(4각형) 배지가 이용된다.

Easy stamp & Rodac plate는 식당, 단체급식업체, 식품가공업체 등에서 칼, 도마 등의 조리기구나 식품원료, 제조설비 등에 대한 오염도 측정 및 식중독 원인균을 간편하고 신속하게 검사할 수 있도록 개발된 고감도의 kit이다. 이 kit는 총세균수(TPC), 대장균 및 대장균수(ECC), 살모넬라(SAL), 리스테리아(LIS), *E. coli* O157, 비브리오(VRO), 황색포도상구균(Staph) 등을 검출할 수 있다. 제품의 종류와 판독 예를 보면 그림 3-8-1과 같다.

Easy Checker는 식당 및 식품관련 업종에 종사하는 작업자의 손에 존재하는 미생물을 신속하고 간편하게 검사하여 사전에 식중독을 예방할 수 있도록 고안된 kit이다. 이 kit도 총 세균수, 황색포도상구균, 대장균 및 대장균군, 살모넬라 및 이질균 측정용이 그림 3-8-2와 같은 배지에 접종시켜 12~24시간 배양시켜 판독을 한다. 또 Rodac plate kit(원형)의 판독 예로 그림 3-8-3을 볼 수 있다.

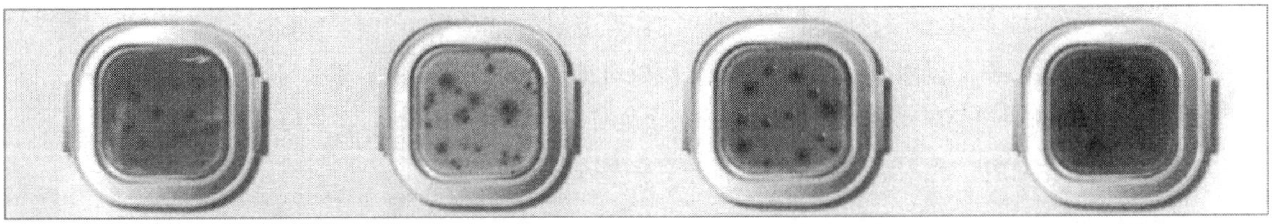

Easy stamp TPC
/총세균수 측정용
붉은색

Easy stamp ECC
/*E.coli* & coliform 균수측정용
E.coli(파란색),
Coliform(붉은색)

Easy stamp SAL
/살모넬라 검출용
Salmonella(붉은색),
Others(파란색, 보라색)

Easy stamp LIS
/리스테리아 검출용
Listeria(검은색)

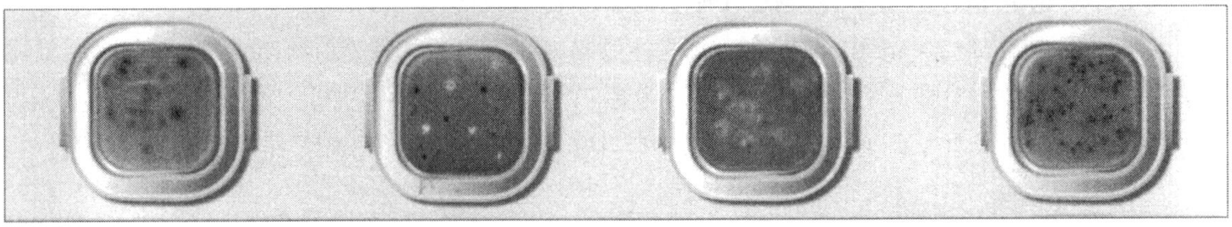

Easy stamp O157
/*E.coli* O157
E.coli O157(파란색),
Others(연한 자주빛)

Easy stamp SS
/살모넬라, 이질균 검출용
살모넬라, 이질균
(파란색 또는 녹색)

Easy stamp VRO
/비브리오 검출용
Vibrio cholera(노란색),
Others(초록색)

Easy stamp Staph
/황색 포도상구균 검출용
Staph. aureus(보라색),
Others(파란색)

❑ 제품의 특징

- 검출 성능이 뛰어남 : 정확성을 높이기 위해 특수기질발색법(Chromogenic method)을 사용
- 사용 및 조작이 간편 : 스탬프 방식으로 되어있어 시료를 채취하기 간편하고 누구나 쉽게 사용
- 판정과 수량 측정이 간편 : 24시간 배양 후 나타난 균체의 색깔로써 결과를 쉽게 판정할 수 있으며 균사 측정시에는 스탬프에 새겨진 구획을 이용하면 편리
- 광범위한 검사 : 총세균수/대장균 & 대장균군/살모넬라/리스테리아/*E. coli* O157/황색포도상구균/비브리오/이질균
- 빠른 검사결과 : 24시간 이내에 모든 결과를 판정
- 별도의 설비가 필요 없음 : 간이용 인큐베이터만 있으면 세균검사를 할 수 있음

❑ 검사방법

1 뚜껑이 벗겨지지 않도록 한 개씩 상하로 꺾어서 사용한다.
2. 시료번호, 날짜 등을 기록한다.
3. Easy stamp의 뚜껑을 열고 식품의 표면이나 기구의 표면에 배지를 가볍게 눌러 찍는다.
4. 검사 대상이 액체인 경우에는 멸균된 면봉에 시료를 묻혀 배지 표면에 고루 펴바른다.
5. 뚜껑이 잘 닫혀 있는지를 다시 한번 확인 후 37℃ 배양기에 넣어 24시간 배양한다.

❑ 보관 : 2~8℃

❑ 유효기간 : 3개월

그림 3-8-1. Easy stamp & Rodac plate kit(4각형)의 종류 및 판독 예

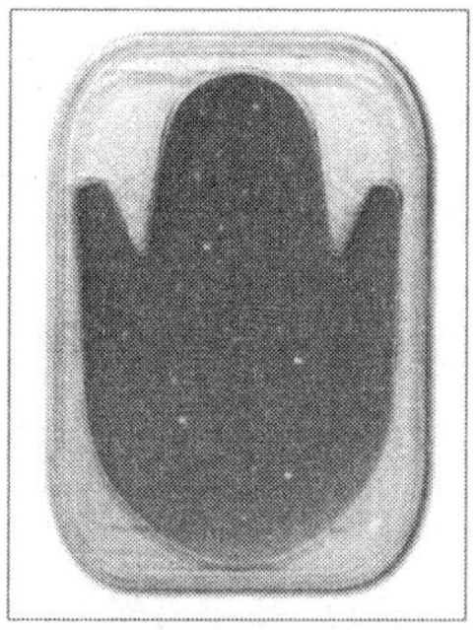

Easy Checker Staph
(황색포도상구균용)
황색포도상구균(노란색 집락)
기타포도상구균(빨간색 집락)
기타일반세균(억제)

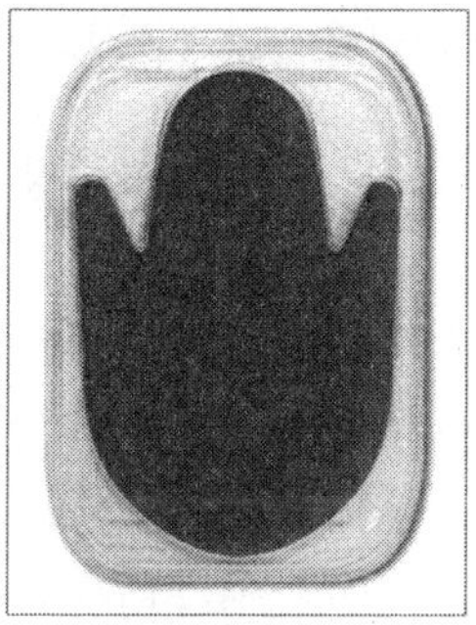

Easy Checker ECC
(대장균용)
대장균(금속광택성청녹색)
E.Aerogenes(무광택성핑크색)
P.mirabilis/살모넬라(무색)

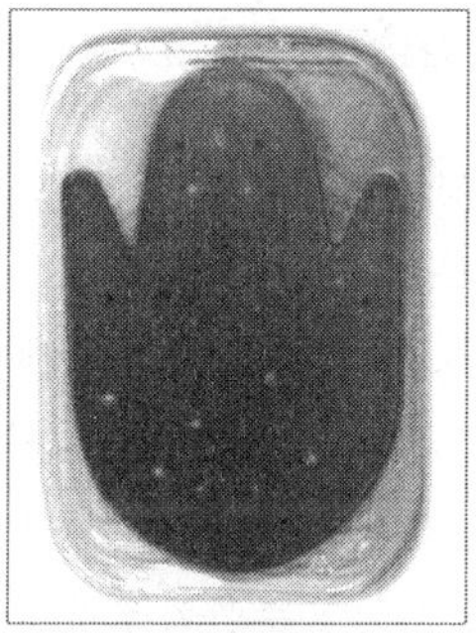

Easy Checker SS
(살모넬라/이질균용)
살모넬라(검은색집락)
이질균(푸른색집락)
기타대 장균군(노란색, 오렌지색)

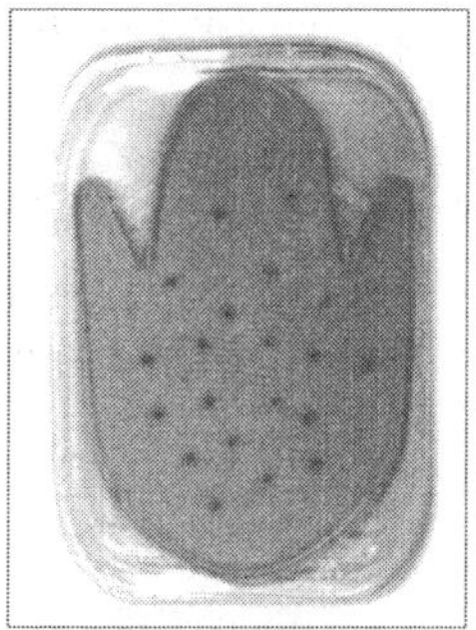

Easy Checker TPC
(일반세균용)
일반세균(빨간색집락생성)

그림 3-8-2. Easy Checker kit의 판독 예

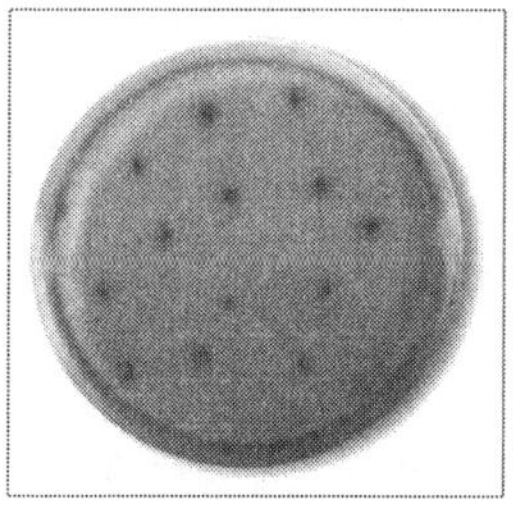

Rodac TPC(일반세균용)
일반세균(빨간색 집락형성)

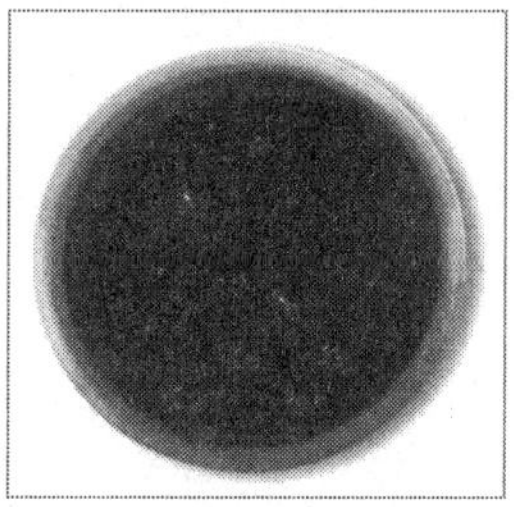

Rodac ECC(대장균용)
대장균(금속 광택성 청녹색)
엔터로박터(무광택성 핑크색)
프로테우스/살모넬라(무색)

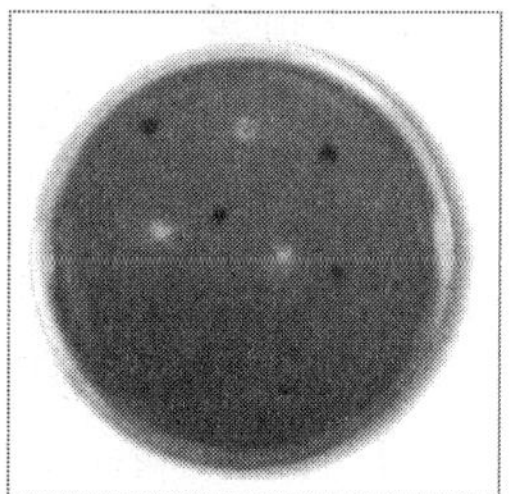

Rodac SS(살모넬라/이질균용)
살모넬라(검은색 집락)
이질균(푸른색 집락)
기타 대장균군(노란색, 오렌지색)

Rodac Staph(황색포도상구균용)
황색 포도상구균(노란색 집락)
기타 포도상구균(빨간색 집락)
기타 일반세균(억제)

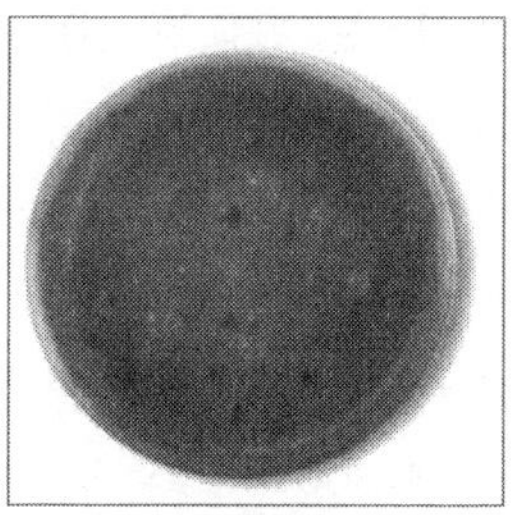

약간의 대장균군과 프로테우스가 자랄 수 있으나 집락크기가 작아 구별이 가능하다.

Rodac VRO(비브리오균용)
비브리오 콜레라/블니피쿠스(노란색)
비브리오 파라헤모리티쿠스(파란색 집락)
기타 대장균군(억제)

그림 3-8-3. Rodac plate kit(원형)의 종류와 판독 예

4-2. 세균수(一般細菌數, 生菌數)와 저온세균수 및 내열성 세균수(細菌牙胞數)시험

'식품공전(食品公典)'의 미생물시험에서 세균수 시험은 표준평판법(標準平板法)이 수록되어 이용되고 다음과 같다.

세균수(生菌數, 표준평판균수)란 검체 중에 존재하는 세균 중 표준한천배지 내에서 발육할 수 있는 중온균(中溫菌)의 수를 의미하는 것으로 표준평판법(혼합희석평판배양법)이나 평판도말배양법 등이 사용된다. 수질검사 시에는 이 균수를 **일반세균수(一般細菌數)**라고 부른다. 특히 이 방법은 보통 검체와 표준한천배지를 무균상태의 페트리접시 상에서 혼합 응고시켜 배양한 후 발생한 세균의 집락수(集落數, colony count)로 부터 검체 중의 생균수(生菌數)를 산출하는 방법으로 이 표준평판법이 주로 사용된다.

1) 세균수(細菌數)의 표준평판법(標準平板法)

(1) 시험조작

표준평판법은 시료의 채취 및 취급에 따라 시험용액 1mℓ와 각단계의 희석액 1mℓ씩을 멸균 페트리접시 2매 이상씩에 무균적으로 취하여 약 43~45℃ 정도로 유지시킨 표준한천배지(배지 1) 15mℓ를 무균적으로 분주하고 배지가 밖으로 흐르거나 뚜껑에 묻지 않도록 조심스럽게 조용히 회전하여 좌우로 기울이면서 시료와 배지를 잘 섞어준 다음 냉각 응고시킨다.

특히 확산집락의 발생을 억제하기 위하여 다시 표준한천배지를 3~5mℓ를 가하여 중첩시켜도 된다. 이 때 시료를 취하여 배지를 분주할 때까지의 시간은 20분이 넘어서는 안된다. 완전히 냉각 응고시킨 페트리접시는 수분의 증발을 막기 위하여 거꾸로 뒤집어 35±1℃의 배양기내에서 24~48시간(시료에 따라서는 35℃에서 72±3시간) 배양시켜 집락수를 헤아린다.

이때 대조시험으로 검액 대신(검액을 가하지 아니한) 동일 희석액 1mℓ를 배지에 가한 것을 대조로 하여 실험에 사용된 페트리접시, 배지, 희석용액 및 조작 등이 무균적으로 되었는지를 확인한다. 또한 배지는 배양 중에 그 중량이 15%이상 감소되어서는 아니된다. 시험에 사용되는 페트리접시는 지름 9~10cm, 높이 1.5cm의 것을 사용한다.

배양 후 즉시 집락계산기를 사용하여 생성된 집락수를 계산한다. 부득이한 경우에는 5℃에서 보관하여 24시간 이내에 산출하여야 한다. 계산은 확산집락이 없고(전면의 1/2이하일 때에는 지장이 없음) 집락수는 페트리접시 1평판 당 30~300개의 집락을 생성한 평판(페트리접시)을 택하여 집락수를 계산하는 것을 원칙으로 한다.

전 평판에 300개 이상 집락이 발생한 경우 300에 가까운 평판에 대하여 밀집평판 측정법에 따라 안지름 9cm의 페트리접시인 경우에는 1㎠내의 평균집락수에 65를 곱하여 그 평판의 집락수로 계산한다.

전평판에 30개 이하의 집락만을 얻었을 경우에는 가장 희석배수가 적은 것을 측정한다. 그러나 보고는 반드시 몇 개 이하라고 보고한다.

(2) 세균수의 기재보고

표준평판법에 있어서 시료 1㎖ 중의 세균수를 기재 또는 보고할 경우에 그것이 어떤 제한된 것에서 발육한 집락을 측정한 수치인 것을 명확히 하기 위하여 1평판에 있어서의 집락수는 상당 희석배수로 곱하고 그 수치가 표준평판법에 있어서 1㎖ 중(1g중)의 세균수 몇 개라고 기재 보고하며 동시에 배양온도를 기록한다. 이 산출법에 의하지 않을 때에는 '표준'이란 문자를 용해서는 아니된다. 숫자는 높은 단위로부터 3단계를 반올림하여 유효숫자를 2개로 한다.

2) 저온세균수(低溫細菌數)의 표준평판법

저온세균수라 함은 보통 20~25℃의 저온에서 비교적 신속하게 발육하는 세균을 말한다.

저온성세균수의 시험조작은 위 방법에서와 같이 세균수의 표준평판법에 준한다. 다만 배양온도는 25±1℃에서 72±3시간 배양하여 발육한 집락수를 산출하여 저온세균수로 한다.

3) 내열성 세균수(耐熱性 細菌數, 세균아포수)

내열성 세균수라 함은 다음의 처리 및 배양조건에서 발생한 호기성 아포형균의 집락수로부터 산출된 수를 말한다.

내열성세균수의 시험조작은 검체의 채취 및 취급에 준해서 시험용액의 조제에 따라 조제한 시험원액 20㎖를 멸균중형시험관(18×170mm)에 넣고 끓는 물속에서 10분간 가열한 후 위 방법인 표준평판법에 준하여 배양온도 35±1℃에서 48±3시간 배양하여 발육한 집락수를 내열성세균수로 한다. 열에 민감한 세균의 경우에는 평판도말배양법으로 하는 것도 좋다

이상에서 이러한 방법은 세균을 일정조건(배양온도, 배지의 영양성분, 호기적 또는 혐기적 배양, 배양시간, 배지의 pH 등)에서 배양하여 한천배지 상에서 집락을 헤아려 균수를 측정하는 방법으로 배양조건을 적당하게 선택함으로써 특정 성질을 가진 세균수를 측정할 수 있는 장점이 있으나 여러 가지 세균을 동시에 만족스럽게 증식시키는 배양조건은 없으므로 시료 중에 생존하는 세균수를 모두 측정할 수는 없다.

특히, 혼합희석평판배양법과 평판도말배양법에 있어서 하나의 집락은 하나의 균이 분열하여 형성된 것으로 가정한 것이므로 시료중의 세균이 균괴나 연쇄상, 또는 2개 이상의 균체가 동일점에 분포하면 결과적으로 하나의 집락을 형성하게 된다. 따라서 시료를 만들 때 충분히 혼합되도록 주의 하여야 한다. 따라서 식품중의 균수측정에는 대상 세균과 시료의 종류 또는 실험목적에 따라 적절한 방법을 선택하는 것이 중요하다.

4-3. 총균수 시험(總菌數 試驗)

'식품공전(食品公典)'의 총균수 시험은 주로 생유(生乳) 중의 오염된 세균을 측정하기 위하여 일정량의 생유를 슬라이드글라스위에 일정면적으로 도말하고 건조시켜 염색한 후 현미경으로 검경하고 염색된 세균수를 측정한다. 측정된 세균수를 현미경 시야 면적과의 관계에 따라 검체 중에 존재하는 세균수를 측정하는 방법이다.

시험조작의 표본제작과 측정에서의 개체법 및 균괴법(Group count)법은 '식품공전'을 참고한다.

4-4. 대장균군 시험(大腸菌群 試驗)

대장균군은 온혈동물의 장관 내에 존재하는 장내세균으로 분변오염의 지표가 되는 **식품위생 지표세균**(sanitary indicate bacteria)이다. 앞서 언급한 바 있지만 '식품공전'에서 **대장균군(大腸菌群)**이라 함은 'Gram음성, 무아포성 간균으로서 유당을 분해하여 가스를 발생하는 모든 호기성 또는 통성 혐기성균'을 말한다'라고 정의하고 있으며 대장균군 시험에는 대장균군의 유무를 검사하는 정성시험과 대장균군의 수를 산출하는 정량시험 있다.

보통은 정성시험과 정량시험이 같은 시험방법 내에서 이루어진다. 대장균군의 정성, 정량시험에는 유당배지(lactose broth 배지2)나 BGLB broth(배지 3) 및 데옥시콜레이트 유당한천배지(desoxycholate agar plate 배지 8)를 사용하는 방법이 이용되고 있으며, 특히 정량시험에는 시료를 연속적으로 희석한 후 배지에 접종하여 배양하였을 때 균 증식 또는 소정의 반응이 양성으로 나타난 시험관 수에서 시료 중의 대장균군의 수를 확률론적으로 구하는 **대장균군 최확수법(最確數法, most probable number, MPN)**이 주로 이용된다.

식품의 종류에 따른 대장균군 시험법은 표 3-8-1과 같고, 정성시험의 유당배지법법, BGLB 배지법, 데스옥시콜레이트 유당한천 배지법과 정량시험의 최확수법, BGLB 배지에 의한 정량, 데스옥시콜레이트유당한천 배지에 의한 정량법을 '식품공전'에서 보면 다음과 같다.

표 3-8-1. **식품의 종류에 따른 대장균군 시험법**

식품의 종류	사용 배지	사용되는 시험관 또는 petri dish
빙설, 청량음료, 분말청량음료	BTB첨가 lactose bouillon or EC broth	스미드 발효관 또는 BTB유당 발효관 (다아람발효관을 넣은 실험관)
생식용 냉동굴 및 그 원료용 굴의 생산해역해수	lactose bouillon or EC broth	lactose bouillon 발효관 또는 EC 배지 발효관 (다아람발효관을 넣은 실험관)
식육제품, 경육제품 및 어육연제품	배(倍)농도 BGLB배지	petri dish에서 혼탁, 배양한다.
유(乳) 및 유제품	BGLB배지	petri dish에서 혼탁, 배양한다
	desoxycholate agar plate or violet ted agar plate	
아이스크림류, 발효유, 유산균음료	desoxycholate agar plate	petri dish에서 혼탁, 배양한다.

1) 정성시험(定性試驗)

(1) 유당부이온법(乳糖培地法)

대장균군의 정성시험은 추정시험, 확정시험, 완전시험의 3단계로 나눈다. 1. 시료 채취방법의 일반사항과 2. 시험용액의 조제에서 시험용액 10mℓ를 2배 농도의 유당배지(배지 2)에 가하고 시험용액 1mℓ 및 0.1mℓ를 2개 이상의 유당배지에 가한다.

① **추정시험**(推定試驗)

유당배지를 가한 발효관에 시료를 넣어 35±1℃에서 48±3시간 동안 배양하여 가스 발생이 있으면 대장균군의 존재가 추정된다. 시험에 사용하는 발효관은 듀람(Durham) 발효관 또는 스미스(Smith) 발효관으로서 희석액을 가하여 유당배지의 농도가 되도록 한다. 발효관의 수는 각 희석액에 따라 5개씩을 쓴다. 즉, 검액을 10, 1, 0.1mℓ씩 접종하여 35±1℃에서 24±2시간 배양하여 발효관 내에 가스가 발생하면 추정시험 양성이고 만약 24±2시간 내에 가스가 발생하지 아니하였을 때에는 더 배양을 계속하여 48±3시간까지 관찰한다. 이때까지 가스가 발생하지 알았을 때에는 추정시험 음성이고, 가스발생이 있을 때에는 추정시험 양성이며 다음의 확정시험을 실시한다. 아울러 추정시험의 조작순서를 보면 다음과 같다.

㉠ 시료원액을 적당한 농도로 희석(10mℓ, 1mℓ, 0.1mℓ, 0.01mℓ, 0.001mℓ)

㉡ 시료원액을 10mℓ 취하여 유당배지 10mℓ에 넣고 원액과

㉢ 단계별 희석액을 1mℓ씩 유당배지 10mℓ에 접종한다(이 때 발효관을 뒤집어서 함께 넣어준다).

㉣ 시료액과 배지가 잘 섞일 수 있도록 흔들어 준다.

㉤ 35±1℃에서 48±3시간 배양한다.

㉥ gas생성관만 골라 다음 확정실험을 실시한다.

㉣ 시료액과 배지가 잘 섞일 수 있도록 흔들어 준다.

㉤ 35±1℃에서 48±3시간 배양한다.

㉥ gas생성관만 골라 다음 실험을 실시한다.

② **확정시험**(確定試驗)

추정시험에서 가스발생이 있는 발효관으로부터 BGLB배지(배지 3)에 이식하여 35±1℃에서 48±3시간 동안 배양하였을 때에 gas발생을 보인 BGLB배지로부터 Endo 평판배지(배지 4) 또는 EMB 한천평판배지(배지 5)에 분리배양한다. 평판배양의 경우에는 35±1℃에서 24±2시간 배양 후 전형적인 집락이 발생되면 확정시험 양성으로 한다. BLGB배지에서 35±1℃로 48±3시간 동안 배양했을 때 배지의 색이 갈색으로 되었을 때에는 완전시험을 하여야 한다. 아울러 확정시험의 조작순서를 보면 아래와 같다.

㉠ 추정시험 결과 gas생성관에서 배양된 균을 한 백금이 취하여 BGLB 배지에 접종한다.

㉡ BGLB배지에 접종한 것을 35℃, 48시간 배양시키고 EC배지에 접종한 것을 18~24시간동안 44.5±0.2℃의 수조(water bath)에서 배양한다.

㉢ BGLB배지에서 gas를 생성한 균은 일반대장균(coliform group)이고 EC배지에서 gas를 생성한 균은 분변계대장균(fecal coliform group)이다.

③ **완전시험**(完全試驗)

대장균군의 존재를 완전히 증명하기 위하여 위의 평판상의 집락이 그람음성, 무아포성의 간균임을 확인하고, 유당을 분해하여 가스의 발생 여부를 재확인한다. 확정시험 때 Endo 평판배지나 EMB 평판배지상에서 전형적인 집락을 인정하였을 때에는 1개 또는 비전형적인 집락일 경우에는 2개 이상을 따서 각각 유당부이온발효관과 보통한천사면배지에 이식하여 35±1℃에서 48±3시간 동안 배양한다. 이때 가스를 발생한 발효관에 해당되는 한천사면배지의 집락에 대하여 그람염색을 실시하였을 때에 그람음성, 무아포성 간균이 증명되면 완전시험은 양성이며 대장균군 양성으로 판정한다. 완전시험의 조작순서는 다음과 같다.

㉠ 확정시험 결과 가스가 양성인 발효관의 균을 EMB 한천평판배지에 접종한다.

㉡ EMB 한천평판배지에 접종시 독립 colony가 생길 수 있도록 한다.

㉢ 접종한 petri dish를 35±1℃, 18~24시간 배양시킨다.

㉣ 배양 후 생성된 독립 colony중 분홍빛을 띠거나 금속빛을 띠는 것을 따서 사면배지로 옮긴다.

㉤ 이것을 항온기(incubator)내에서 배양시켜 보관균주로 한다.

㉥ 이 보관균주를 사용하여 IMViC test를 실시한다.

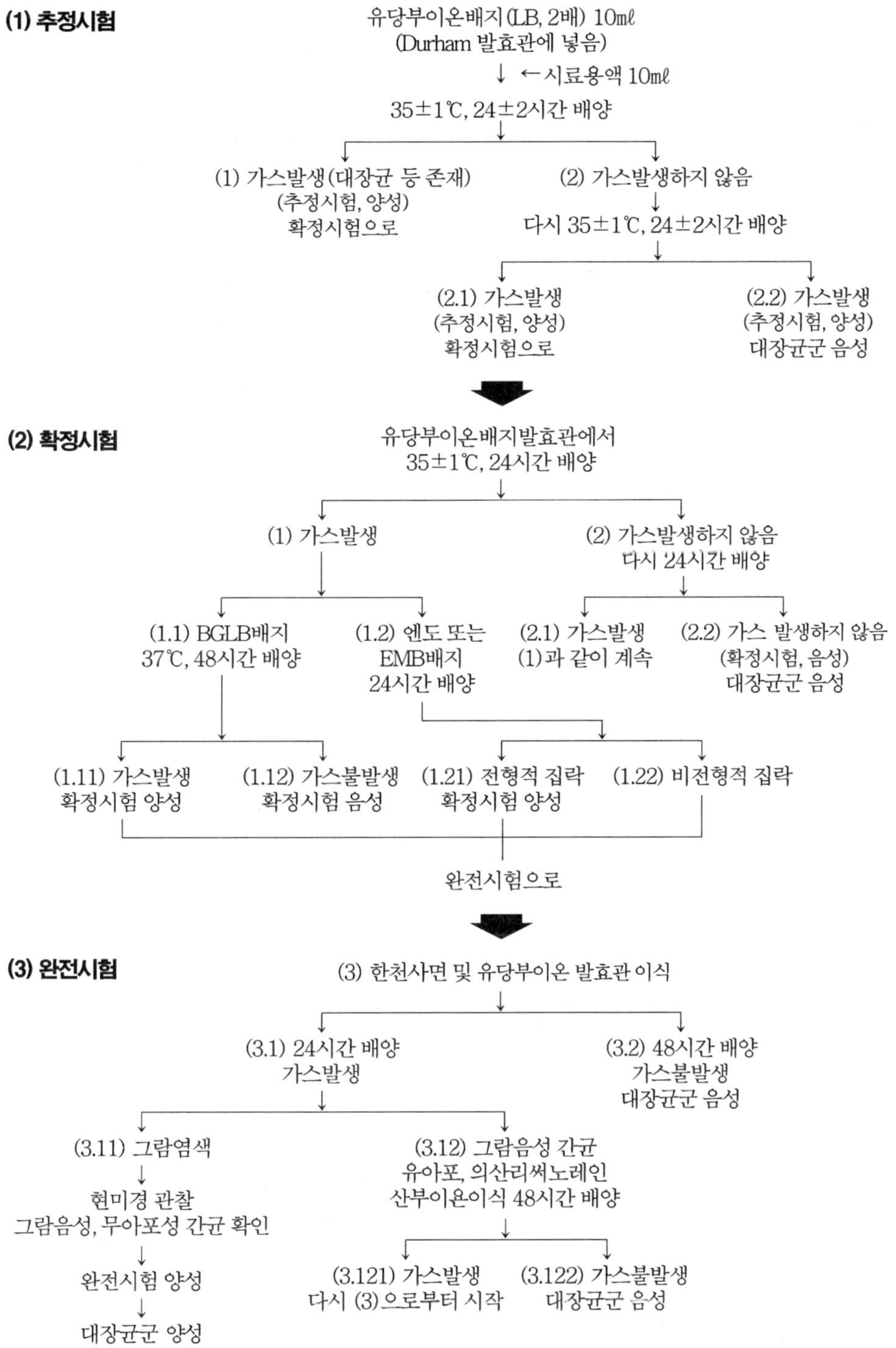

그림 3-8-4. 유당 부이온 발효관에서 대장균군의 정성시험

(2) BGLB 배지법

미생물검사에서 검체 채취방법의 일반사항과 시험용액의 조제에서 시험용액 1~0.1mℓ를 2개의 BGLB발효관에 가한다.

① 정성시험

시료는 필요에 따라 적당한 전처리를 하고 희석 시 그 1~0.1mℓ를 2개씩 BGLB발효관에 가한다. 대량의 시료를 가할 필요가 있을 때에는 대량의 배지를 넣은 발효관을 사용한다. 시료를 가한 배지는 35±1℃에서 48±3시간까지 관찰하고 가스의 발생을 인정하였을 때에는(배지를 흔들 때 거품모양의 가스의 존재를 인정하였을 때에도) EMB평판배지 또는 Endo평판배지에 획선 도말하고 분리 배양한다.

이하의 조작은 유당부이온을 사용한 시험법의 확정시험 또는 완전시험 때와 같이 행하고 대장균군의 유무를 시험한다.

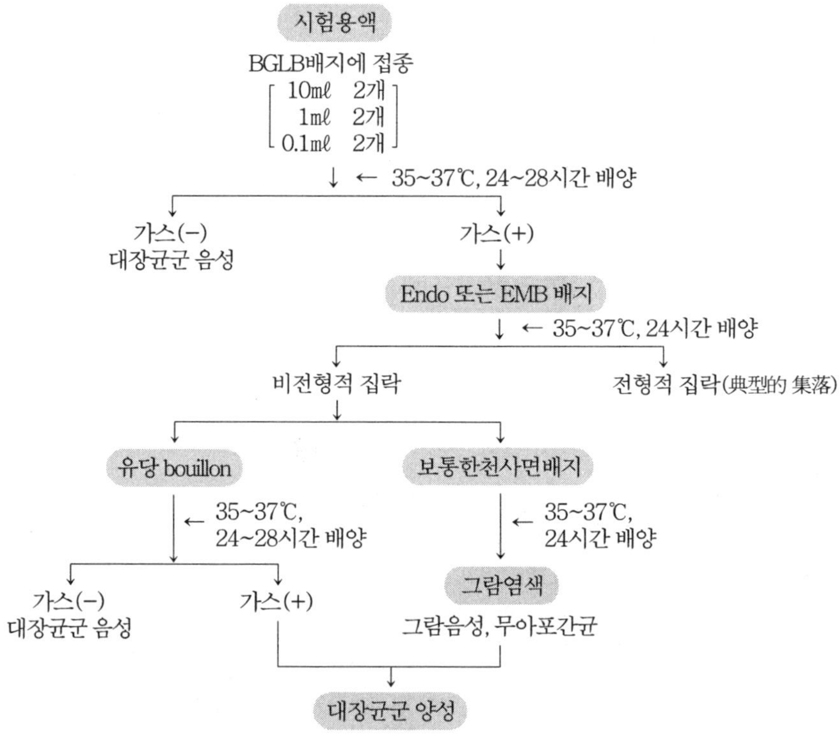

그림 3-8-5. BGLB배지에 의한 대장균군 검사

(3) 데스옥시콜레이트 유당한천 배지법

① 정성시험

시료의 채취 및 취급과 시험용액의 조제에서 시험용액 1mℓ와 각 단계 희석액 1mℓ씩을 2매 이상의 멸균페트리접시에 취하고 미리 가온 용해하여 약 50℃에 보존한 데스옥시콜레이트 유당한천 배지 약 15㎖를 무균적으로 분주하고 페트리접시 뚜껑에 부착하지 않도록 주의하면서 조용히 회전하여 좌우로 기울이면서 시료와 배지를 잘 혼합한 후 냉각응고 시킨다.

그리고 그 표면에 동일한 배지 또는 보통한천배지를 3~5㎖를 가하여 중첩시킨다, 이것을 35±1℃에서 20±2시간 배양하여 전형적인 암적색의 집락을 인정하였을 때에는 1개 이상의 집락을, 의심스러운 집락일 경우에는 2개 이상을 EMB평판배지 또는 Endo평판배지에서 분리 배양한다. 이것을 35±1℃에서 24±2시간 배양한다. 이하의 조작은 유당부이온의 확정시험 및 완전시험법에 따라 실시하고 대장균군의 유무를 결정한다.

2) 정량시험

(1) 최확수법(最確數法 : MPN, most probable number)

최확수법이란 수단계의 연속한 동일희석도의 검체를 수개씩 유당부이온 발효관에 접종하여 대장균군의 존재 여부를 시험하고 그 결과로부터 확률론적인 대장균군의 수치를 산출하여 이것을 **최확수(MPN)**로 표시하는 방법이다.

최확수표는 검체 10, 1 및 0.1㎖씩을 각각 5개씩 또는 3개씩의 발효관에 가하여 배양 후 얻은 결과에 의하여 검체 100㎖ 중 또는 100g 중에 존재하는 대장균군수를 표시하는 것이다. 최확수(最確數)란 이론상 가장 가능한 수치를 말한다.

① 시험조작

대장균군의 정량시험에는 희석검체 10, 1, 0.1, 0.01㎖와 같이 연속해서 4단계이상을 5개 또는 3개씩의 유당부이온 발효관에 접종시킨다, 이 때 검체의 최대량을 가한 발효관의 대다수 또는 전부에서 가스를 발생하고 최소량을 접종한 발효관의 전부 또는 대다수가 가스를 발생하지 않도록 적당히 희석하고 사용한다.

가스발생 발효관 각각에 대하여 추정, 확정, 완전시험을 행하고 대장균군의 유무를 확인한 다음 **최확수표(最確數表)**로부터 검체 100㎖ 중의 최확수를 구한다.

예로서 대장균군의 최확수법에 의한 정량시험에 의하여 검체 또는 희석검체의 발효관을 5개씩 사용하여 다음과 같은 결과를 얻었다면 최확수표(最確數表)에 의한 검체 100㎖ 중의 MPN은 110으로 된다.

시료 접종량	10㎖	1㎖	0.1㎖
가스 양성관수	5개	3개	1개

이 때 검체접종량이 1, 0.1, 0.01㎖일 때에는 110×10 =1,100으로 한다. 검체의 접종이 3단계 이상으로 행하여 졌을 때에는 다음 표와 같이 취급한다. 이 때의 숫자는 양성관수, O내의 숫자는 유효숫자이다.

표 3-8-2. **시료의 접종 희석수**

접종량 / 예	1mℓ	0.1mℓ	0.01mℓ	0.001mℓ
I	5 (5/5)	⑤ (5/5)	② (2/5)	ⓞ (0/5)
II	⑤ (5/5)	④ (4/5)	③ (3/5)	0 (0/5)
III	ⓞ (0/5)	① (1/5)	ⓞ (0/5)	0 (0/5)
	(5 (5/5)	3 (3/5)	1 (1/5)	1) (1/5)
IV	⑤ (5/5)	③ (3/5)	② (2/5)	0 (0/5)

㉠ 예 I, II : 5개 양성을 표시한 최소 접종량으로부터 시작한다. 분모는 이식관(移植管), 분자는 양성관수(陽性管數)를 나타내며 5/5를 나타내는 최고희석도(最高稀釋度)에서 시작하여 그것에 이은 둘을 취하여 I에서는 5, 2, 0으로서 MPN은 4900(49×100) 마리 세균수를 얻었고, II에서는 5, 4, 3으로서 MPN은 2800(280×10) 마리 세균수를 구한다.

㉡ 예 III : 양성을 인정한 접종량을 중간으로 한다. 중간희석(中間稀釋)에 양성의 결과가 끼우도록 처음의 3단계희석의 성적을 택하면 MPN은 0, 1, 0이 되어 18(1.8×10)을 구한다.

㉢ 예 IV : 최소 유효접종량(이 경우 0.01mℓ)보다 1단계 적은 접종량(0.001mℓ)일 때에는 양성관을 인정할 경우 최초 접종량에 의한 양성관수(이 경우 1)를 상단위에 가한다. 즉 접종량 0.01mℓ 양성관수 1에 접종량 0.001mℓ의 양성관수를 가하여 2로 한다. IV에서 5, 3, 2는 MPN은 140이 되어 1400(140×10) 개의 세균수를 볼 수 있다. 아울러 최확수표는 표 3-8-3과 같다.

(2) BGLB 배지에 의한 정량법

시험용액 10, 1 또는 0.1mℓ를 5개씩의 BGLB 배지에 접종한다. 0.1mℓ 이하를 접종할 필요가 있을 때에는 10배 희석단계액을 각각 1mℓ씩 사용한다. 이때에 시험용액의 최대량을 가한 배지의 전부 또는 대부분에서 가스발생을 인정하고 최소량을 가한 배지의 전부 또는 대부분이 가스를 발생하지 않도록 접종량과 희석도를 고려하여야 한다.

이하의 조작은 각 발효관에 대하여 BGLB배지에 의한 정성시험법에 따라 하고 대장균군의 유무를 조사하여 최확수표에 따라 시료 100 mℓ 또는 100g중의 대장균군수를 산출한다.

(3) 데스옥시콜레이트 유당한천 배지에 의한 정량법

시료의 채취 및 취급과 시험용액조제의 시험용액 1mℓ와 각 단계 희석액 1mℓ에 대하여 이 배지에 의한 정성시험법과 같은 조작으로 35±1℃에서 20±2시간 배양 후 생성된 집락중 전형적인 집락 또는 의심스러운 집락에 대하여 정성시험 때와 같은 조작으로 대장균군의 유무를 결정한다. 균수 산출은 세균수(일반세균수)측정법에 따라 한다.

표 3-8-3. **대장균군 시험의 최확수(MPN)표**

양성관수			최확수	양성관수			최확수	양성관수			최확수	양성관수			최확수	양성관수			최확수	양성관수			최확수
10	1	0.1		10	1	0.1		10	1	0.1		10	1	0.1		10	1	0.1		10	1	0.1	
0	0	0	0	1	0	0	2	2	0	0	4.5	3	0	0	7.8	4	0	0	13	5	0	0	23
0	0	1	1.8	1	0	1	4	2	0	1	6.8	3	0	1	11	4	0	1	17	5	0	1	31
0	0	2	3.6	1	0	2	6	2	0	2	9.1	3	0	2	13	4	0	2	21	5	0	2	43
0	0	3	5.4	1	0	3	8	2	0	3	12	3	0	3	16	4	0	3	25	5	0	3	58
0	0	4	7.2	1	0	4	10	2	0	4	14	3	0	4	20	4	0	4	30	5	0	4	76
0	0	5	9	1	0	5	12	2	0	5	16	3	0	5	23	4	0	5	36	5	0	5	95
0	1	0	1.8	1	1	0	4	2	1	0	6.8	3	1	0	11	4	1	0	17	5	1	0	33
0	1	1	3.6	1	1	1	6.1	2	1	1	9.2	3	1	1	14	4	1	1	21	5	1	1	46
0	1	2	5.5	1	1	2	8.1	2	1	2	12	3	1	2	17	4	1	2	26	5	1	2	64
0	1	3	7.3	1	1	3	10	2	1	3	14	3	1	3	20	4	1	3	31	5	1	3	84
0	1	4	9.1	1	1	4	12	2	1	4	17	3	1	4	23	4	1	4	36	5	1	4	110
0	1	5	11	1	1	5	14	2	1	5	19	3	1	5	27	4	1	5	42	5	1	5	130
0	2	0	3.7	1	2	0	6.1	2	2	0	9.3	3	2	0	14	4	2	0	22	5	2	0	49
0	2	1	5.5	1	2	1	8.2	2	2	1	12	3	2	1	17	4	2	1	26	5	2	1	70
0	2	2	7.4	1	2	2	10	2	2	2	14	3	2	2	20	4	2	2	32	5	2	2	95
0	2	3	9.2	1	2	3	12	2	2	3	17	3	2	3	24	4	2	3	38	5	2	3	120
0	2	4	11	1	2	4	15	2	2	4	19	3	2	4	27	4	2	4	44	5	2	4	150
0	2	5	13	1	2	5	17	2	2	5	22	3	2	5	31	4	2	5	50	5	2	5	180
0	3	0	5.6	1	3	0	8.3	2	3	0	12	3	3	0	17	4	3	0	27	5	3	0	79
0	3	1	7.4	1	3	1	10	2	3	1	14	3	3	1	21	4	3	1	33	5	3	1	110
0	3	2	9.3	1	3	2	13	2	3	2	17	3	3	2	24	4	3	2	39	5	3	2	140
0	3	3	11	1	3	3	15	2	3	3	20	3	3	3	28	4	3	3	45	5	3	3	180
0	3	4	13	1	3	4	17	2	3	4	22	3	3	4	31	4	3	4	52	5	3	4	210
0	3	5	15	1	3	5	19	2	3	5	25	3	3	5	35	4	3	5	59	5	3	5	250
0	4	0	7.5	1	4	0	11	2	4	0	15	3	4	0	21	4	4	0	34	5	4	0	130
0	4	1	9.4	1	4	1	13	2	4	1	17	3	4	1	24	4	4	1	40	5	4	1	170
0	4	2	11	1	4	2	15	2	4	2	20	3	4	2	28	4	4	2	47	5	4	2	220
0	4	3	13	1	4	3	17	2	4	3	23	3	4	3	32	4	4	3	54	5	4	3	280
0	4	4	15	1	4	4	19	2	4	4	25	3	4	4	36	4	4	4	62	5	4	4	350
0	4	5	17	1	4	5	22	2	4	5	28	3	4	5	40	4	4	5	69	5	4	5	430
0	5	0	9.4	1	5	0	13	2	5	0	17	3	5	0	25	4	5	0	41	5	5	0	240
0	5	1	11	1	5	1	15	2	5	1	20	3	5	1	29	4	5	1	48	5	5	1	350
0	5	2	13	1	5	2	17	2	5	2	23	3	5	2	32	4	5	2	56	5	5	2	540
0	5	3	15	1	5	3	19	2	5	3	26	3	5	3	37	4	5	3	64	5	5	3	920
0	5	4	17	1	5	4	22	2	5	4	29	3	5	4	41	4	5	4	72	5	5	4	1600
0	5	5	19	1	5	5	24	2	5	5	32	3	5	5	45	4	5	5	81	5	5	5	2400+

양성관수 : 3단계 희석에 있어서의 양성수, 최확수 : 100㎖ 중의 최확수

4-5. 대장균 시험(大腸菌 試驗)

'식품공전'의 미생물시험법에서 대장균은 식품의 종류에 따라 대장균의 검출이 대장균군보다 정확한 오염지표가 되는 경우가 있다. 대장균의 시험법에는 최확수법에 의한 정량시험과 일정

한 한도까지 균수를 정성으로 측정하는 한도시험법이 있다.

1) 최확수법

시료의 채취 및 취급과 시험용액조제의 시험용액 10㎖, 1㎖ 및 0.1㎖를 각각 5개 또는 3개의 EC 배지발효관에 접종한 다음 44.5±0.2℃ 항온수조에서 24±2시간 배양한다.

다만 시험용액 10㎖를 첨가할 경우 배농도의 배지 10㎖를 이용한다. 그 때에 가스발생을 인정한 발효관을 대장균(*E. coli*) 양성이라고 판정한다. 이 양성관으로부터 최확수표에 따라 시료 100g 또는 100㎖중의 대장균수를 산출한다.

2) 한도시험

시료의 채취 및 취급과 시험용액조제의 시험용액 1㎖를 3개의 EC 배지에 접종하고 44.5±0.2℃에서 24±2시간 배양한다. 이때에 가스발생을 인정한 발효관은 추정시험 양성(推定試驗陽性)으로 하고 가스발생이 인정되지 않을 때에는 추정시험 음성(推定試驗 陰性)으로 한다.

추정시험이 양성일 때에는 해당 EC발효관으로부터 1백금이를 EMB 평판배지에 획선접종하여 35±1℃에서 24±2시간 배양한 후 전형적 집락을 취하여 유당배지 및 보통한천사면배지에 각각 이식한다. 유당배지에 접종한 것은 35±1℃에서 24±2시간 배양한다.

유당(乳糖)배지에서 가스발생을 인정하였을 때에는 이에 해당하는 보통한천사면(普通寒天斜面)배지에서 배양된 집락을 취하여 그람염색을 실시하고 검경 후 그람음성, 무아포간균(無芽胞桿菌)을 확인한 후 생화학 시험을 실시하여 대장균 양성으로 판정한다.

4-6. 장구균 시험(腸球菌 試驗)

장구균(Enterococcus)은 Gram양성 구균군(球菌群)으로 일반적으로 사람이나 온혈동물의 장관 내에 생존하며 대장균군과 같이 음식물 오염의 지표가 되고 있다. 특히 분변 중의 장구균의 수는 대장균보다 적은 것이 보통이어서 대장균의 1/10을 넘는 일은 드문 것으로 알려져 있지만, 대장균군의 분포가 반드시 분변에 의한 오염과 일치하지 않는 경우가 있는 것과는 달리 장구균의 분포는 사람과 가축의 분변에 의한 오염과 대단히 깊은 관계가 있으며, 냉동식품 중에서는 대장균군보다 오래 생존하는 점에서 **냉동식품**(冷凍食品) **오염지표**(汚染指標)로서 이용된다. 건조식품 등도 이용된다.

장구균의 검사법으로는 Winter-Sandholzer법이 주로 사용되며, 그림 3-8-5와 같이 추정시험과 확정시험을 하여 확정시험 결과 양성인 배지수(시험관)에 의하여 대장균군의 경우와 같이 시료 100g중의 균수를 산출한다. 이 검사에서는 대장균군의 경우와 달리 질화나트륨(sodium azide)이 첨가(添加)된 AC(azide citric acid)배지(培地)를 사용하는 것이 특징이라고 할 수 있다.

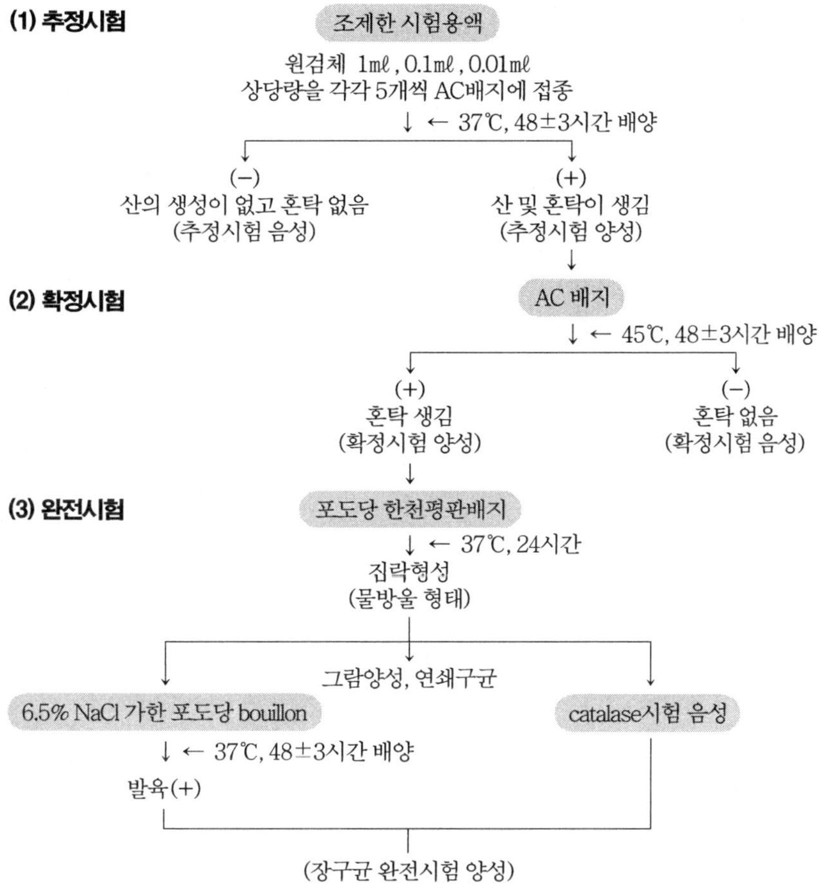

그림 3-8-6. **장구균 시험법**

5. 효모 및 곰팡이 진균수 시험

'식품공전'에서 진균수의 측정방법은 세균수(일반세균수) 측정방법에 준하여 시험한다. 다만, 배지는 포테이토 덱스트로오즈 한천배지(Potato Dextrose Agar)를 사용하여 25℃에서 5~7일간 배양한 후 발생한 집락수를 계산하고 그 평균 집락수에 희석배수를 곱하여 진균수로 한다.

6. 주요 세균성 식중독균 시험

1) 살모넬라균(Salmonella)시험

살모넬라균의 검사는 보통 3단계로 진행되는데 시료를 25mℓ 취하여 225mℓ의 Selenite F 배지에 가한 후 35℃에서 24시간 증균배양한 다음 배양액을 MacConkey 한천배지나 desoxycholate citrate 한천배지에 접종하여 35℃에서 24시간 분리배양하여 생화학적 확인시험과 Spicer-Edwards 등과 같은 H 혼합혈정 및 O 혼합혈청에 의한 응집반응과 같은 확인시험을 한다.

2) 장염비브리오균시험

살모넬라시험과 마찬가지로 검체 25mℓ를 225mℓ의 펩톤수에서 35℃, 18~24시간 증균배양한 다음 TCBS 한천배지에서 청록색의 집락을 TSI 사면배지와 LIM 배지 보통한천배지에서 각각 배양하여 생화학적인 확인시험을 한다.

3) 황색 포도상구균시험

(1) 증균배양

시료 25g 또는 25mℓ를 취하여 225mℓ의 10%NaCl을 첨가한 TSB배지에 가한 후 35~37℃에서 16시간 증균배양한다.

(2) 분리배양

증균배양액을 난황첨가 만니톨 식염한천배지에 접종하여 37℃에서 16~24시간 배양한다. 배양결과 난황첨가 만니톨 식염한천배지에서 황색 불투명 집락(만니톨분해)을 나타나고 주변에 혼탁한 백색환(난황반응 양성)이 있는 집락은 확인시험을 실시한다.

(3) 확인시험

분리배양된 평판배지상의 집락을 보통한천배지에 옮겨 37℃에서 18~24시간 배양한 후 그람염색을 실시하여 포도상의 배열을 갖는 그람양성 구균을 확인한다. 포도상의 배열을 갖는 그람양성구균이 확인된 것은 coagulase시험을 실시한다.

토끼 혈청(신선 혈청은 5%, 건조혈청은 10%)을 가한 생리식염수를 멸균한 시험관에 0.5~1mℓ씩 무균적으로 분주한다. 여기에 분리배지상의 집락에서 직접 또는 보통한천배지에서 순수배양시킨 균 1백금이를 접종하여 37℃에서 배양한다. 배양 후 3, 6, 24시간의 각 시간에 응고의 유무를 판정하여 어느 시간 후에도 응고 또는 섬유소(fibrin)가 석출된 것은 모두 cagulase 양성으로 하며 이상과 같이 확인된 것은 황색포도상구균 양성으로 판정한다. 시험에 있어서는 cogulase 양성균 및 균주접종의 음성대조균을 둔다.

4) 세균발육시험 - 통조림, 병조림 및 레토르트식품

통조림, 병조림, 레토르트식품 등에 있어서 세균발육시험은 가온보존시험과 세균시험을 통하여 하게 되는데 가온보존시험은 3개의 시료를 35±1℃의 배양기내에서 10일 보존 후 상온에서 1일간 추가로 방치하여 용기나 포장이 팽창 또는 새는 것을 세균발육 양성으로 한다. 음성인 검체를 개봉하여 25g을 225㎖의 인산완충용액에 가하여 균질화시킨 다음 1㎖를 시험관에 취하고 인산완충액 9㎖를 가하여 잘 혼합한 다음 이 시험용액 1㎖씩을 5개의 티오글리콜린산염배지에 접종하여 35℃에서 48±3시간 배양한 뒤 균의 증식을 확인한다.

그 이외 세균성 식중독균인 클로스트리디움 퍼프린젠스균 및 보툴리눔균, 박실러스 세레우스, 리스테리아 모노시토제네스균, 캠필로박터 제주니 등의 증균배양, 분리배양, 확인시험은 '식품공전' 을 참고한다.

식품[1] (→ 의심나는 세균의 검사)

- 1. 그람 염색 : 현미경 심사
- 2. 일반 생균수 측정 (보통 한천 사용) : 35~37℃, 18~24시간 배양 후 균수 측정
- 3. 대장균군수 측정(desoxycholate 한천 사용) :35~37℃, 18~24시간 배양후 대장균군수 측정
- 4. 직접 배양
  - 호기성 배양
    - ① 혈액한천
    - ② 보통한천
    - ③ SS한천 – Sal. 이질
    - ④ MacConkey한천 – 아리조나, Proteus균, Sal., 이질 또는 BTB 유당한천
    - ⑤ 포도구균 배지 110 또는 만니트 식염한천 – 포도상구균
    - ⑥ BTB 디포르한천 – 장염 Vibrio균 또는 TCBS한천
  - 혐기성 배양 — 가열(100℃. 60분) 후 Zeissler한천 – Cl. welchii, Cl. botulinus에 도말하여 혐기성 배양 및 Endo 한천에 혼석 배양
- 5. 증균 배양
  - 호기성균의 증균 배양
    - ① buillon → 37℃, 18~24시간 후 혈액한천. 보통한천. SS한천, MacConkey 한천에 분리 배양 – 포도상구균, 연쇄구균
    - ② 담즙 배지 → SS한천, MacConkey 한천에 분리 배양 – 혈액 중 Sal.균
    - ③ Kauffmann 배지 또는 셀레나이트 배지 – 식품, 분변, 오줌, 동물의 장기 중 Sal.균
    - ④ 2% 식염첨가 Colistin buillon → BTB디포 한천 또는 TCBS 한천에 분리 배양
  - 혐기성균의 증균 배양
    - ① 간 또는 간 buillon – Cl. botulinus균
    - ② thioglycolate배지 → 가열 후 Zeissler한천에 분리 배양 (혐기성 배양) – Cl. welchii균
- 6. 식품 중 Botulinus 독소의 검색[2] : 동물의 경과 관찰 가열 대조, 항독소 대조와 함께 동물에 투여 또는 접종

[1] 분변, 혈액, 토물, 농, 시체 또는 동물에서 얻는 재료도 이에 준하여 검사한다.

[2] Botulinuo의 검사는 그 중독의 의심이 있을 때만 시행한다.

그림 3-8-7. **식중독균 검사의 순서 개요**

7. 주요 전염병 시험

1) 결핵균시험

우유와 같은 액상의 시료는 약 30㎖이상을 3,000rpm에서 30분간 원심분리하여 유지부를 시험관에 취하고 침전물에서 1백금이를 취하여 도말표본을 만들고 Ziehl Neelsen법으로 항산성 염색하여 검경한다. 유지부에는 이와 동량의 8% NaOH액을 침전물에는 그의 약 10배양의 4% NaOH액을 가하여 잘 혼합한 후 각각 0.1㎖씩을 3% Okawa배지에 적하하고 37℃의 부란기내에서 배지를 옆으로 눕혀두고 대부분의 검액이 흡수되기를 기다렸다가 배지의 시험관을 밀전하여 2개월간 배양을 계속하면서 때때로 균 집락의 발생을 관찰한다.

배양하고 남은 위의 시료는 BTB를 가한 염산수용액을 적하하여 중화시킨 후 1~2㎖을 guinea pig의 피내에 접종한다. 여기에 쓰는 guinea pig을 Tuberculin반응 음성인 것으로서 체중 300g 이상인 것을 사용하며, 접종 후 2주간부터 가끔 Tuberculin반응과 체중을 주사한다.

결핵균에 감염을 받은 경우에는 보통 2~5주간부터 양성으로 되고 체중은 점차로 감소하며 접종국소에 경결 또는 괴양이 생기며 국소 임파절이 종창한다. 4~8주 후에 guinea pig를 죽이고 부검하여 임파절 및 각 장기의 결핵성 변화를 관찰한다. 병변부위의 장기를 무균적으로 채취하여 1% NaOH로 유제를 만들고 그 0.1㎖씩을 1% Okawa배지에 배양하여 다시 결핵균을 확인한다.

2) 병원성 대장균 O157 : H7균시험

(1) 증균배양

시료 25g 또는 25㎖를 취하여 225㎖의 mEC 배지에 가한 후 35℃에서 24시간 증균배양한다.

(2) 분리배양

증균배양액을 MacConkey sorbitol 한천배지에 접종하여 35℃에서 18시간 배양한다. sorbitol을 분해하지 않은 무색집락을 취하여 EMB 한천배지에 접종하여 35℃에서 24시간 배양하고, 녹색의 금속광택이 나는 집락은 확인시험을 실시한다.

(3)확인시험

금속광택의 집락을 보통한천배지에 옮겨 35℃에서 24시간 배양 후 그람음성간균임을 확인하고 생화학시험을 실시한다.

(4) 혈청형 시험

대장균으로 확인동정된 균은 O157 항혈청을 사용하여 혈청형을 결정하고, O157이 확인된 균은 H7의 혈청형 시험을 한다.

그 밖에 탄저균, 브루셀라균은 식품공전을 참조한다.

Chapter 9 식품첨가물 등 시험 개요

1. 식품첨가물 시험 개요

1) 보존료(保存料)시험법 개요

보존료로서 일정한 사용기준을 정하고 특정식품에 대하여 사용을 인정하는 것은 15종인데, 이들의 적정한 사용 상황이나 불허용 보존료의 검출은 보건위생상 중요한 의의가 있다. 식품 중의 보존료의 검사는 식품 중에서의 분리, 확인 및 정량시험의 세 단계로 이루어지고 있는데, 식품 중에서의 분리법으로는 용매추출법과 수증기증류법이 이용된다.

정성의 확인시험에는 분리한 검액(檢液)에 대하여 **정색반응(呈色反應)**, **여지 chromatogragph법**, **박층 chromatogragh법** 등이 이용되고 있으며, 정량시험에는 **비색법**, **적정법**, **gas chromatogrph법**, **자외선 및 적외선 흡수 스펙트럼법**, **polarogrph법** 등이 이용되고 있다. 또 보존료를 두 종 이상 혼용하였을 경우에는 미리 용매추출법, 수증기증류법으로 추출한 다음, **자외선흡수 스펙트럼법**, **여지 chromatograph법** 또는 **박층 chromatograph법**, **gas chromatograph법** 등으로 확인 또는 정량한다.

우리나라 '식품공전'에 사용제한이 있는 허용 보존료에서 데히드로초산, 소르빈산, 안식향산, 파라옥시안식향산 및 그 염류는 **박층 크로마토그래피**에 의한 정성, 자외선스펙트럼에 의한 정량, 가스크로마토그래피에 의한 정성 및 정량시험이 있다. 프로피온산 및 그 염류는 가스크로마토그래피에 의한 정성 및 정량시험이 있고 소르빈산, 안식향산 및 그 염류는 고속액체크로마토그래피에 의한 정성 및 정량시험이 이용되고 있다. 이들의 구체적인 시험과정 중 시약, 장치, 시험용액의 조제, 시험조작은 '식품공전'을 참고한다.

불허용 보존료 중 붕산(硼酸)이나 붕사(硼砂)는 **curcuma법**으로, 살리실산은 허용 보존료와 같은 방법으로 분리, 확인 및 정량할 수 있고, methyl naphthoquinone은 메틸알코올과 ligronin 혼액(1 : 10)으로 추출한 다음 정색반응에 의해서 확인하고, β-naphthol은 증류법으로 분리하여 정색법으로 확인한다.

2) 산화방지제(酸化防止劑)시험법 개요

식품에 함유되어 있는 산화 방지제의 추출은 수용성인 것과, 지용성인 것이 있는데 지용성 산화방지제인 BHA와 BHT 등의 phenol계화합물이 단독 또는 혼합으로 가장 많이 사용되고 있다.

식품에 함유되어 있는 산화방지제의 추출은 **용매추출법**, **용매추출분배법** 또는 **증류법** 등에 의한다. 특히 산화방지제가 몇 가지 혼합되어 있는 경우에는 이들을 겸용하여 추출한 후 정색법으로 확인하거나 혹은 추출액을 여지chromatograph법, 박층chromatograph법 등으로 분리하여 확인한다.

산화방지제의 정량에는 **비색법, 자외선 또는 적외선흡수 스펙트럼법, 적정법, 여지chromatograph법, 박층chromatograph법, gas chromatograph법** 등이 사용된다.

'食品公典'에서 산화방지제를 BHA와 BHT에 대한 **가스크로마토그래피**에 의한 정성 및 정량시험, 몰식자산 프로필의 정성과 정량시험, 이디티에이 2나트륨과 이디티에이칼슘 2나트륨의 비색정량, BHA, BHT, TBHQ 및 몰식자산프로필(PG)의 **액체크로마토그래피**에 의한 정성 및 정량시험이 수록되어 있다.

구체적인 시험과정은 '식품공전'을 참조한다.

3) 착색료(tar색소)시험법

식품 중의 착색료 검사는 천연색소이건 합성색소이건 일반적으로 적당한 전처리법으로 시험용액을 조제하고 이로부터 색소를 추출·분리하여 확인하는 순서로 진행된다. 착색료의 시험순서를 살펴보면 그림 3-9-1과 같다.

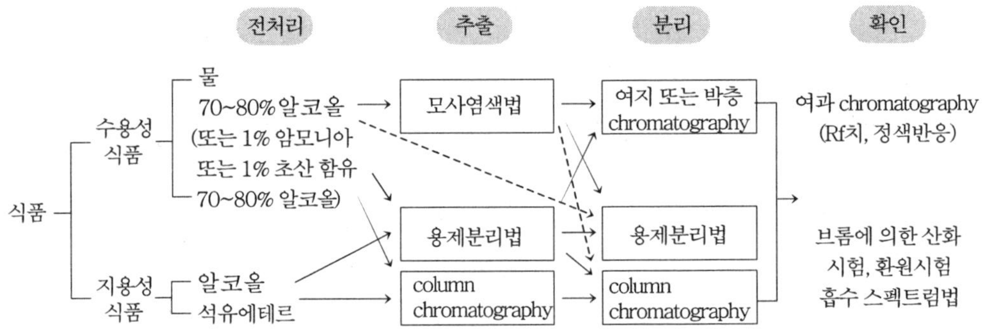

그림 3-9-1. **착색료의 시험순서**

타르 색소 중에서 수용성산성색소는 일반적으로 약산성의 수용액에서 모사(毛絲)에 염착(染着)하고, 암모니아 알칼리성에서 가열하면 용출된다. 염기성색소는 이와 반대로 암모니아알칼리성에서 염착하고 초산 산성에서 용출할 뿐 아니라 그 수용액은 알칼리성에서 에테르로 추출되고, 이 에테르층을 묽은 초산으로 추출하면 수층(水層)으로 이행되는 성질이 있다.

'식품공전'에서 착색료 시험법의 대상은 타르색소(산성색소)와 유용성 색소가 있다. 타르색소는 **모사염색법(毛絲染色法)**에 의한 분리·정성법으로 탈지양모 등 시약, 시험용액의 조제 중 해당 식품에서 추출과 정제 그리고 시험조작으로 여지나 박층크로마토그래피법이 이용되어 색을 비교 관찰한다. 구체적인 시험과정은 '식품공전'을 참조한다. 유용성 색소는 시험용액의 조제에서 수분이 많은 시료와 적은 시료로 나누어서 시험용액을 조제하고 시험조작은 **여지크로마토그래피법**에 의해 시험한다.

2. 메틸알코올(methyl alcohol) 시험 개요

주류에 메틸알코올 1mg/㎖ 이상 함유될 경우 보건범죄단속법에 관한 특별조치법의 '현저한 유해기준'에 해당되어 엄한 벌을 받게 되어 있다.

주류는 곡류, 고구마 등의 전분으로부터 발효과정 중 ethanol 이외 유해물질인 메틸알코올이 함유되어 있는 것을 볼 수 있다. 검사법으로는 정성시험에 **동망산화법(銅網酸化法)**이 있고, 정성과 정량시험에 **chromotrop산법**, **후크신 아황산법**과 **아세틸 아세톤법** 등이 있는데, 어느 방법이나 메틸알코올을 산화시켜서 포름알데히드로 하여 반응시키는 것이다. 그리고 대개의 경우 방해의 방지를 위한 전처리로서 증류를 하여 그 유액을 시료액으로 사용한다.

3. 농약이나 항생물질의 잔류 성분 등 시험 개요

우리가 늘 먹는 농·축산물의 농약잔류나 항생물질 등의 잔류는 유해성분의 검사 중 매우 중요하다. 이들은 '식품공전'을 참조한다. 검사에 많은 시간이 소요되기 때문에 최근 신속하고 간이한 방법 및 자동화 기기에 의한 방법들이 점차 이용되고 있다.

농약잔류시험의 신속한 방법으로 보통 gas chromatography(GC)나 high pressure liquid chromatograhph(HPLC)에 의하여 농약이나 환경화합물들을 분석할 수 있었다. 그러나 최근 항체(antibody)를 이용한 **immunoassay법**으로 칼럼을 통과하는 시료 중의 농약을 항체가 선택적으로 붙잡은 다음, 이를 소량의 유기용매로 용출하여 정제된 시료용액을 얻은 다음 이를 면역분석법으로 정밀하게 분석한다. 농약의 면역기법에 의한 분석은 면역의 특이성이나 민감성, 정확성, 간편성, 신속성 및 저렴한 비용으로 이용되고 있다. 그러나 소량 잔류하는 농약은 식품성분과 복합적으로 존재하는 농약 때문에 선택적으로 분리하는 immunoaffinity column이 개발되어 이용되나 아직도 해결하기 위한 연구가 더 필요하다.

잔류항생물질의 신속검사도 곰팡이 독소에서와 같은 **ELISA법**을 이용하여 잔류항생물질의 존재 유무를 간단히 측정하는 **효소면역분석법**이 있다.

4 이물질 검사 개요

'식품공전' 에서 식품 중의 이물을 분리하는 검사방법으로는 **체분리법(사별법)**, **여과법**, **와일드만플라스크(Wildman trap flask)법**, **침강법**이 명시되어 있다.

1) 체분리법(사별법, 篩別법)

식품의 검체가 미세한 분말일 경우 비교적 큰 이물을 체로 포집하여 육안으로 검사한다, 필요에 따라 이물의 종류를 확인하고자 할 때는 현미경으로 약 40배 정도의 저배율로 본다, 이하 이물시험에 있어서는 모두 이와 같다. 밀가루 중에 혼입된 곤충의 충체 등은 이 방법으로 분리한다.

2) 여과법((濾過法)

검체가 액체일 때 또는 용액으로 할 수 있을 때 그 용액을 신속여과지로 여과하여 여과지상의 이물을 검사한다. 간장, 식초 등과 같이 식품이 액체이거나, 설탕, 소금 등과 같이 용액으로 할 수 있는 경우에는 여과하여 이물을 여과지 위에 포집할 수 있다.

3) 와일드만플라스크법(Wildman trap flask 포집법)

곤충 및 동물의 털과 같이 물에 잘 젖지 아니하는 가벼운 이물은 물과 혼합되지 않은 용매와 저어 섞음으로서 유기용매층에 떠오르게 하여 취할 수 있다. 치유성인 가벼운 이물은 wildman trap flask를 사용하여 물과 혼합되지 않는 용매와 섞어 주면 유층(油層)에 떠올라서 분리되므로 이 유층을 기울여 분리된 액을 흡인여과하면 이물을 여과지 위에 포집할 수 있다.

4) 침강법(沈降法)

쥐똥, 토사(土砂) 등 무거운 이물의 검사는 검체에 클로로포름(또는 4염화탄소, 에테르 또는 메탄올 등을 가하여 그 비중을 1.49로 한 것)을 가하여 저어 섞으면 이물은 용기의 밑에 가라앉는다.

바닥의 이물이 떠오르지 않게 조심하여 상층액을 기울여 버리고 바닥에는 클로로포름 소량과 이물만 남게 되고 이를 흡인 · 여과하여 여과지상에 이물이 있는가를 검사한다.

이와 같이 하여 분리한 이물은 현미경 검사 등의 방법으로 확인하고자 할 때는 글리세린 · 알코올 혼액(1 : 1)을 넣은 페트리접시에 여과지를 옮겨 잘 적신 후 검사한다.

이상에서 각 식품별 이물시험을 하고자 할 때에는 식품공전을 참조한다.

5. 수질검사 등 개요

수질검사는 먹는 물 관리법 시행규칙에 의하여 국립환경연구원, 환경관리청(지방환경관리청을 포함), 시·도 보건환경연구원, 시·도 수도기술연구소 또는 수질검사소, 시·군·구의 보건소 등 기관에서 실시한다. 검사항목은 앞 표에서 언급된 먹는 '물의 수질기준 항목'을 대상으로 실시한다.

6. 식기류의 오염 검사 및 용기, 포장검사 등 개요

식기류의 세정이 잘 되었는지의 여부를 현장에서 간단히 시험하는 방법에는 전분성 식품의 잔류물 검사와 지방성 식품의 잔류물 검사가 있다.

1) 전분성 식품의 잔류물 검사

희석한 요오드액(I액)이나 요오드팅크액을 식기류의 표면에 부어서 전면에 퍼지게 하거나 용액에 침지하여 꺼내어 청색이 나타나는가를 관찰한다. 청색을 나타나는 부분이 있으면 전분성 식품의 잔류물이 남아 있다.

2) 지방성 식품의 잔류물 검사

butter yellow나 yellow OB 등의 지용성 색소용액을 검사하려는 식기류의 표면에 부어 전면에 고루 퍼지게 하거나 용액에 침지하여 꺼내게 한 다음 색소용액을 제거하고 표면이 황색으로 염색된 부분이 있는지의 여부를 검사한다. 황색부분이 있으면 지방성 식품의 잔류물이 있는 것이다. 아울러 용기, 포장검사나 그 이외 식품과 관련된 모든 위생검사는 '식품공전'을 참조 바란다.

◈ 참 고 문 헌

1. 一之瀨幸男 · 松井永一 ; 食品化學實驗法, 일본 三共出版(株)(1975년)
2. 柳洲鉉, 梁漢喆, 鄭東孝, 梁隆 등: 食品工學實驗 Ⅰ, Ⅱ, 探求堂(1977)
3. 金德雄 · 高鎭福 · 蔡洙圭 · 金炳淳 · 徐弘吉 ; 標準食品分析, 理工圖書出版社(1979)
4. 韓國食品工業協會편: 食品添加物公典, 韓國食品工業協會(2004)
5. 韓國食品工業協會 편 ; 食品公典, 韓國食品工業協會(2004)
6. 한국식품과학회 경규항외 4, 부록 3 식품공전 부 식품공전 중 시험법 주해서(안), 식품의약품안전청(2003)
7. 朴東基 ; 圖說 食品綜合實驗, 유한문화사(1987)
8. 曺圭成 · 蔡洙圭 · 馬相朝 · 朱鉉圭 · 趙光衍 · 朴忠均 ; 食品分析法, 學文社(2000)
9. 채수규 ; 표준 식품분석학, 지구문화사(2002)
10. 조형용, 신해헌, 김영숙, 최동원 ; 식품분석실험, 광문각(2004)
11. (사)대학환경안전협의회편 ; 대학실험실 안전관계체계 도입을 위한 국제심포지엄, 대학환경안전협의회(2004)
12. 한국과학기술한림원 간 ; 영한 · 한영 과학기술용어집, 도서출판 아카데미아(1998)
13. 河炳權, 崔基哲 외 6인 ; 科學實驗圖解大事典(機器構造 · 操作), 三安出版社(1976)
14. 南宮錫, 沈相國 ; 最新 食品化學實驗, 新光出版社(1982)
15. 李萬正 ; 食品分析, 東明社 (1982)
16. 小原哲二郎, 鈴木 隆雄, 岩尾 裕之 ; 食品分析 ハンドブック, 建綿社, 日本(1979)
17. 한국식품과학회지 ; 수식과 단위 표기 원칙, 한림원(2005)
18. 이현기 · 황호관 · 이성우 · 이응호 · 박원기 ; 食品化學實驗, 修學社(1984)
19. 농촌진흥청 농촌영양개선연구원 간, 식품성분표(FOOD COMPOSITION TABLE) 2001년(제6개정판)
20. 한국식품영양학회지 ; 수식과 단위 표기원칙, 거목문화사(2005)
21. 동아시아식생활연구지 ; 수식과 단위 표기법 예, 거목문화사(2005)
22. 강중희, Lab & Scientific Instruments Catalog, 제일과학사(2000)